PRÉPAS SCIENTIFIQUES
BCPST

2021 - 2022
CONFORME À LA RÉFORME

Je réussis mon entrée en prépa

Biologie Géologie

Passerelle Terminale → Prépa

Brigitte Bordi est professeure au lycée Pierre Brossolette à Villeurbanne et colleuse en classes préparatoires.

Cédric Bordi est professeur en classe préparatoire BCPST au lycée Bellevue à Lyon.

Ryem Boudjemaï est professeur au lycée Jacques Brel à La Courneuve.

Françoise Saintpierre est professeure en classe préparatoire BCPST au lycée Hoche à Versailles.

Vuibert

ISBN : 978-2-311-40836-2

Conception intérieure et couverture : Makaku - Emmanuel Linares

Infographies : Marie-Christine Liennard, Valérie Goncalves et Christel Parolini

Crédits iconographiques : p. 7 AdobeStock © yuriygolub - p. 15 AdobeStock © Paulista - p. 19 AdobeStock © ileana_bt - p. 169 AdobeStock © elroce - p. 186 Science photo library-Biosphoto © Dirk Wiersma / SPL - p. 187 Science photo library-Biosphoto © Hiroya Minakuchi / Minden Pictures - p. 187 Photo12/Alamy © Paul Looyen

SOMMAIRE

Ressources numériques

Pour accéder aux ressources numériques en ligne, retrouvez nos codes à flasher tout au long du livre :

- **QCM d'auto-évaluation** interactifs
- **Exercices d'application** supplémentaires
- **Schémas à compléter** interactifs

PARTIE 1 MÉTHODES ET CONSEILS POUR FAIRE LA DIFFÉRENCE

PARTIE 2 BIOLOGIE. TOUT CE QU'IL FAUT SAVOIR POUR RÉUSSIR

PARTIE 3 BIOGÉOSCIENCES. TOUT CE QU'IL FAUT SAVOIR POUR RÉUSSIR

PARTIE 4 GÉOLOGIE. TOUT CE QU'IL FAUT SAVOIR POUR RÉUSSIR

Ressources numériques

Retrouvez ici 15 schémas interactifs à compléter pour réviser autrement

lienmini.fr/40836-SCHEMAS

MODE D'EMPLOI

Cet ouvrage a été conçu comme un **outil de révisions** pratique et agréable pour l'élève. Des rubriques, agrémentées de **pictogrammes**, permettent une lecture non linéaire et des **points de repères** visuels.

À retenir
Pour réviser et maîtriser les notions et les définitions essentielles du programme. Elles sont à connaître par cœur.

Objectif prépa
Pour s'immerger dans le programme de prépa. Un avant-goût des exigences de première année.

Attention !
Pour mettre en avant les points de vigilance.

D'autres rubriques, **Remarque**, **Exemple**, **etc.** viennent enrichir les synthèses de cours et permettent une meilleure appropriation des contenus.

PARTIE 1

MÉTHODES ET CONSEILS POUR FAIRE LA DIFFÉRENCE

Plan de la partie

MÉTHODOLOGIE DE TRAVAIL

Vous allez entrer en classe préparatoire aux grandes écoles (CPGE) ? Vous vous posez des questions sur vos capacités de réussite, sur le niveau de difficulté, sur l'organisation du travail ? Retrouvez ici tous les conseils qui vous permettront d'entreprendre plus sereinement ces deux années de formation et vous seront utiles, autant pour votre vie d'étudiant qui démarre que pour votre vie professionnelle à venir.

1 L'entrée en classe préparatoire aux grandes écoles

Présentation générale

Les CPGE, qu'elles soient scientifiques (comme cela va nous intéresser dans cet ouvrage), littéraires ou commerciales, font l'objet de nombreuses idées préconçues. Quantité de travail à fournir colossale, cours qui vont à toute vitesse, professeurs sévères, mauvaises notes, même pour les meilleurs élèves, autant d'idées passéistes et qui ne sont en aucun cas le reflet des changements et des évolutions entrepris en classe prépa.
Les enseignants sont très attentifs et à l'écoute de leurs étudiants, la camaraderie est forte entre membres d'une même classe et, avec beaucoup de motivation et d'investissement, ces deux années se vivent très bien.
Un premier point rassurant : si votre dossier est sélectionné et que vous êtes pris, c'est déjà bon signe. Cela signifie que des enseignants expérimentés de prépa ont inspecté votre dossier et que votre réussite ne fait aucun doute.
La légende des prépas peut faire peur, mais, si la montagne paraît grande, elle n'en reste pas moins surmontable. Chaque année, un très grand nombre d'élèves intègre une école d'ingénieurs ou un autre cursus. La qualité de la formation en prépa est telle que tout élève trouvera sa voie.

Les parcours et filières en prépas scientifiques

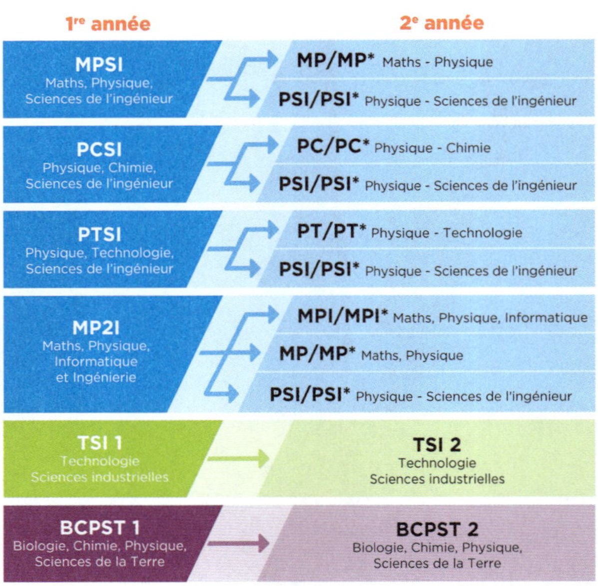

2 Les 6 qualités d'un préparationnaire

1. Faire preuve de persévérance et d'une bonne capacité de travail

La prépa implique un rythme de travail soutenu, avec une trentaine d'heures de cours par semaine qu'il faut compléter chaque jour par des heures de travail personnel, avec des évaluations régulières contenant des interrogations orales (les « colles ») et un devoir écrit chaque semaine (les DS). Le rythme sera nécessairement plus soutenu que ce que vous avez pu connaître au lycée et la préparation aux concours implique de se préparer pendant deux ans et donner le meilleur de soi-même lors des épreuves pour avoir les meilleurs résultats possibles. Il faut donc tenir sur la durée et travailler régulièrement.

2. Être capable de se concentrer

Un travail efficace implique une bonne capacité de concentration. Être capable de se concentrer sur une tâche ou sur la réalisation d'un exercice vous permet d'avancer plus rapidement dans les exercices, de comprendre en classe et ainsi commencer, dès la prise de notes, à mémoriser des savoirs opérationnels.

3. Savoir s'organiser

Les journées sont bien remplies et vous avez plusieurs matières différentes à travailler chaque jour. Il faut également prévoir des temps pour soi, afin de pratiquer une activité sportive et conserver des loisirs. Anticiper le travail à faire, répartir la charge de travail sur la semaine et aménager ses plages de détente implique une bonne capacité d'organisation et la gestion d'un planning, ce qui sera un atout certain pour vos deux années de CPGE.

4. Être rigoureux

La prépa est une formation scientifique où la rigueur dans le raisonnement est de mise. Savoir mettre en relation des informations, raisonner, utiliser ses connaissances pour proposer des interprétations, quantifier des phénomènes et réaliser une analyse critique est au cœur de cette formation.

5. Être polyvalent et curieux

Non seulement vous aborderez des thèmes très divers en biologie, allant de l'échelle moléculaire à celle des écosystèmes en passant par l'évolution, mais vous étudierez également de la géologie, des mathématiques, de la physique, de l'anglais, du français-philosophie ou de la géographie. La réussite aux concours implique de s'investir dans l'ensemble de ces disciplines et donc de faire preuve d'une curiosité pour le monde qui vous entoure.

6. Avoir un ou plusieurs objectifs

Un travail soutenu dans l'optique d'un concours est difficilement envisageable sans but. Même si celui-ci peut bien évidemment changer au cours des deux années grâce à une meilleure connaissance des débouchés professionnels et des formations proposées par les grandes écoles. Il est important d'avoir un objectif qui vous aide à tenir sur la durée tout en cherchant à progresser dès que possible.

3 Les 8 conseils pour bien démarrer votre année

1. Entrer rapidement dans votre année

Les premières semaines sont très importantes et les enseignants vont démarrer l'année dès la première heure de cours. Il sera considéré que l'ensemble des connaissances du lycée sont acquises et surtout, maîtrisées. Ce livre vous y aidera !
Le premier des conseils est donc de réviser sérieusement durant les vacances d'été, avant la reprise des cours. Assurez-vous de savoir encore manipuler des outils mathématiques, de maîtriser les principaux concepts biologiques et géologiques et de résoudre quelques exercices classiques de physique et chimie.. Vous pourrez alors démarrer votre formation sereinement.

2. S'organiser pour travailler régulièrement la matière

Il est important de travailler les SVT très régulièrement. Cela commence pendant le cours, puis implique un temps de révision le soir même, puis de se tester dans les deux ou trois jours qui suivent puis de se tester régulièrement.

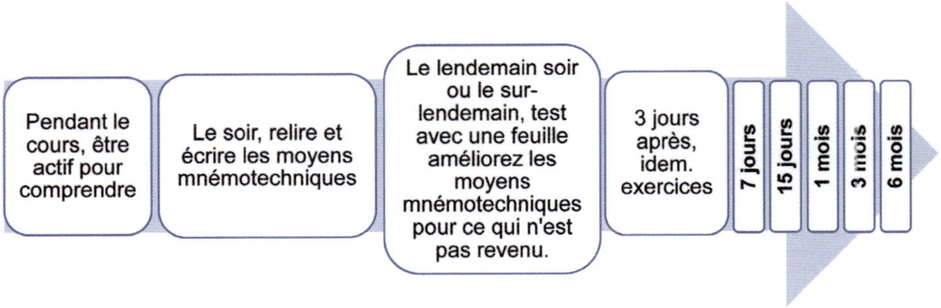

Ceci ne peut pas se faire sans planifier pour l'ensemble des matières le rythme de travail en intégrant notamment les kholles et les DS dans les différentes matières. Ceci devrait vous permettre de faire un emploi du temps type pour la semaine avec un planning des points à réviser. Ce planning doit inclure les vacances scolaires, qui sont des périodes de récupération, mais aussi des périodes de révision de ce qui a été vu pendant les semaines qui précèdent et qui permettent d'ajuster son organisation pour les semaines à venir.

3. Être actif pendant les apprentissages

Se contenter de retranscrire les propos de la personne qui enseigne est peu productif. Prenez le temps de vous approprier les idées avant de les retranscrire avec vos mots et vos abréviations pendant le cours.
Le soir même, relisez vos cours et commencez à faire ressortir l'essentiel comme les définitions, les schémas explicatifs. Si vous ne travaillez pas la mémorisation, les acquis du cours du jour disparaissent en 24 heures environ. C'est la même chose pendant les travaux pratiques ou les analyses documentaires, ne vous contentez de recopier une correction, faites les exercices, essayez les gestes techniques, se tromper et identifier *a posteriori* son erreur est bien plus efficace qu'un corrigé propre dans son classeur, même relu 10 fois !

4. Élaborer des moyens mnémotechniques

La La mémorisation à court terme ne permet de retenir qu'un nombre limité de mots, environ 10. Pour améliorer l'apprentissage de vocabulaire ou de définitions :

- regroupez les termes ayant les mêmes racines pour faciliter leur apprentissage ;
- faites des anagrammes avec ce que vous devez retenir ou des phrases mnémotechniques (par exemple : Tais-toi, Je Creuse, Minable ! pour Trias-Jurassique-Crétacé, les trois périodes du Mésozoique) ;
- créez des images qui réunissent les éléments de la définition, dans un contexte humoristique par exemple qui aidera à mémoriser l'image et les termes associés.

5. Se tester et ne pas simplement relire

Relire sa leçon plusieurs fois ne suffit pas à mémoriser efficacement à long terme et ne permet pas de développer un esprit de synthèse ou des savoirs opérationnels. Pour vérifier ses apprentissages, il faut commencer par se tester. De multiples approches sont envisageables :

- écrire les définitions puis les vérifier ;
- refaire un schéma explicatif d'un phénomène avant de vérifier dans son cours ;
- élaborer des flashcards avec le vocabulaire scientifique, une molécule à connaître, un schéma avec des numéros pour les légendes et les réponses au dos, pour se tester rapidement dès que vous avez un peu de temps ;
- faire des analyses de documents scientifiques vus en classe, lors d' exercices ou en travaux pratiques ;
- faire une carte mentale en reliant différentes idées et concepts du cours autour d'une même thématique, comme sur les adaptations à la vie en milieu aérien par exemple ;
- faire des séances courtes de questions/réponses avec ses camarades ;
- expliquer un concept à ses camarades ;
- etc.

L'important est de varier les approches, de se tester puis de vérifier quand vous doutez afin d'être efficace et de ne pas toujours relire les mêmes débuts des mêmes chapitres.

6. Travailler dans un cadre qui optimise la concentration

Un stimulus sonore ou visuel suffit à déconcentrer lorsque vous travaillez et se reconcentrer prend plusieurs dizaines de secondes. Il est même difficile de se concentrer quand vous savez qu'un message vous attend sur votre téléphone ou qu'une notification apparaît sur votre écran.

Le plus efficace est donc de fixer vos horaires de travail avec des périodes de concentration de 15 à 30 minutes, ce qui peut s'améliorer avec l'entraînement. Pendant ces temps, vous travaillez sans téléphone portable à proximité (en mode avion). Si vous travaillez à l'ordinateur, enlevez les notifications et les systèmes de messagerie, y compris celles venant de réseaux sociaux. Vous profiterez de ces messages lors de vos pauses.

7. Conserver une bonne hygiène de vie

Le rythme de travail est soutenu en BCPST mais il faut éviter le surentraînement et l'épuisement. Il est important de se dégager du temps pour souffler, de prendre le temps de s'alimenter correctement et d'avoir quelques loisirs dans la semaine. Se changer les idées aide le cerveau à penser autrement un problème et faire du sport permet de consolider la mémorisation. Le plus important est de respecter son horloge biologique et de dormir suffisamment par rapport aux besoins de votre corps. Essayer de dormir moins pour travailler plus entraîne une baisse de vigilance en classe, une mémorisation plus lente et une baisse des performances intellectuelles, qui peut aller jusqu'à une baisse d'estime de soi ! Il vaut mieux se reposer et être capable de réfléchir que de veiller pour travailler et être incapable de remobiliser ses acquis lors du DS !

8. Appliquer les conseils et croire qu'on peut progresser

Les notes ne reflètent pas ce que vous valez ou ce que vous êtes capables de faire, il s'agit simplement d'une évaluation d'une production à un moment donné. Analysez à chaque fois ce que vous avez réussi et les points sur lesquels progresser, demandez conseils à vos professeurs. Identifiez les difficultés permet de personnaliser votre travail et de les surmonter en vous fixant des objectifs. Croyez en vous, les premiers de la classe au lycée ne sont pas forcément les premiers aux concours, idem pendant vos années de préparation.

4 Les cours et les différents types de devoirs

Les cours

Loin d'être constitués uniquement de cours magistraux, les enseignements en classe entière sont l'occasion d'acquérir des connaissances, de travailler à la réalisation de schémas ainsi qu'à la résolution d'exercices. Le déroulement de ces cours est proche de ce que vous avez connu au lycée, avec un rythme plus soutenu puisque vous entrez dans l'enseignement supérieur.

Les séances de travaux pratiques

Un tiers environ de vos enseignements sont suivis en demi-classe dans des salles de travaux pratiques. Ces séances, de 3 heures en première année et 2h30 en deuxième année, vous permettent de travailler, en individuel ou en petit groupe, l'observation et l'expérimentation sur des supports biologiques et des objets géologiques afin d'établir des relations entre des structures et des fonctions.
Ces séances sont aussi l'occasion de travailler la présentation de vos observations et des résultats obtenus, sous des formes diverses comme le dessin d'observation, une présentation comparative ou un graphique. L'outil informatique est également régulièrement utilisé pour la visualisation de modèles moléculaires ou de SIG (système d'information géographique).

Les exercices

Les sciences de la vie et de la Terre ne se résument pas à une simple accumulation de connaissances, mais, comme dans toute science, ces connaissances sont mises au service de l'analyse du monde qui nous entoure et à une meilleure compréhension des phénomènes biologiques et géologiques. Vous aurez donc régulièrement des documents à analyser, des synthèses ou des extraits de sujets de concours à travailler pour vous entraîner. La mise en pratique de vos connaissances et capacités dans des contextes nouveaux vous permettront de consolider vos acquis et de progresser.

Les colles

Les colles (ou khôlles) sont des séances orales d'une heure avec un enseignant qui ont lieu dans une matière donnée une semaine sur deux. En trinôme, vous travaillez chacun sur un sujet de synthèse, des analyses documentaires ou des aspects vus en travaux pratiques, ce qui vous permet non seulement de vous préparer aux épreuves des concours, mais surtout vous incite à travailler régulièrement et à faire le point sur vos acquis ou les points à consolider.

Les DS (devoirs surveillés)

Il s'agit de devoirs écrits à réaliser en temps limité. Dans l'esprit des sujets de concours, il est l'occasion de vous préparer aux épreuves mais aussi de faire le point sur vos acquis et les points à consolider. Ces devoirs arriveront régulièrement en SVT, toutes les 3-4 semaines environ, et alterneront entre sujets de synthèse et analyses de documents. Selon les établissements, ces devoirs sont parfois regroupés dans un concours blanc afin de vous préparer à l'organisation que demande d'enchaîner plusieurs épreuves sur plusieurs jours.

La remédiation

Dans le cas ou vous n'auriez pas suivi la spécialité SVT en classe de Terminale, des heures de remédiation sont prévues afin de vous permettre de suivre au mieux les enseignements de SVT en BCPST1. Mises en place au premier semestre, ces heures n'ont pas pour objectifs de vous faire rattraper l'équivalent des 6 heures hebdomadaires de Terminale que vous n'avez pas pu effectuer, mais de vous aider à consolider certaines connaissances et méthodes qui vous permettront de bien poursuivre les enseignements dans la discipline.

5 Les épreuves de concours en biologie-géologie

Tableau récapitulatif des formats d'épreuves

Épreuves	Concours A Agro-véto	Concours ENS	Concours G2E
Synthèse de biologie	3 heures	2 heures	////
Étude de documents	3 heures 30	4 heures en biologie (couplé à la synthèse) 4 heures en géologie	3 heures en biologie 3 heures en géologie
Épreuve orale	1 épreuve de biologie (30 min préparation + 30 min passage)	1 épreuve de biologie 1 épreuve de géologie (15 à 30 min préparation + 30 à 60 min passage selon épreuve et école)	1 épreuve de géologie (30 min préparation + 30 min passage)
Épreuve pratique	1 heure 30	4 heures	////
TIPE	30 minutes	30 minutes	30 minutes

La synthèse de biologie

Il s'agit d'une dissertation sur un sujet qui fait appel aux connaissances acquises durant les deux années de préparation. Il s'agit de présenter, selon un plan adapté et apparent, les principaux concepts et faits essentiels en lien avec le sujet sous la forme d'un texte accompagnée d'illustrations, de manière argumentée.

L'étude de documents en Sciences de la vie et de la Terre

Cette épreuve, quel que soit le concours considéré, est l'exploitation d'un ensemble documentaire guidée par des questions précises. Il s'agit d'expliquer des phénomènes biologiques et/ou géologiques grâce à l'analyse raisonnée de documents scientifiques. Il faut s'appuyer à la fois sur vos connaissances au service d'un sujet original ainsi que sur la mise en relation des interprétations formulées tout au long de l'étude des documents.

L'oral de biologie ou de géologie

Il s'agit d'une épreuve au cours de laquelle vous pouvez présenter, selon les épreuves :

- une synthèse à partir d'un tableau que vous avez préparé pendant 30 minutes ;
- une analyse en direct de différents supports scientifiques (échantillons, résultats expérimentaux, cartes géologiques, etc.)

Ces épreuves ont pour objectif de tester votre capacité à vous exprimer, à argumenter et votre réactivité tout en validant votre faculté à mobiliser des connaissances scientifiques pour raisonner.

L'épreuve pratique de biologie

L'épreuve pratique permet d'évaluer vos capacités d'observation et de représentation du réel ainsi que vos aptitudes techniques de manipulation et d'expérimentation au service de la compréhension du vivant. Elle est l'occasion de mettre en œuvre tout un ensemble de capacités acquises lors des séances de travaux pratiques des deux années de préparation.

TIPE (Travaux d'Initiative Personnelle Encadrée)

Il s'agit d'une épreuve pluridisplinaire, dont la dominante concerne les SVT, que vous préparez tout au long de l'année de passage du concours. A partir d'un thème défini nationalement chaque année, vous travaillez en groupe à la mise en œuvre d'une activité de recherche scientifique faisant l'objet d'un rapport et d'une présentation orale avec les supports de votre choix.

PARTIE 2

BIOLOGIE

TOUT CE QU'IL FAUT SAVOIR POUR RÉUSSIR

Plan de la partie

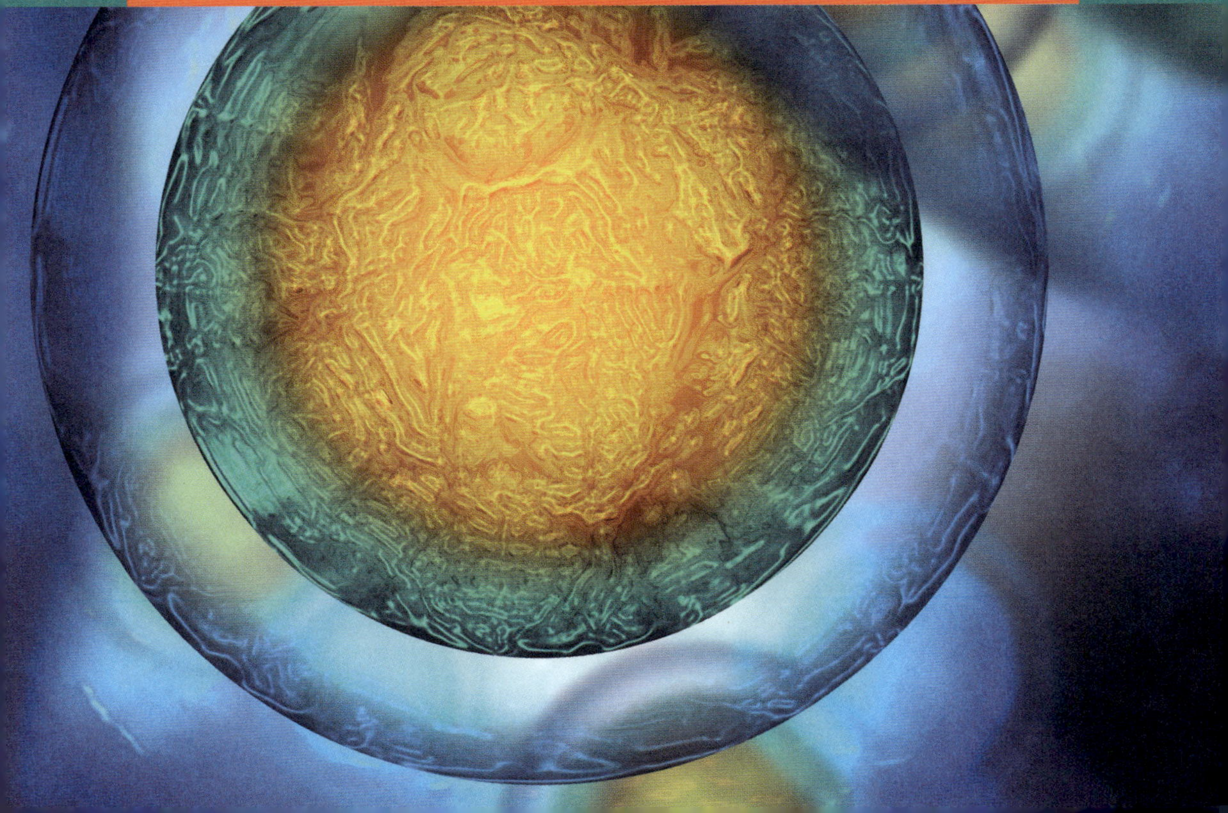

CHAPITRE 1
L'organisation fonctionnelle de la cellule

Plan du chapitre

Tout être vivant est constitué d'une ou plusieurs cellules. La cellule est l'unité structurale et fonctionnelle du vivant. Lorsque l'être vivant est constitué d'une seule cellule, celle-ci assure toutes les fonctions du vivant. Pour la plupart des êtres vivants pluricellulaires, les cellules sont spécialisées mais présentent également des caractéristiques structurales et fonctionnelles communes.

Objectifs et compétences

Ce que j'ai vu au lycée	Ce que je vais apprendre en prépa
• SECONDE Un organisme pluricellulaire est un ensemble de cellules spécialisées qui forment des tissus et assurent des fonctions particulières. Les besoins d'une cellule sont assurés par de nombreuses transformations biochimiques. L'ensemble de ces transformations constitue le métabolisme.	• La cohésion et la communication entre cellules sont assurées par des jonctions intercellulaires et des matrices extracellulaires. • La cellule eucaryote est compartimentée, ce qui entraîne une régionalisation des fonctions. • Les cellules possèdent un cytosquelette.
• PREMIÈRE Une cellule est délimitée par une membrane plasmique qui est un assemblage de molécules.	• Les membranes sont fluides et ont une perméabilité sélective aux différentes molécules du milieu extracellulaire.
• TERMINALE SPÉ Une cellule a besoin d'énergie sous forme d'ATP qui est produit à partir de matière organique, notamment le glucose.	• L'ATP est produit au cours de la respiration cellulaire ou de la fermentation. Il permet de nombreux couplages énergétiques dans la cellule.

AUTO-ÉVALUATION

► ***Évaluez-vous en répondant à la série de questions ci-dessous. Plusieurs bonnes réponses sont possibles.***

QCM INTERACTIFS
lienmini.fr/40836-1

1. Une cellule eucaryote :

☐ **a.** comporte des membranes plasmiques qui délimitent les différents compartiments ;
☐ **b.** possède une information génétique libre dans le cytoplasme ;
☐ **c.** possède des chloroplastes ou des mitochondries ;
☐ **d.** est une cellule compartimentée.

2. La membrane plasmique :

☐ **a.** sépare le cytoplasme du milieu intracellulaire ;
☐ **b.** est un assemblage de lipides en bicouche dans laquelle sont insérées des protéines ;
☐ **c.** est maintenue par des liaisons covalentes entre ses composants ;
☐ **d.** délimite la cellule eucaryote ainsi que les différents compartiments qu'elle contient.

3. Une cellule végétale chlorophyllienne :

☐ **a.** ne possède pas de mitochondrie ;
☐ **b.** est capable de produire de la matière organique, comme du glucose, à partir de matières minérales ;
☐ **c.** est hétérotrophe car elle respire ;
☐ **d.** possède des chloroplastes qui sont le siège de la photosynthèse le jour et la nuit.

4. La glycolyse :

☐ **a.** se déroule dans la matrice des mitochondries ;
☐ **b.** est une oxydation totale du glucose ;
☐ **c.** permet la production d'ATP ;
☐ **d.** n'a pas lieu lorsque la cellule fermente.

5. Les enzymes :

☐ **a.** sont des protéines ;
☐ **b.** sont des catalyseurs biologiques qui ne fonctionnent qu'à 37°C ;
☐ **c.** sont des marqueurs de la spécialisation cellulaire ;
☐ **d.** ont une activité qui peut être modifiée par des effecteurs comme le pH.

6. L'ATP dans une cellule musculaire :

☐ **a.** peut être produit uniquement par la dégradation du glucose lors de la respiration ;
☐ **b.** est indispensable à la contraction musculaire ;
☐ **c.** est stocké en abondance lorsque la cellule est au repos ;
☐ **d.** peut être exporté vers d'autres cellules.

7. Le cycle de Krebs :

☐ **a.** se déroule dans le cytosol ;
☐ **b.** assure la conversion de la majeure partie de l'énergie chimique du glucose ;
☐ **c.** produit des composés oxydés comme le NADH ;
☐ **d.** ne peut persister dans la mitochondrie qu'en présence de dioxygène.

8. L'organite suivant :

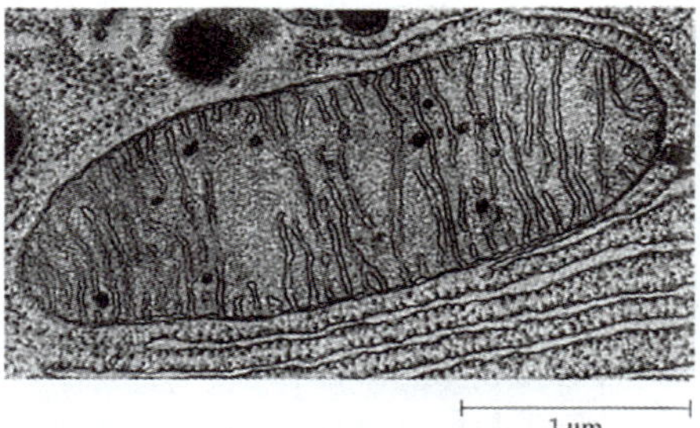

☐ **a.** est un chloroplaste ;
☐ **b.** est observé en microscopie électronique à transmission ;
☐ **c.** existe uniquement dans les cellules animales ;
☐ **d.** est le siège du cycle de Calvin qui permet l'oxydation du pyruvate.

► *Corrigés p. 36*

SYNTHÈSE DE COURS

1 Une cellule, unité du vivant, est une entité plus ou moins compartimentée

Tout être vivant est constitué d'une ou plusieurs cellules qui fondent l'unité du vivant. Une cellule réalise l'ensemble des activités de base du vivant.

1.1. L'exploration des cellules et la théorie cellulaire

Une cellule est trop petite pour être observée à l'œil nu. L'élaboration de la théorie cellulaire au XIXe siècle est liée à l'apparition de nouvelles techniques d'observation comme la microscopie.

La microscopie photonique a permis d'observer les premières cellules et l'observation répétée de multiples êtres vivants a conduit à établir la théorie cellulaire qui stipule que :

- tout organisme vivant est constitué de cellules, ou unité cellulaire : la cellule est l'unité structurale et fonctionnelle des êtres vivants ;
- certains êtres vivants sont unicellulaires et d'autres sont constitués d'un assemblage de cellules ;
- toute cellule provient de la division d'une cellule préexistante.

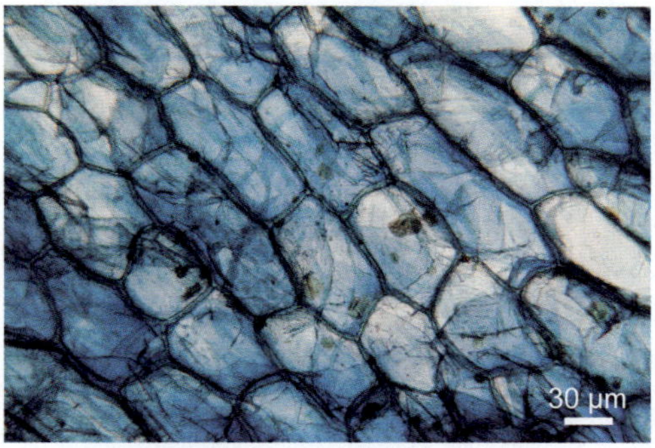

▸ **Figure 1.1.** Exemple de cellules d'oignon vues au microscope photonique.

À retenir

Une théorie scientifique est un modèle qui permet de donner une explication à l'ensemble des faits observés. Elle n'est pas vraie ou fausse et peut évoluer au cours du temps. La théorie de l'évolution est un autre exemple de théorie scientifique.

La microscopie photonique permet d'observer des cellules vivantes mais on distingue peu les ultrastructures cellulaires comme le noyau ou les chloroplastes. Les microscopes électroniques, qui ont un pouvoir de résolution plus important, jusqu'à 1 000 fois supérieur, permettent l'exploration de l'intérieur de la cellule et la compréhension de son organisation.

Objectif prépa

Connaître les ordres de grandeur des différents objets du vivant est fondamental.

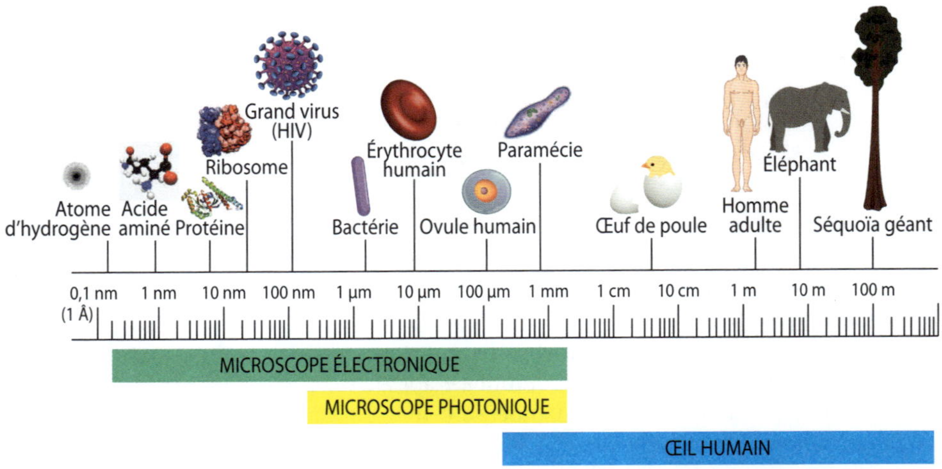

► **Figure 1.2.** Taille des cellules et de leurs composants.

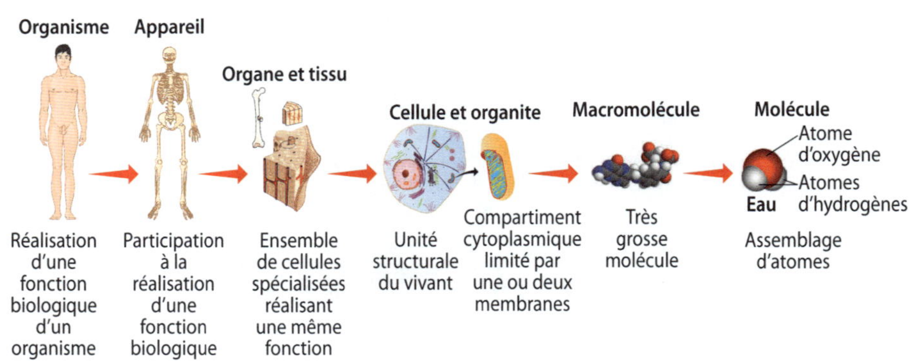

► **Figure 1.3.** Les niveaux d'organisation du vivant.

1.2. Les compartiments des cellules eucaryotes

Différents compartiments limités par des membranes, ou organites, sont observables en microscopie électronique. Chaque catégorie d'organites possède des caractéristiques structurales et fonctionnelles qui lui sont propres.
Les organites se distinguent par leur structure mais également par leurs fonctions.

- **Des organites impliqués dans le métabolisme :**
  - les chloroplastes, présents dans les cellules végétales chlorophylliennes uniquement, sont le siège de la photosynthèse ;

- les mitochondries, présentes dans toutes les cellules eucaryotes, permettent la respiration cellulaire.

• **Le noyau, contient l'information génétique portée par la molécule d'ADN.**

Objectif prépa

Le réticulum, l'appareil de Golgi et les vésicules d'exocytose sont impliqués dans la synthèse, la maturation et l'exportation de certaines protéines.
Les cellules bactériennes ne sont pas compartimentées et l'information génétique est libre dans le cytoplasme.

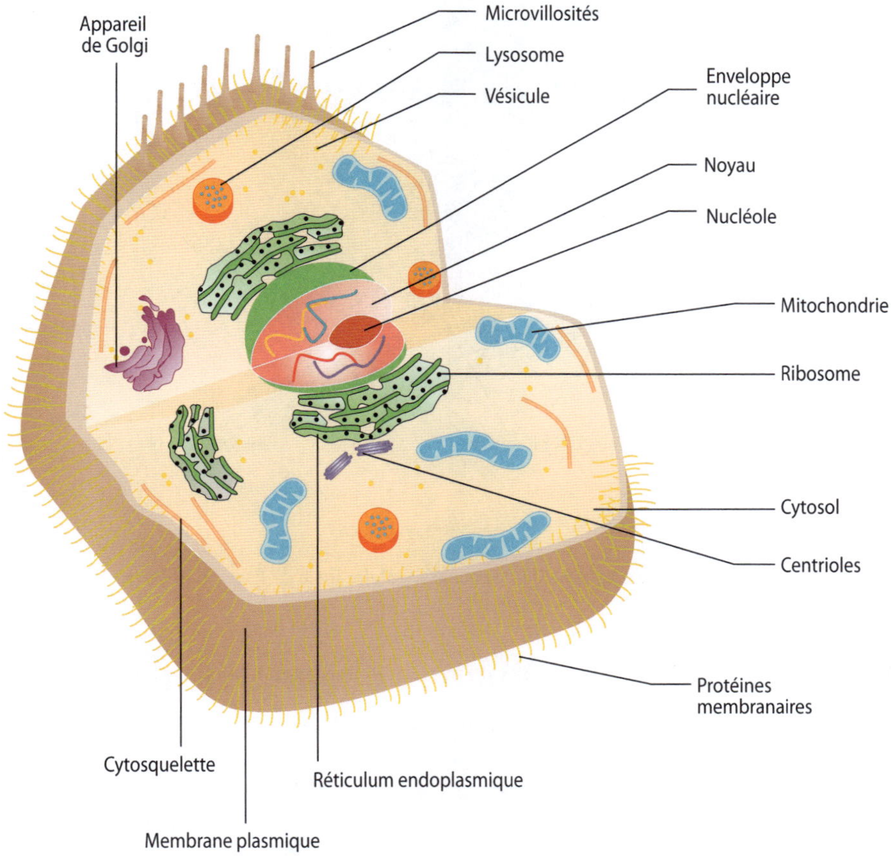

▶ **Figure 1.4.** Schéma d'une cellule animale. Taille : environ 10 µm.

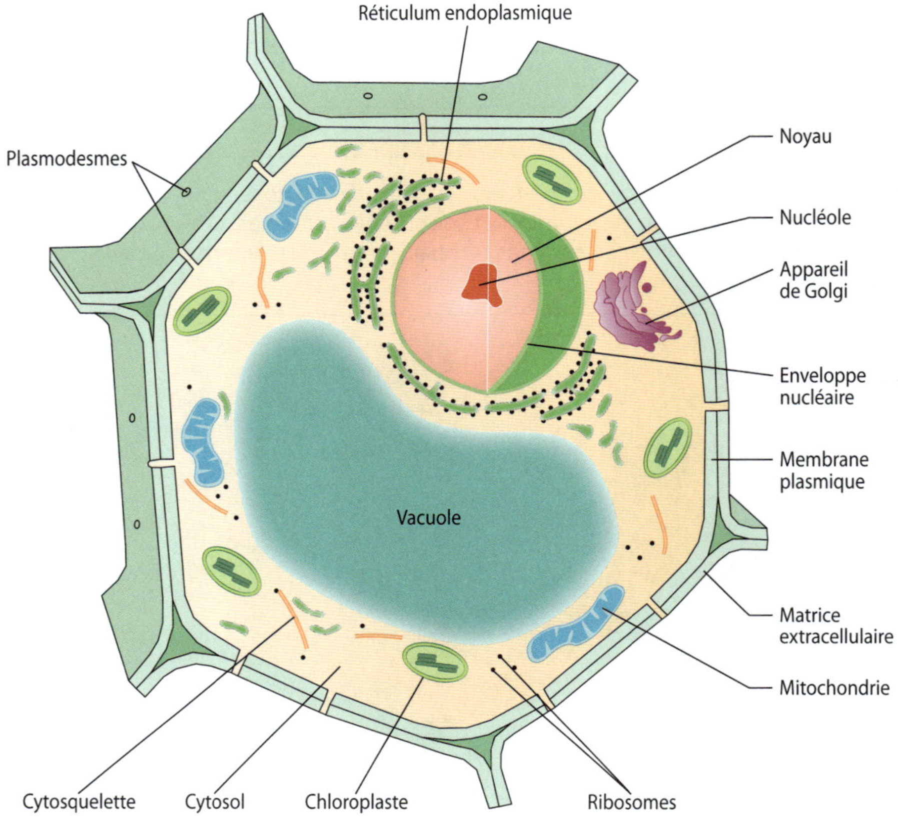

► **Figure 1.5.** Schéma d'une cellule végétale. Taille de 10 µm à 100 µm.

2 Une cellule est délimitée par une membrane plasmique au contact du milieu extracellulaire

2.1. La membrane plasmique, un assemblage dynamique de molécules variées

La membrane plasmique sépare le cytoplasme de l'espace extracellulaire. Cette membrane est constituée d'une bicouche lipidique et de protéines. Les lipides et les protéines membranaires possèdent des parties hydrophiles et des parties lipophiles. Les lipides sont assemblés en une bicouche stabilisée par des liaisons faibles des parties hydrophiles entre elles et avec les milieux aqueux adjacents (cytoplasme et milieu extracellulaire). Les queues lipophiles établissent également des interactions entre elles. Les protéines établissent également des liaisons faibles avec les lipides.

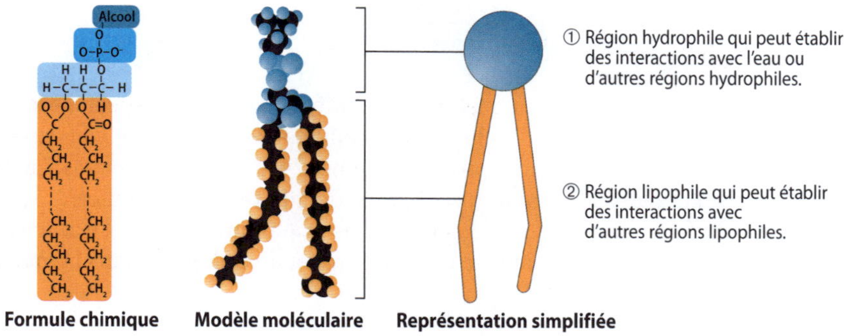

► **Figure 1.6.** Un lipide membranaire.

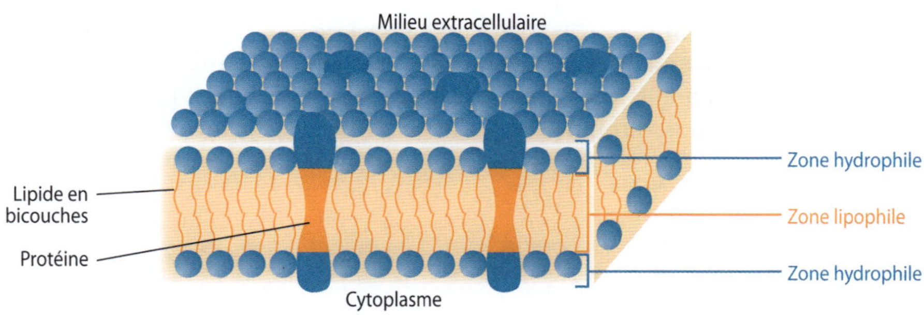

► **Figure 1.7.** La membrane plasmique : un assemblage moléculaire organisé.

Les lipides et les protéines sont mobiles les uns par rapport aux autres : une membrane est une structure fluide et déformable. Des vésicules peuvent fusionner avec la membrane plasmique permettant de libérer des molécules dans le milieu extracellulaire ou d'afficher certaines protéines sur la membrane plasmique (ex : des transporteurs au glucose).

À retenir. Pour aller plus loin

L'organisation en bicouche avec des protéines associées est une organisation commune à toutes les membranes de la cellule, y compris celles des compartiments.

Objectif prépa

Il existe un flux membranaire dans une cellule : la membrane de l'appareil de Golgi peut donner de la membrane plasmique qui elle-même peut donner des membranes d'organites comme le réticulum.

2.2. Les matrices extracellulaires et l'organisation en tissus chez les pluricellulaires

Les organismes pluricellulaires sont constitués de différentes cellules spécialisées assemblées en tissus aux fonctions particulières. Les cellules adhèrent entre elles grâce à leur matrice extracellulaire, également appelée paroi pour les cellules végétales. La matrice extracellulaire est un réseau cohérent constituée de différentes molécules.
La matrice extracellulaire comporte des microfibrilles qui assurent une résistance à la traction. Elles sont constituées de cellulose dans la paroi et de collagène dans la matrice extracellulaire animale.

2.3. La membrane plasmique : interface entre deux milieux

La membrane plasmique est une interface entre la cellule et son environnement. Les protéines membranaires qu'elle contient possèdent des fonctions variées et assurent des échanges entre la cellule et son environnement :
• **Des échanges de matière :** la bicouche lipidique laisse passer certaines molécules (gaz, eau...) mais ne laisse pas passer les molécules hydrophiles dont certaines sont indispensables au fonctionnement cellulaire (ex : le glucose). Il existe des protéines membranaires appelées transporteurs qui permettent un transfert spécifique de molécules.

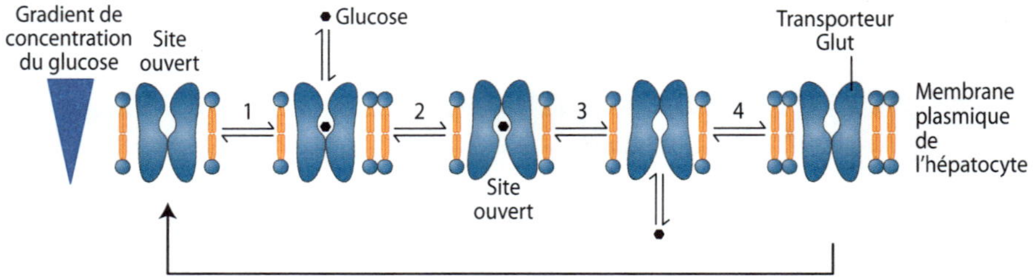

► **Figure 1.8.** Transporteur au glucose de l'hépatocyte.

• **Des échanges d'information :** certaines protéines membranaires sont des récepteurs de molécules impliquées dans la communication. C'est le cas des hormones. Leur fixation sur les récepteurs entraine une modification du comportement de la cellule (ex : insuline). Seules les cellules qui ont les récepteurs à l'hormone sont des cellules cibles.

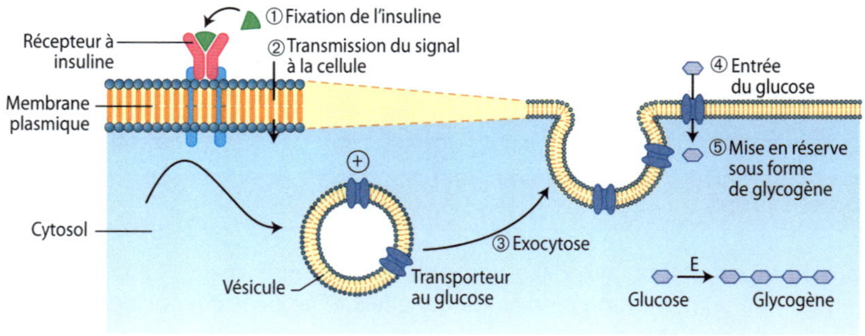

► **Figure 1.9.** Implication des protéines membranaires dans la réception d'un signal, exemple de l'action de l'insuline sur une cellule cible.

• **Une cohésion mécanique :** les cellules animales possèdent des protéines membranaires qui peuvent établir des liaisons avec la matrice extracellulaire d'une part et le cytosquelette d'autre part participant à l'unité mécanique des tissus.

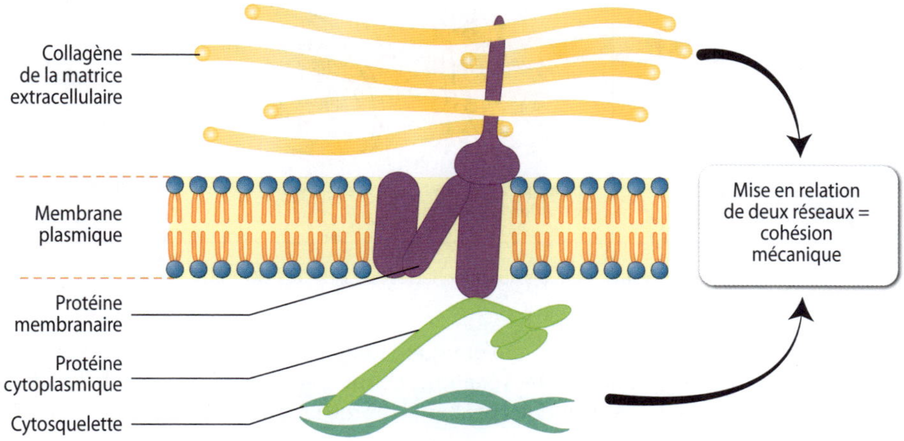

► **Figure 1.10.** Des protéines membranaires reliant le cytosquelette et les protéines de la matrice extracellulaire.

Objectif prépa

Certaines protéines membranaires sont communes à toutes les cellules mais d'autres sont spécifiques à chaque type cellulaire en lien avec le tissu auquel appartient la cellule.

3 Une cellule réalise un ensemble de réactions biochimiques qui constituent son métabolisme

3.1. Des cellules autotrophes ou hétérotrophes

Une cellule est autotrophe ou hétérotrophe en fonction de l'origine de la matière organique qu'elle utilise dans son métabolisme :

- **lorsqu'elle est capable d'élaborer sa matière organique à partir de matière minérale et d'énergie prélevée dans son environnement, elle est autotrophe.** Par exemple, les cellules végétales chlorophylliennes possèdent des chloroplastes qui réalisent la photosynthèse, c'est-à-dire produisent de la matière organique comme le glucose, à partir de dioxyde de carbone et d'eau en utilisant l'énergie lumineuse ;
- **lorsqu'une cellule prélève dans son environnement la matière organique nécessaire à son métabolisme, elle est hétérotrophe.** Certaines cellules végétales non chlorophylliennes, les cellules animales ou les cellules de champignon sont hétérotrophes.

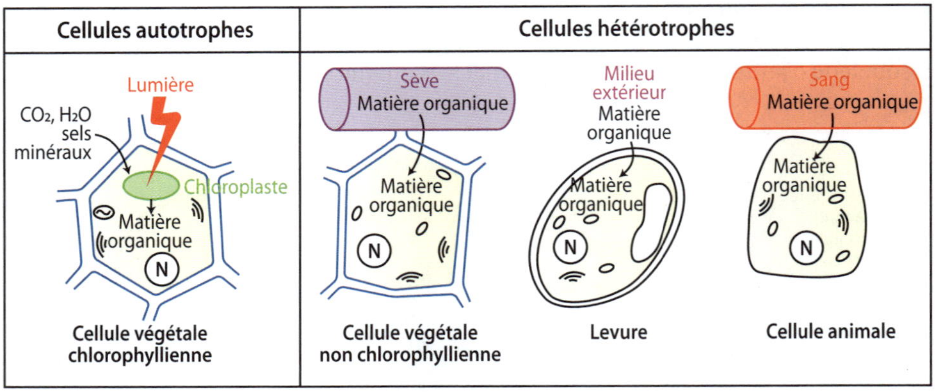

► **Figure 1.11.** Cellules autotrophes et cellules hétérotrophes.

Pour fonctionner, une cellule a besoin d'énergie : toute cellule transforme de la matière organique en énergie utilisable par les réactions cellulaires, le plus souvent de l'ATP. Différents mécanismes de transformations existent comme la respiration et la fermentation.

La respiration se déroule dans toutes les cellules eucaryotes. Elle correspond à l'oxydation complète de matière organique, comme le glucose, grâce à la consommation de dioxygène. Elle permet la fabrication de l'ATP qui est le vecteur énergétique principal permettant la réalisation des travaux cellulaires.

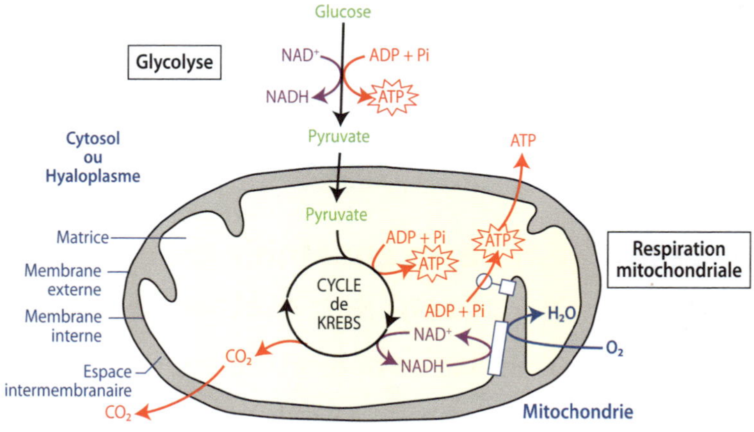

► **Figure 1.12.** Les étapes de la respiration.

Elle se réalise en plusieurs étapes :

- la **glycolyse** transforme le glucose en deux pyruvates et assure la réduction de NAD^+ en NADH et la phosphorylation d'ADP en ATP ;
- le **pyruvate** entre dans la mitochondrie où se déroule la respiration dite « mitochondriale ». Il subit dans la matrice une série d'oxydations et de décarboxylations (qui libèrent du CO_2) lors du cycle de Krebs. Ces réactions permettent de régénérer de l'ATP mais, surtout, de fabriquer des coenzymes réduits NADH et $FADH_2$ à partir de NAD^+ et FAD ;

- les **coenzymes** produits lors du cycle de Krebs, NADH et $FADH_2$, sont oxydés au niveau de la membrane interne de la mitochondrie grâce au dioxygène permettant la formation d'ATP par les ATP synthases membranaires ;
- l'**ATP** produit est exporté de la mitochondrie et permet la réalisation des travaux cellulaires.

Attention !

Ne pas confondre : une cellule chlorophyllienne autotrophe réalise la photosynthèse mais elle respire également.

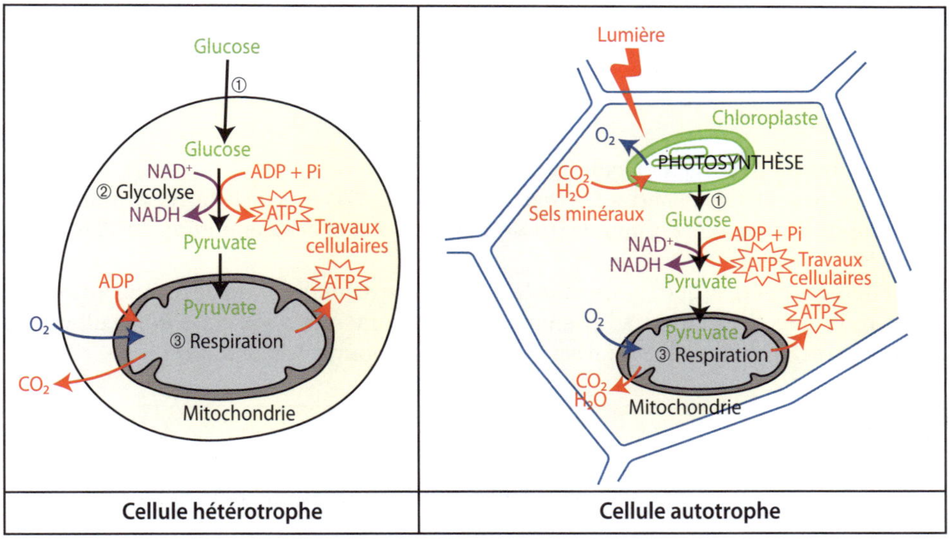

► **Figure 1.13.** Cellule hétérotrophe et cellule autotrophe.

Objectif prépa

Les molécules transformées par la respiration peuvent être d'autres types de molécules que du glucose, comme des lipides. La voie qui précède le cycle de Krebs diffère de la glycolyse.

Certaines cellules sont capables de fermenter et de régénérer de l'ATP en l'absence de dioxygène. Alors que la respiration cellulaire correspond à l'oxydation complète de matière organique grâce à la consommation de dioxygène, la fermentation est une oxydation partielle de matière organique, sans consommation de dioxygène.

Il existe différents types de fermentations qui se distinguent par le résidu organique formé :
- la **fermentation lactique** produit du lactate à partir du glucose (exemple des cellules musculaires) ;
- la **fermentation éthanolique** produit de l'éthanol à partir du glucose (exemple des levures).

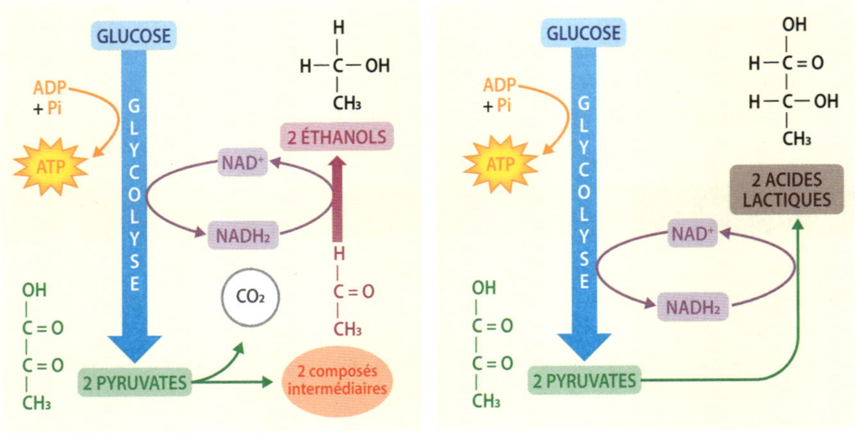

► **Figure 1.14.** Bilan de la fermentation éthanolique (à gauche) et lactique (à droite).

La transformation d'une molécule de glucose :

- donne du lactate et permet la régénération de 2 ATP lors de la fermentation ;
- donne de la matière minérale ($CO_2 + H_2O$) et permet la régénération de 36 ATP lors de la respiration.

Le rendement énergétique (pourcentage de l'énergie récupérée lors de la transformation d'une molécule par rapport à l'énergie chimique contenue dans cette molécule) de la respiration est d'environ 40 % et il est environ de 2 % pour la fermentation.

Objectif prépa

La cellule est un système thermodynamique ouvert qui échange de la matière et de l'énergie avec son environnement.

3.2. L'ATP, vecteur énergétique central du métabolisme

L'ATP, adénosine triphosphate, est un nucléotide fondamental du métabolisme : il est en permanence hydrolysé et régénéré par les cellules. Son hydrolyse libère de l'énergie utilisable pour les travaux cellulaires (comme la contraction par exemple) et sa régénération exige de l'énergie.

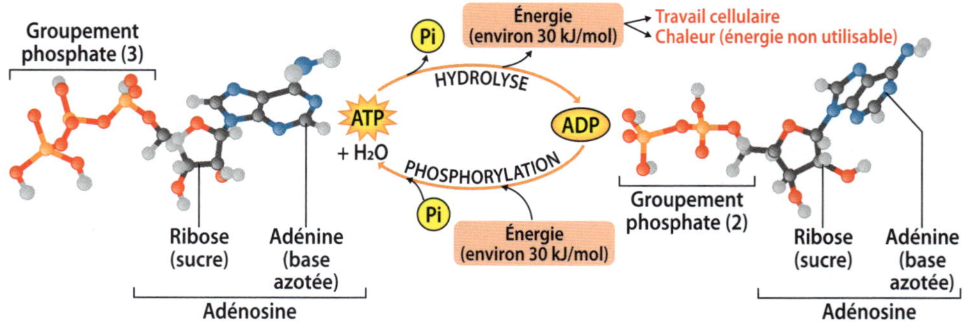

► **Figure 1.15.** L'ATP, molécule foncamentale du métabolisme.

Objectif prépa

On parle de couplage énergétique lorsqu'un évènement cellulaire qui nécessite de l'énergie est associé à un évènement qui en libère. L'ATP est une molécule essentielle des couplages énergétiques dans toutes les cellules.

3.3. Voies métaboliques et enzymes

La transformation de substrats en produits lors d'une réaction peut être plus ou moins longue et d'une durée incompatible avec la vie cellulaire. Les enzymes sont des biocatalyseurs qui accélèrent la vitesse des réactions du métabolisme dans les conditions du vivant.
Ce sont des protéines qui agissent à très faible concentration et se retrouvent intactes en fin de réaction.

Enzyme + substrat(s) → enzyme + produit(s)

Objectif prépa

Une enzyme ne fait qu'accélérer une réaction spontanée. Certaines réactions non spontanées peuvent être réalisées grâce à un couplage avec une autre réaction comme l'hydrolyse d'ATP.

Une enzyme possède une double spécificité :

- **la spécificité de substrat :** une enzyme ne peut agir que sur un substrat (ou un groupe de substrat) ;
- **la spécificité de réaction :** une enzyme ne peut catalyser qu'un seul type de réaction.

Lorsqu'on met en présence enzymes et substrats, on constate que la vitesse initiale de la réaction est maximale. Puis cette vitesse diminue progressivement au fur et à mesure de la transformation du substrat en produit.

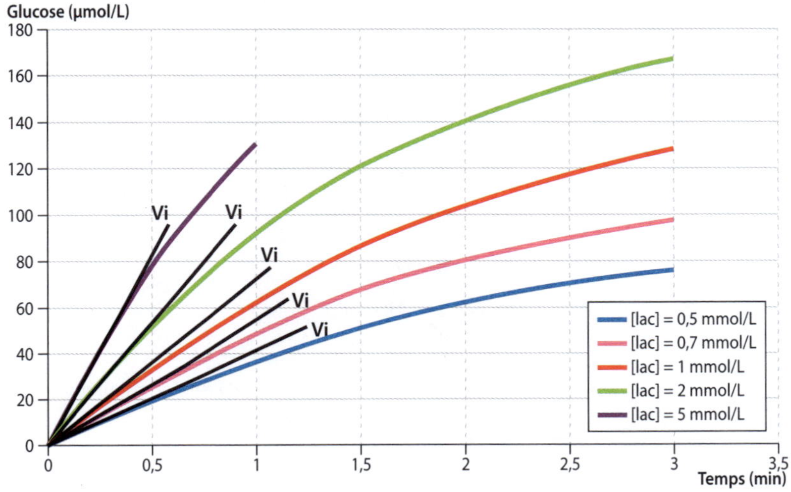

► **Figure 1.16.** Mesure de la quantité de produit (glucose) en fonction du temps et de la concentration initiale en substrat (lactose). L'enzyme impliquée est la β-galactosidase.

Lorsqu'on trace la courbe de la vitesse initiale en fonction de la concentration initiale en substrat, Vi = f([S]), on constate que la vitesse augmente jusqu'à un plateau. L'existence de ce plateau s'explique par la formation d'un complexe enzyme-substrat et la saturation de l'enzyme pour des concentrations plus importantes. La vitesse maximale Vmax est atteinte lorsque toutes les molécules d'enzymes sont complexées avec un substrat.

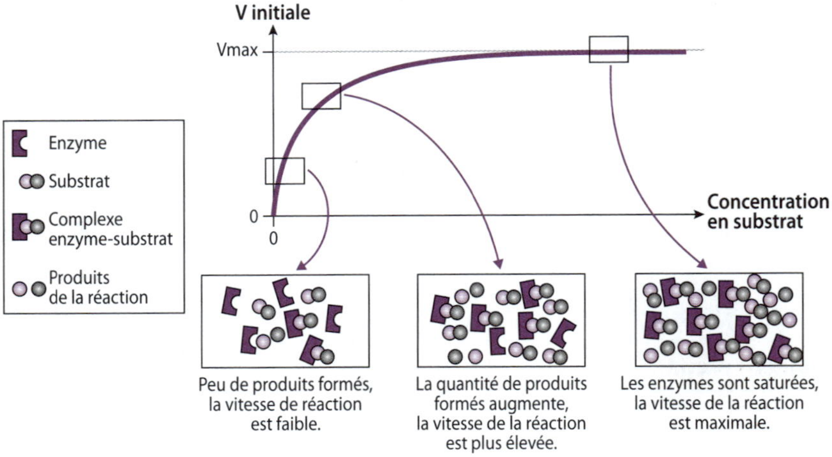

► **Figure 1.17.** Interprétation de l'évolution de la vitesse initiale en fonction de la concentration en substrat.

Attention !

Il est important de bien repérer les unités et la signification des différentes courbes d'enzymologie.
Elles peuvent se ressembler mais avoir des significations très différentes.

Comme toutes les protéines (*cf.* chapitre 3), les enzymes possèdent des formes tridimensionnelles qui leur sont propres. Elles possèdent une petite cavité, le site actif, dont la forme est complémentaire de celle du substrat. Certains acides aminés du site actif, les acides aminés de liaison, fixent le substrat et d'autres, les acides aminés catalytiques réalisent la réaction et modifie le substrat en produit.

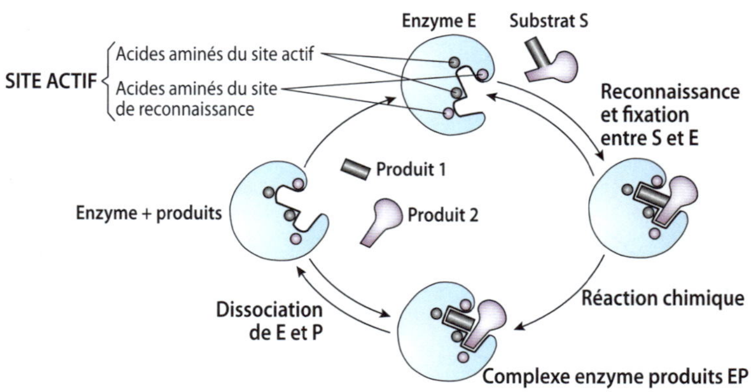

► **Figure 1.18.** Schématisation de la réaction enzyme/substrat.

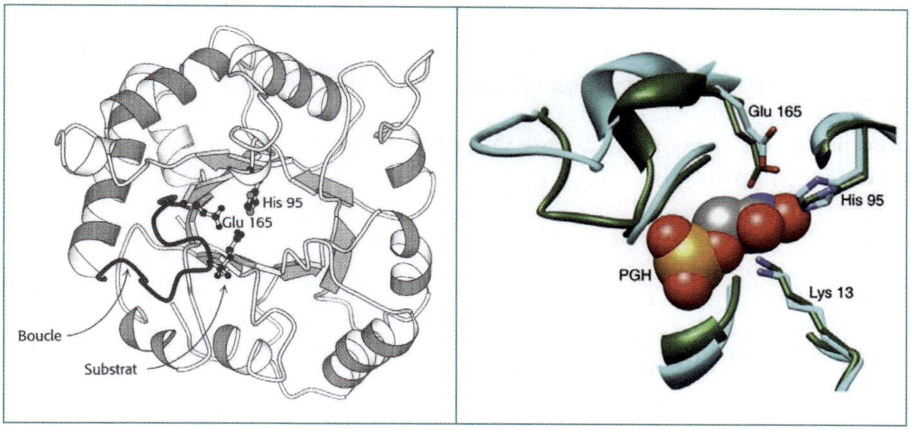

► **Figure 1.19.** Une enzyme, la triose phosphate isomérase, et son site actif (à gauche) avec le substrat (à droite), un glucide, fixé dans le site actif par les acides aminés de liaison.

Certaines enzymes, comme celles de la glycolyse, sont communes à toutes les cellules alors que d'autres sont en lien avec la spécialisation cellulaire et n'existent que dans certaines catégories cellulaires.

Conclusion

La cellule est l'unité structurale et fonctionnelle du vivant. Elle est délimitée par une membrane plasmique constituée d'une bicouche lipidique et de protéines qui permet des échanges avec le milieu extracellulaire mais aussi l'ancrage à une matrice extracellulaire lorsque celle-ci est présente. Les cellules eucaryotes sont compartimentées, ce qui permet une division du travail, les organites étant spécialisés dans une fonction.
Les molécules prélevées dans l'environnement permettent aux cellules de synthétiser leurs propres molécules biologiques et produire de l'ATP, petite monnaie énergétique de la cellule.
Les cellules sont le siège de réactions chimiques accélérées par des enzymes. L'ensemble des réactions chimiques constitue son métabolisme.

EXERCICES D'APPLICATION

●○○ 10 min.

EXERCICE 1 Métabolisme des cellules chlorophylliennes

On mesure les échanges gazeux dans une suspension de cellules chlorophylliennes éclairées (2) ou non (1 et 3).

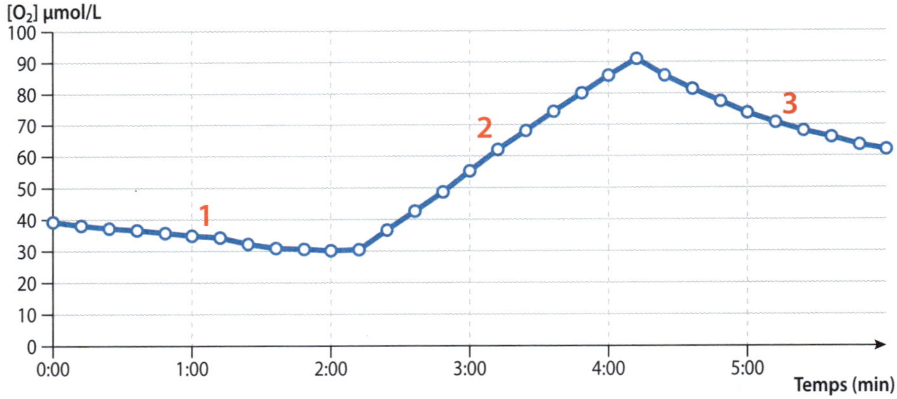

Interprétez les résultats obtenus.

●●○ 20 min.

EXERCICE 2 Propriétés de la membrane plasmique

Le tétroxyde d'osmium est un composé chimique capable de se lier spécifiquement aux parties hydrophiles des molécules et donne une coloration sombre en microscopie électronique à transmission.

Document 1. Coupe transversale de membrane plasmique observée au MET après traitement au tétroxyde d'osmium.

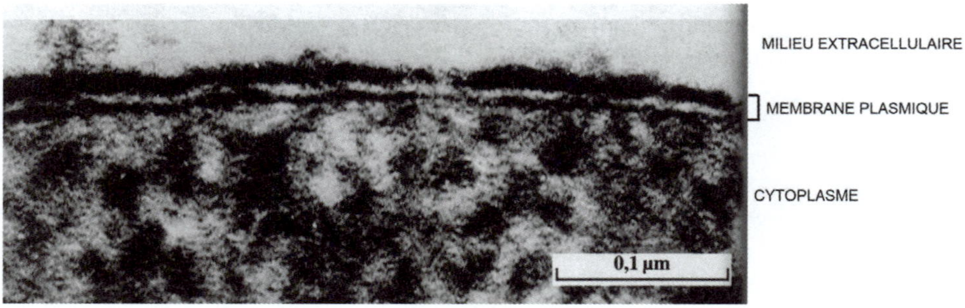

1. À partir de l'exploitation de ce document, estimez l'épaisseur de la membrane plasmique en nm.
En utilisant vos connaissances, expliquez les résultats obtenus.

Les lipides de la membrane plasmique d'une cellule sont marqués par fluorescence.

Par application d'un faisceau laser intense, on supprime localement la fluorescence sans endommager les lipides puis on observe l'évolution de l'intensité de la fluorescence de ce secteur membranaire au cours du temps. Le résultat est donné ci-dessous pour une cellule.

- la fluorescence apparaît en blanc ;
- le faisceau laser est appliqué dans le carré et la surface décolorée apparaît noire après application du laser ;
- la cellule est observée 5 minutes après l'application du faisceau laser.

Document 2. Cellule, dont les lipides membranaires sont fluorescents, observée avant application du laser, immédiatement après application du laser et 5 minutes plus tard.

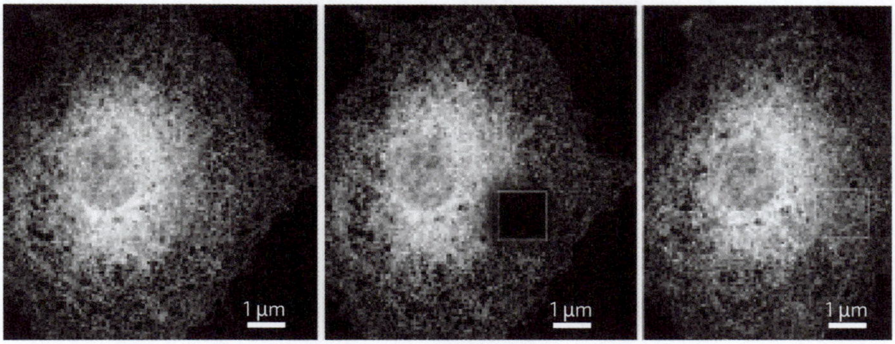

2. Interprétez les résultats obtenus et caractérisez une propriété de la membrane plasmique.

●○○ 10 min.

EXERCICE 3 La paroi ou matrice extracellulaire végétale

On prélève des fragments chlorophylliens de feuille de poireau que l'on place dans une solution qui permet d'éliminer la paroi entourant les cellules. Les cellules ainsi dépourvues de paroi sont des protoplastes.

Document 1. Obtention de protoplastes.

Photographie en microscopie optique après incubation de 2 heures à 25°C.	Photographie en microscopie optique de 4 cellules après incubation de 3 heures à 25°C.
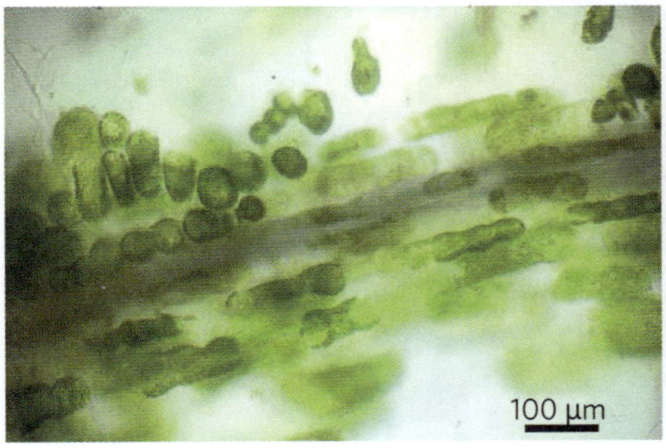	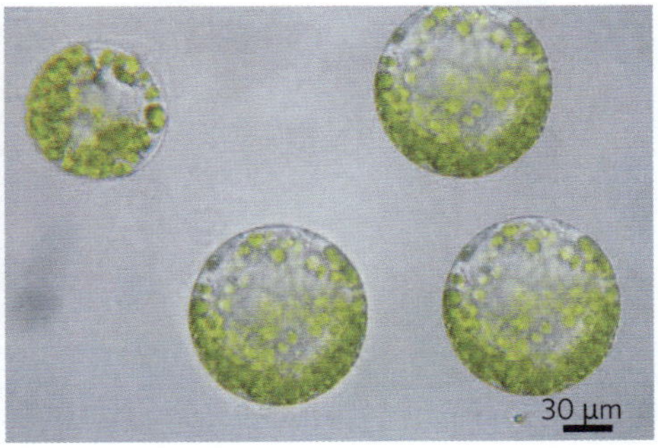

Document 2. Observation de la paroi en microscopie électronique à balayage (MEB).

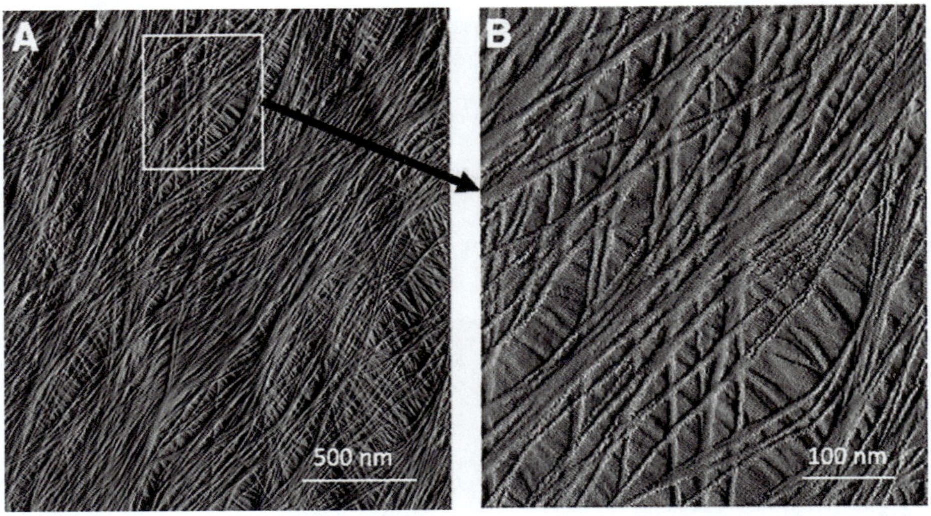

En vous appuyant sur l'exploitation de ces documents et sur vos connaissances, donnez des propriétés de la paroi.

●●○ 20 min.

EXERCICE 4 Le métabolisme du corail

À l'aide de l'exploitation des documents proposés et de vos connaissances, identifiez le métabolisme des zooxanthelles et son importance pour le polype. Présentez vos conclusions dans un schéma bilan.

Les coraux peuvent se nourrir de plancton animal et de bactéries. Certains ont la particularité de vivre en association avec des algues unicellulaires chlorophylliennes, les zooxanthelles, ce qui leur donne une couleur jaune-brun.
Les coraux possèdent des parties molles : les polypes. Un polype ressemble à un sac fixé qui comporte une cavité centrale et une paroi constituée de deux couches de cellules. Certains coraux renferment dans leurs cellules internes des algues unicellulaires, les zooxanthelles.

Document 1. Organisation d'un polype de corail.

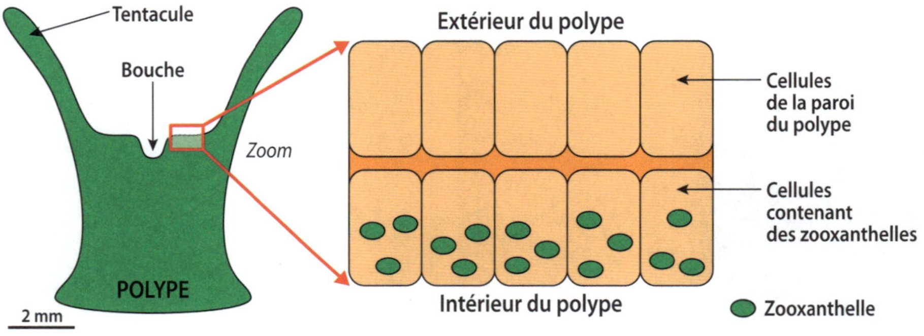

Document 2. Électronographie d'une zooxanthelle.

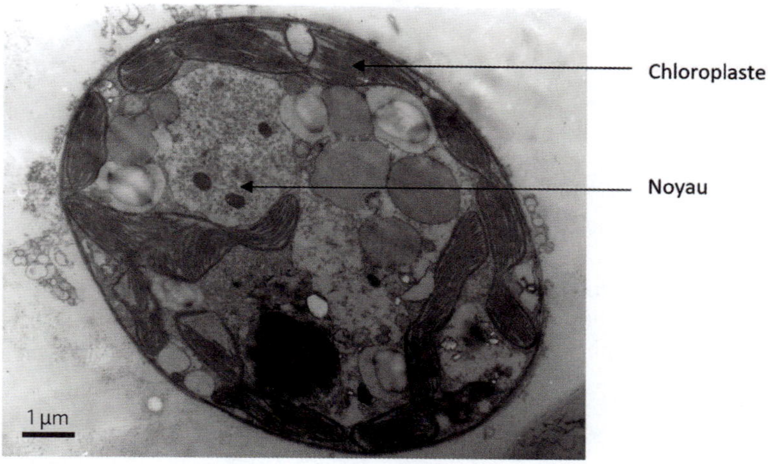

Document 3. Culture de polypes dans différentes conditions.

On réalise différentes cultures dans 3 milieux contenant une eau de mer filtrée enrichie en CO_2 radioactif puis on détecte la radioactivité des molécules organiques.
Les cultures contiennent : des zooxanthelles (milieu 1), des polypes associés à des zooxanthelles (milieu 2) et des polypes dépourvus de xanthelles (milieu 3). On détecte la radioactivité dans les zooxanthelles (milieu 1) ou dans les cellules de polype (milieux 2 et 3). Dans le milieu 3, les polypes peuvent survivre à condition d'être nourris et leur croissance est ralentie.

		Milieu 1	Milieu 2	Milieu 3
À l'obscurité		-	-	-
À la lumière (temps en secondes)	5	+	-	-
	30	+	-	-
	360	+	+	-

Tableau des résultats.
+ Radioactivité détectée dans des molécules organiques / - Radioactivité non détectée

EXERCICES D'APPLICATION

+ D'EXERCICES OFFERTS EN LIGNE

lienmini.fr/40836-EXOS

→ **Retrouvez, offert en ligne, des exercices supplémentaires pour perfectionner votre entraînement.**

●●○ 30 min. EXERCICE **Étude comparée de l'activité de deux enzymes**

CORRIGÉS DÉTAILLÉS

QCM D'AUTO-ÉVALUATION

1. d — **2.** b — **3.** b — **4.** c — **5.** d — **6.** b — **7.** d — **8.** b.

EXERCICE 1

Lors des phases 1 et 3, les cellules chlorophylliennes consomment du dioxygène : elles respirent. On observe, lors de la phase 2, une augmentation de la production de dioxygène en lien avec l'éclairement : les cellules réalisent la photosynthèse. Cependant, lors de cette phase, les cellules continuent de respirer et de consommer du dioxygène masquant une partie de la photosynthèse.

EXERCICE 2

1. Sachant que 0,1 µm = 100 nm, on peut déterminer l'épaisseur de la membrane plasmique qui est d'environ 12 nm.

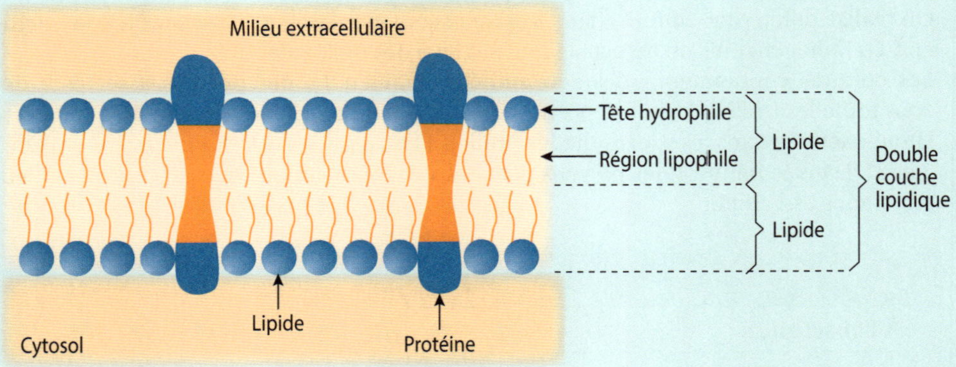

La membrane plasmique est constituée d'une bicouche lipidique dans laquelle sont insérées des protéines qui comportent des parties hydrophiles en contact avec les milieux aqueux (cytosol et milieu extracellulaires) et des parties lipophiles au cœur de la membrane. Seules les parties hydrophiles des lipides et des protéines fixent le tetroxyde d'osmium et apparaissent noire sur le cliché.

Remarque

La zone hydrophile est plus épaisse du côté extracellulaire car des glucides (molécules hydrophiles) sont fixés aux lipides sur la face externe de la membrane.

2. Dans la technique utilisée, les lipides membranaires sont marqués par des colorants fluorescents. Le faisceau laser permet de décolorer une petite partie de la membrane (sans toutefois détruire les lipides). On constate que la région décolorée retrouve progressivement sa coloration. La réapparition de la fluorescence dans la zone décolorée s'explique par la diffusion des lipides adjacents qui ont conservé leur fluorescence. Elle témoigne des déplacements latéraux des lipides et de la fluidité membranaire.

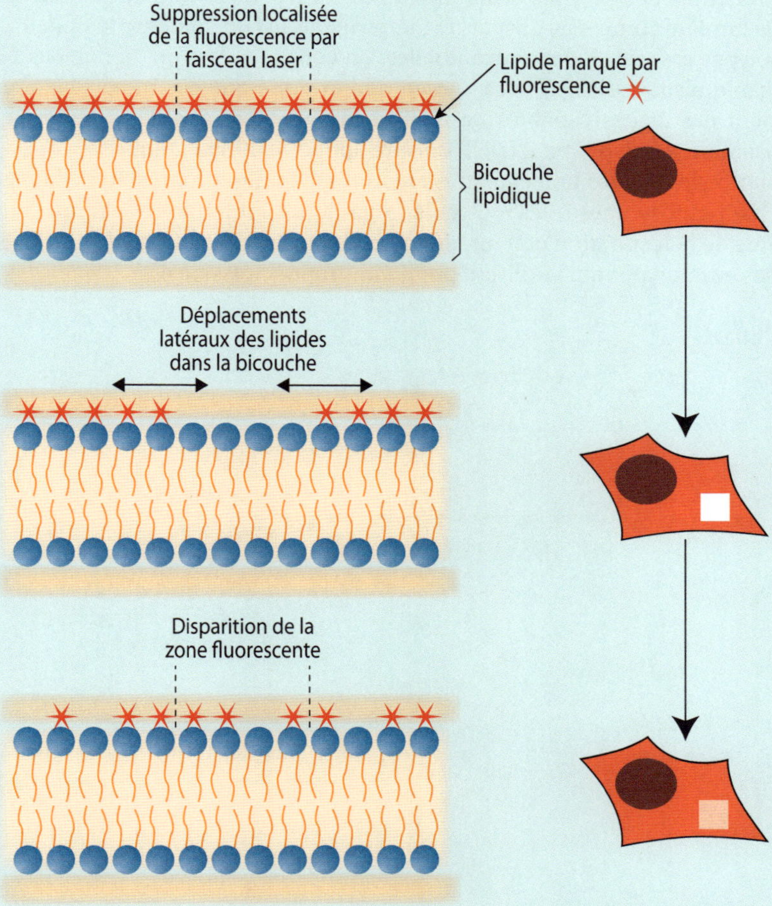

EXERCICE 3

On observe, sur le cliché de gauche du document 1, des cellules aux formes plutôt géométriques. Certaines cellules adoptent une forme arrondie, se détachent du tissu et se dissocient (protoplastes du cliché de droite). Les enzymes utilisées permettent une digestion des molécules pariétales. La paroi assure donc un maintien des cellules entre elles mais leur donne également leur forme.

L'observation au microscope électronique à balayage de la paroi (document 2) permet d'observer de nombreuses fibres. Ces microfibrilles sont constituées de cellulose.

EXERCICE 4

Les polypes vivent en association avec des algues unicellulaires. On cultive des polypes et/ou des algues, à l'obscurité et à la lumière afin de préciser leur métabolisme.

Lorsqu'on cultive des zooxanthelles seules (milieu 1), elles ne produisent pas de molécules organiques à l'obscurité. Par contre, des molécules organiques radioactives sont détectées à partir de 5 minutes. Sachant que le C du CO_2 est radioactif, les zooxanthelles fabriquent de la matière organique en utilisant l'énergie lumineuse : elles réalisent la photosynthèse.

Lorsqu'on cultive des polypes seuls (milieu 3), ils n'élaborent aucune molécule organique à la lumière comme à l'obscurité. En revanche, si l'on compare le milieu 2, constitué de polypes associés à des zooxanthelles, on constate alors qu'on détecte des molécules organiques dans les polypes. On en déduit donc que ces molécules organiques proviennent des algues capables de réaliser la photosynthèse. La matière organique indispensable aux polypes peut d'ailleurs être apportée directement.
Les zooxanthelles, algues unicellulaires chlorophylliennes, produisent de la matière organique par photosynthèse. Les molécules organiques sont utilisées par les algues elles-mêmes lors de la respiration et pour leur croissance mais elles sont également en partie transmises aux polypes qui l'utilisent pour leur propre croissance.

Schéma bilan.

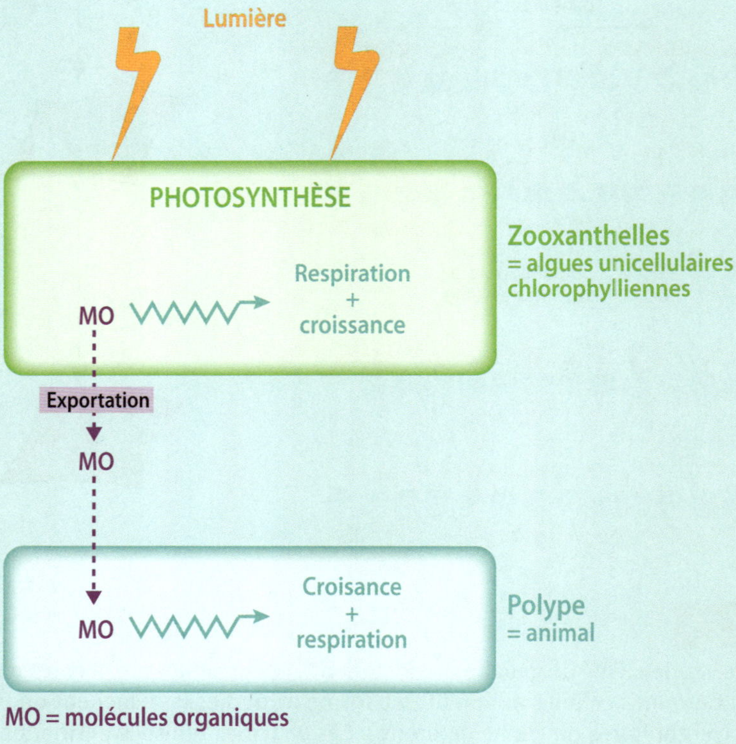

CHAPITRE 2

La transmission de l'information génétique

Plan du chapitre

La cellule fonde l'unité du vivant. L'information génétique portée par l'ADN qu'elle contient est transmise au cours des divisions cellulaires : mitose et méiose. Ces divisions n'ont pas les mêmes significations biologiques même si elles peuvent présenter des points communs dans leur déroulement.

Objectifs et compétences

Ce que j'ai vu au lycée	Ce que je vais apprendre en prépa
• SECONDE Toutes les cellules d'un organisme sont issues d'une cellule unique à l'origine de cet organisme. Elles possèdent toutes initialement la même information génétique.	• L'ADN est répliqué selon un processus semi-conservatif par des ADN polymérases. • La mitose permet une transmission conforme de l'information génétique aux cellules-filles. • La sexualité modifie les génomes en brassant les allèles.
• PREMIÈRE Les divisions cellulaires des eucaryotes.	• La reproduction asexuée chez les Angiospermes repose sur la mitose.
• TERMINALE SPÉ Les modalités de reproduction des plantes. La méiose et la fécondation permettent un brassage génétique au cours de la reproduction sexuée.	• Des mécanismes favorisent la fécondation croisée et augmente la diversité des combinaisons alléliques.

AUTO-ÉVALUATION

► Évaluez-vous en répondant à la série de questions ci-dessous. Plusieurs bonnes réponses sont possibles.

QCM INTERACTIFS
lienmini.fr/40836-2

1. La mitose :

☐ **a.** est une reproduction conforme puisque les deux filles possèdent la même quantité d'ADN ;
☐ **b.** n'existe que pour des cellules diploïdes ;
☐ **c.** sépare les chromatides sœurs des chromosomes homologues ;
☐ **d.** permet la formation de deux cellules identiques génétiquement et haploïdes.

2. La méiose :

☐ **a.** permet d'obtenir 4 cellules identiques entre elles génétiquement ;
☐ **b.** est une succession de deux divisions séparée par une duplication des chromosomes ;
☐ **c.** permet des brassages alléliques intrachromosomiques et interchromosomiques.
☐ **d.** existe pour des cellules haploïdes.

3. Chez la souris, espèce qui possède 2n = 40 chromosomes, soit 20 paires :

☐ **a.** une cellule en début de mitose possède 20 chromosomes à deux chromatides ;
☐ **b.** une cellule en début de deuxième division de méiose possède 20 chromosomes à une chromatide ;
☐ **c.** une cellule en début de première division de méiose possède 40 chromosomes à deux chromatides ;
☐ **d.** une cellule en fin de mitose possède 40 chromosomes à 1 chromatide.

4. La réplication :

☐ **a.** est dite semi-conservative car les deux brins d'une même molécule d'ADN porte des bases complémentaires ;
☐ **b.** donne deux molécules d'ADN identiques entre elles possédant chacune un brin ancien et un brin néosynthétisé ;
☐ **c.** a lieu lors de la phase G1 et G2 de l'interphase ;
☐ **d.** a lieu pendant la mitose.

5. Le brassage interchromosomique :

☐ **a.** a lieu lors de la 2e division de méiose ;
☐ **b.** est permis par des crossing-over entre les chromatides des chromosomes homologues ;
☐ **c.** peut avoir lieu lors de la mitose ;
☐ **d.** dépend de la disposition des chromosomes homologues à l'équateur lors de la première division de méiose.

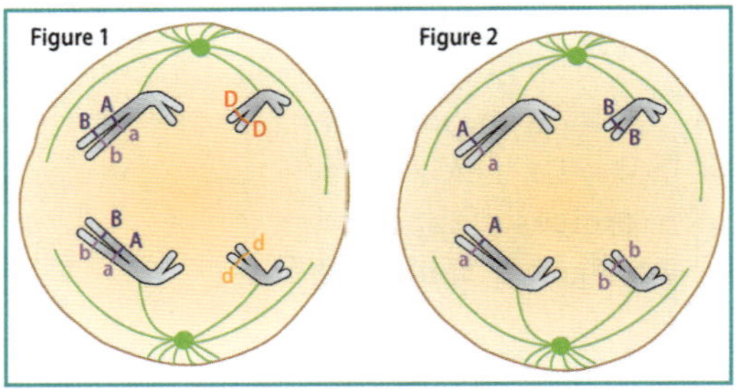

6. La figure 1 :

☐ **a.** schématise une métaphase de première division de méiose ;
☐ **b.** permet de conclure qu'il n'y a pas eu de crossing-over ;
☐ **c.** permet de conclure qu'il y a eu un crossing-over entre le gène A (allèles A ou a) et le centromère ;
☐ **d.** permet de conclure qu'il n'y a pas eu de crossing-over sur les chromosomes portant le gène D.

7. La figure 2 permet :

☐ **a.** d'illustrer la notion de brassage allélique intrachromosomique ;
☐ **b.** de dire que l'individu ayant ces chromosomes peut produire deux types de gamètes pour les gènes représentés ;
☐ **c.** de dire qu'il y a eu un crossing-over entre le gène A (allèle A ou a) et le centromère ;
☐ **d.** de conclure que l'individu considéré a reçu les allèles A et B d'un de ses parents et les allèles a et b de l'autre parent.

► Corrigés p. 53

SYNTHÈSE DE COURS

❶ La mitose et la méiose sont deux manières de transmettre une information génétique dans des contextes biologiques différents

La mitose et la méiose sont des divisions cellulaires qui diffèrent par leurs rôles biologiques et leurs conséquences génétiques. Les chromosomes, structures universelles aux cellules eucaryotes qui portent l'information génétique, sont répartis différemment dans les deux types de divisions.

1.1. La méiose à l'origine des cellules haploïdes, notamment reproductrices

La méiose est un ensemble de deux divisions qui permet de passer de cellules diploïdes, possédant l'ensemble des chromosomes (2n chromosomes = 2 chromosomes par paire) à des cellules haploïdes qui ne possèdent que la moitié des chromosomes (n chromosomes = un chromosome par paire). La méiose est dite non conforme puisque les cellules filles ne possèdent pas la même information que la cellule mère.

Attention !

La diploïdie et l'haploïdie dépendent du nombre de chromosomes par paire mais sont indépendantes du nombre de chromatides par chromosome.

Chez les animaux, elle se déroule dans les cellules de la lignée germinale et donne les cellules reproductrices : spermatozoïdes et ovules.
Chez les Angiospermes, elle a lieu dans la fleur où se trouvent les organes reproducteurs. Les gamètes femelles sont situés dans l'ovaire à la base du pistil et les gamètes mâles sont contenus dans le grain de pollen.
C'est la fécondation, par union de deux cellules haploïdes, qui permet de passer de n chromosomes à 2n chromosomes (*cf.* chapitre 5).

1.2. La mitose, une reproduction conforme

La mitose est une division qui conserve le nombre de chromosomes et ne modifie ni la formule chromosomique ni l'information génétique des cellules filles : c'est une division cellulaire conforme. Les cellules issues de la mitose forment un clone.
La mitose peut avoir lieu dans des cellules haploïdes. C'est le cas lors de la formation des asques de *sordaria* (Ascomycète) par exemple.

La mitose est impliquée dans de nombreux processus biologiques :

- **La construction d'un organisme à partir d'une cellule œuf = clone de cellules.** Chaque individu est un clone de cellules issues d'une succession de mitoses à partir de la cellule œuf.

Objectif prépa

Des mutations peuvent se produire et s'accumuler lors des mitoses. Les cellules d'un individu sont donc génétiquement identiques, aux mutations près.

- **Le renouvellement cellulaire**. La mitose permet de produire de nouvelles cellules, identiques génétiquement entre elles et à la cellule mère qui peuvent remplacer les cellules mortes (ex : épiderme). Les cellules se spécialisent et n'expriment qu'une partie de l'information génétique qu'elles possèdent.

- **La reproduction asexuée**. Elle permet de donner naissance à de nouveaux individus à partir d'un seul individu. Elle ne fait intervenir que la mitose et repose sur le fait que toutes les cellules possèdent l'ensemble de l'information génétique. Les descendants ont donc le même patrimoine génétique que le parent qui leur a donné naissance et forment des clones d'individus.

Chez les végétaux, ce mode de reproduction est très fréquent. Il repose sur la totipotence des cellules végétales et peut se faire à partir de n'importe quelle partie du végétal (racine, tige, feuille). Elle permet une colonisation rapide du milieu mais les individus, tous identiques, présentent les mêmes sensibilités aux variations du milieu.

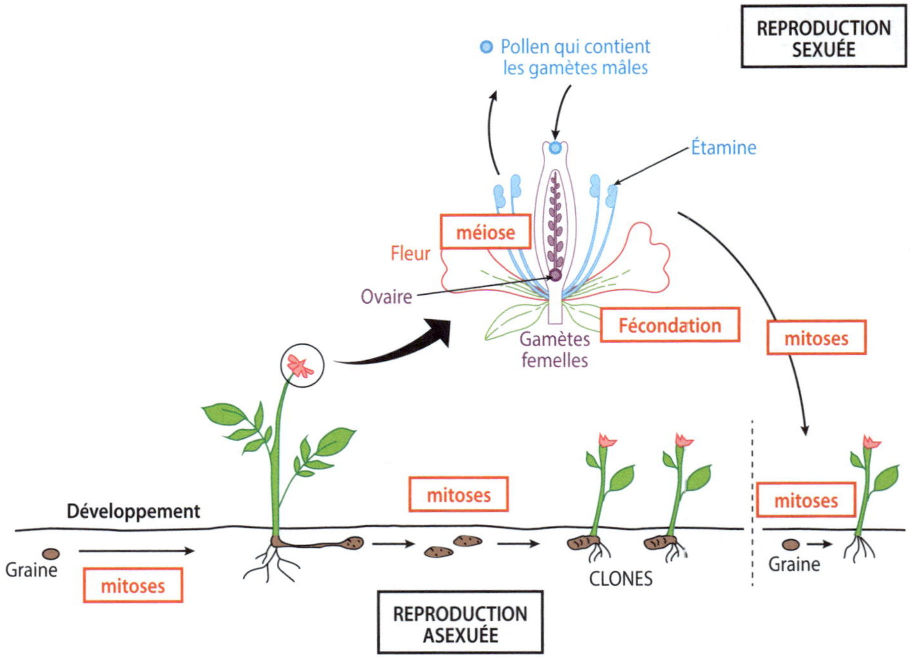

▶ **Figure 2.1.** Les divisions cellulaires dans le cycle de développement. Exemple des Angiospermes.

2 Toute division cellulaire est précédée d'une réplication

Les chromosomes séparés lors d'une division sont issus de la réplication qui se déroule lors de la phase S de l'interphase précédente. La réplication est un processus qui double la quantité d'ADN et assure la copie de l'information génétique contenue dans les chromosomes.

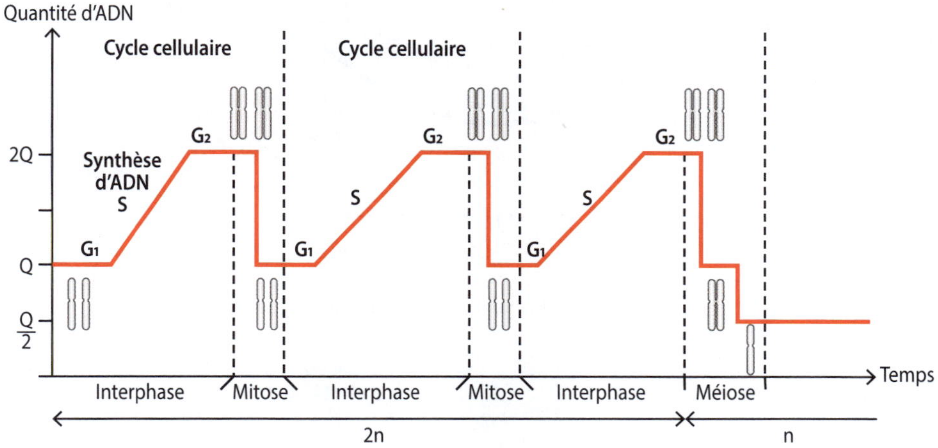

► **Figure 2.2.** Courbe de la quantité d'ADN en fonction du temps.

L'interphase d'un cycle cellulaire comporte également des phases G_1 et G_2 qui sont des phases d'expression de l'information génétique (*cf.* chapitre 3).

La réplication est semi-conservative : la double hélice d'ADN s'ouvre et chaque brin d'ADN sert de matrice à la synthèse d'un brin complémentaire selon les règles d'appariement des bases (A-T ; C-G). À la fin de la réplication, chaque chromosome possède deux chromatides qui contiennent des molécules d'ADN identiques.
La synthèse du brin complémentaire est réalisée par une enzyme, l'ADN polymérase, par addition successive de nucléotides complémentaires.

Objectif prépa

L'obtention de deux molécules d'ADN identiques repose sur la complémentarité des bases. Le processus de réplication fait intervenir de nombreuses protéines qui permettent notamment d'ouvrir et de stabiliser la molécule d'ADN.

Chaque chromatide est constituée d'une seule molécule d'ADN associée à des protéines structurantes et les deux chromatides d'un chromosome sont associées au niveau du centromère.

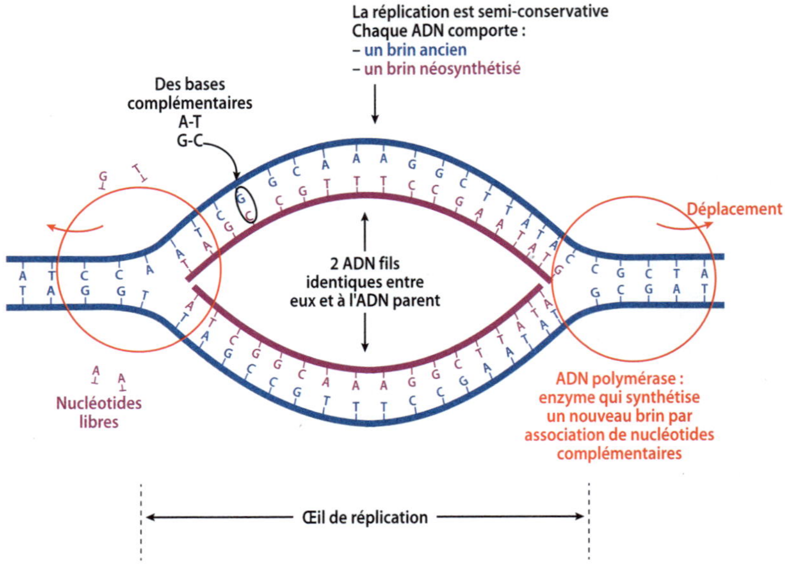

► **Figure 2.3.** Représentation d'un œil de réplication.

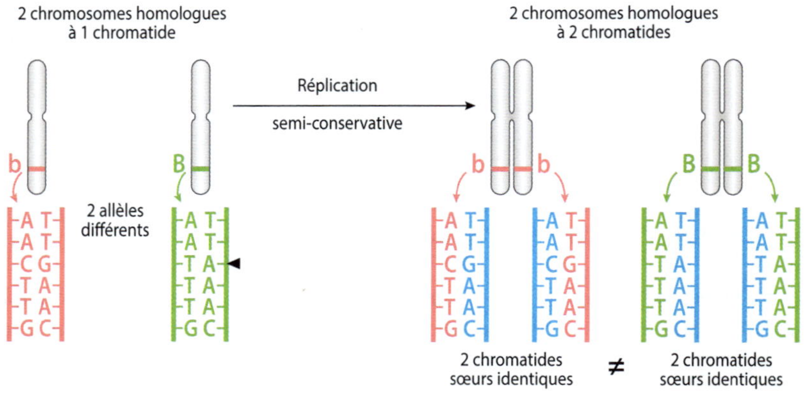

► **Figure 2.4.** Réplication et chromosomes.

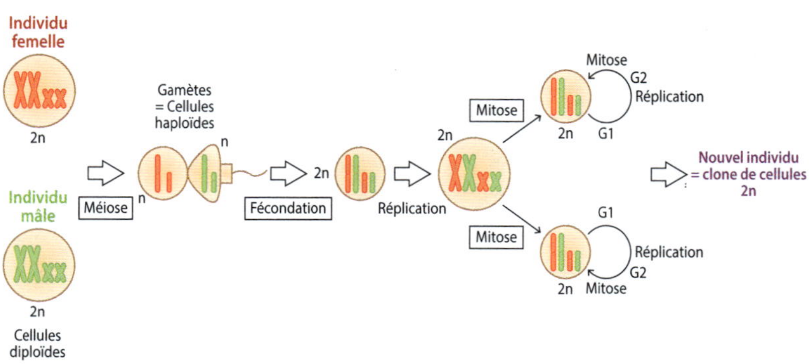

► **Figure 2.5.** Les divisions cellulaires dans un cycle de développement et les caryotypes des cellules.

3 La mitose permet la formation de deux lots identiques de chromosomes

3.1. La condensation du matériel génétique

Lors de l'interphase, l'ADN est enroulé autour de protéines de condensation, les histones, permettant son expression et sa réplication. En fin de phase G_2, la condensation augmente et devient maximale lors de la mitose. La condensation a pour conséquence, lors de la traction du chromosome en un point, le centromère, d'entrainer l'ensemble du chromosome (à une ou deux chromatides selon la division) dans la cellule.

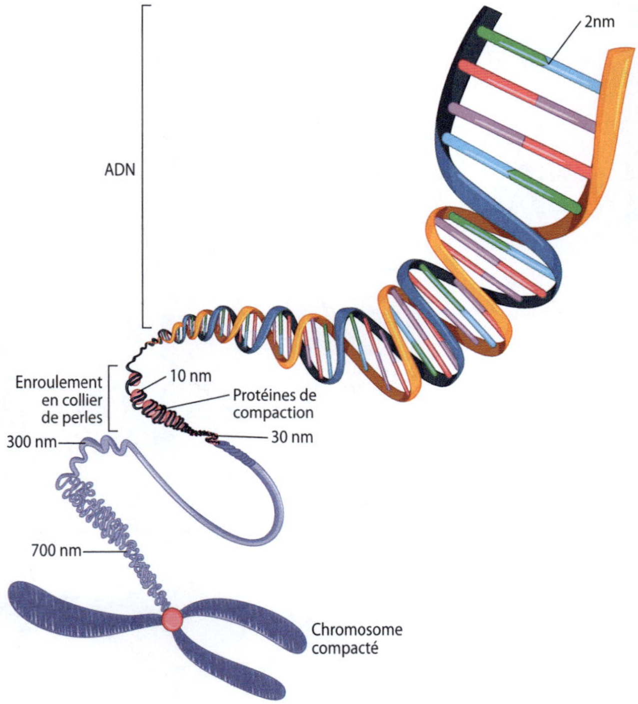

► **Figure 2.6.** Les différents niveaux de condensation des chromosomes.

Attention !

Les chromosomes ne sont visibles que lors de la mitose mais sont des structures permanentes de la cellule.

3.2. Une division en 4 phases

La mitose se déroule en quatre phases qui se succèdent de façon continue :

- **la prophase :** les chromosomes à deux chromatides se condensent, ce qui les rend visibles au microscope. L'enveloppe nucléaire disparaît et le fuseau mitotique commence à se mettre en place ;
- **la métaphase :** les chromosomes à deux chromatides sont disposés à l'équateur de la cellule par le fuseau mitotique. Chaque chromosome est fixé au fuseau mitotique de part et d'autre du centromère ;
- **l'anaphase :** les chromatides de chaque chromosome se séparent au niveau du centromère. Chaque chromatide, devenue un chromosome à une chromatide, est

tractée à un pôle de la cellule. Le matériel génétique est ainsi divisé en deux lots strictement équivalents ;
- **la télophase :** les chromosomes se décondensent et les enveloppes nucléaires se reconstituent.

La mitose est suivie de la cytodiérèse, c'est-à-dire la séparation du cytoplasme des deux cellules filles.

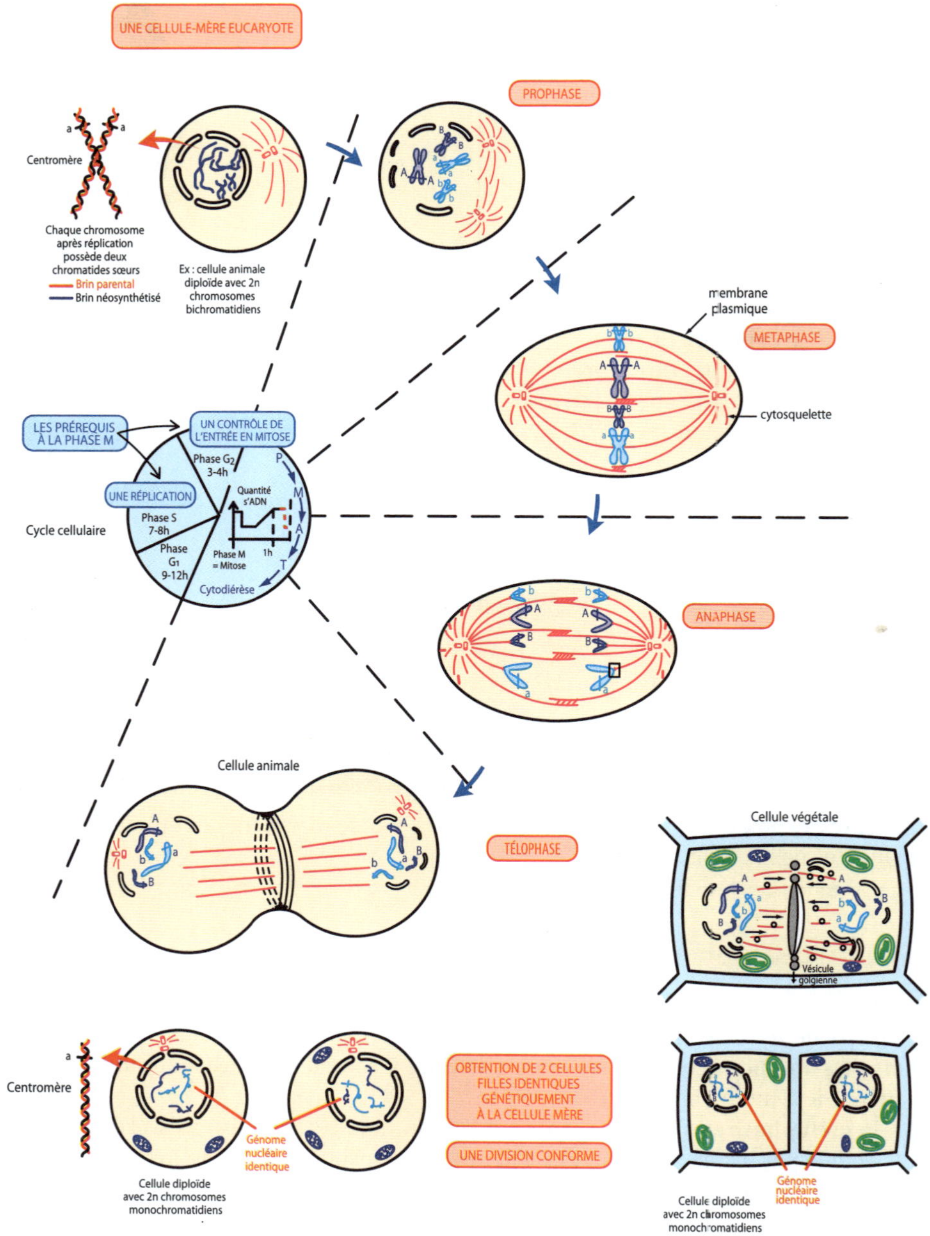

► **Figure 2.7.** Les étapes de la mitose.

4 La méiose et ses conséquences génétiques

4.1. Une réduction du nombre de chromosomes

La méiose est une succession de deux divisions sans nouvelle duplication entre les deux divisions. Elle conduit à quatre cellules haploïdes qui ont chacune la moitié des chromosomes de la cellule initiale. Chacune des deux divisions comporte 4 étapes : prophase, métaphase, anaphase et télophase.

• **La première division :**
Lors de la prophase 1, les chromosomes homologues à deux chromatides s'apparient par paire et sont disposés à l'équateur de la cellule par le fuseau méiotique en métaphase 1. Puis, lors de l'anaphase 1, chaque chromosome à deux chromatides migre à un pôle de la cellule constituant deux lots haploïdes de chromosomes à deux chromatides.

• **La deuxième division :**
En métaphase 2, les chromosomes à deux chromatides sont disposés sur la plaque équatoriale, puis il y a séparation des chromatides sœurs donnant deux lots haploïdes de chromosomes à une chromatide.

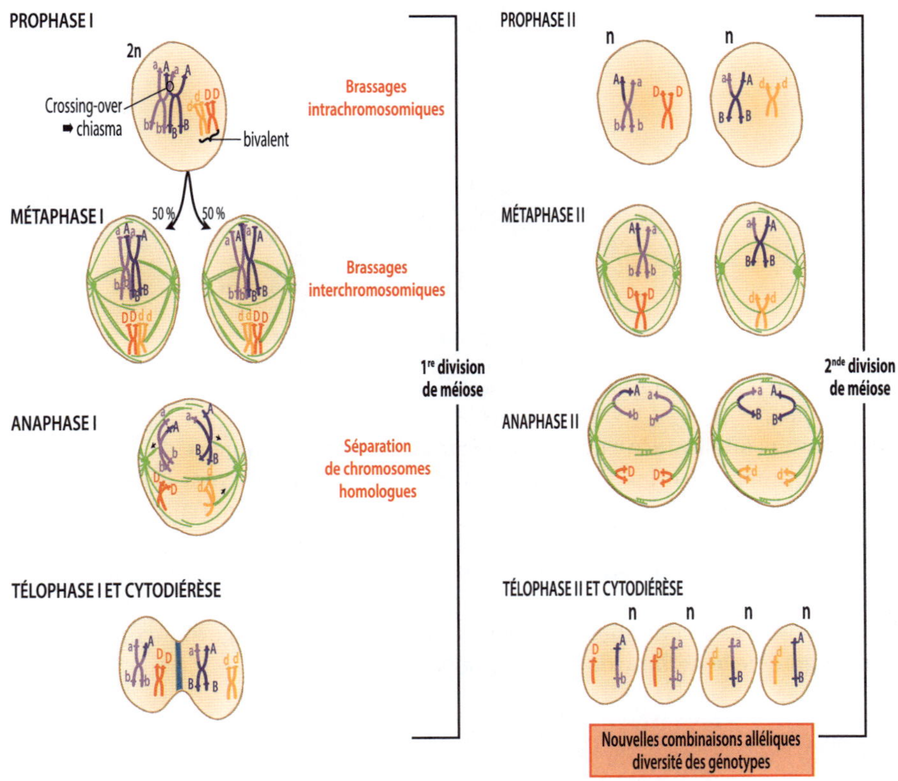

► **Figure 2.8.** Les étapes de la méiose.

4.2. La méiose et les brassages génétiques

• Un brassage interchromosomique

Lors de la première division de méiose, les chromosomes sont appariés et la paire qui en résulte est disposée aléatoirement par le fuseau méiotique lors de la métaphase à l'équateur de la cellule. La disposition étant aléatoire, il y a deux dispositions possibles pour chaque paire de chromosomes et donc 2n dispositions pour n paires.

La disposition, au-dessus ou en dessous de la plaque équatoriale, conditionne la migration du chromosome vers une des deux cellules-filles.

Comme les chromosomes d'une même paire sont différents pour les gènes à l'état hétérozygote, la disposition aléatoire des chromosomes crée un brassage allélique dit « interchromosomique ».

Les gamètes peuvent porter le même assortiment, dit « parental », que les gamètes qui ont donné naissance à l'individu ou bien porter un nouvel assortiment dit recombiné.

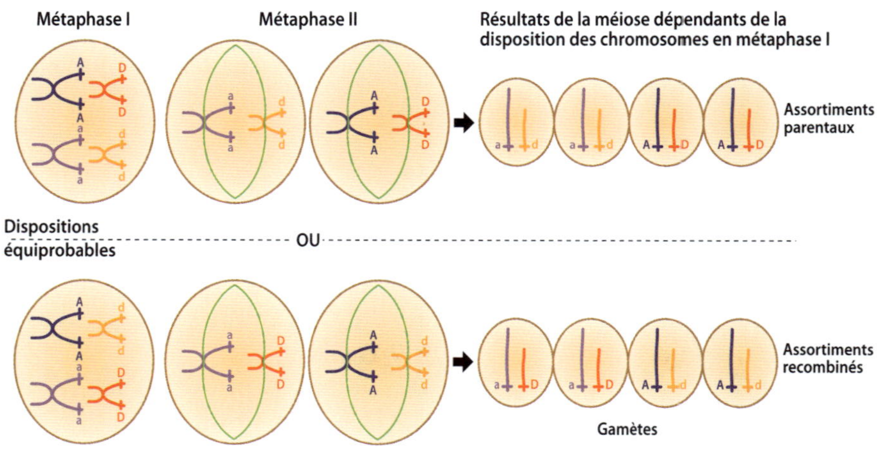

► **Figure 2.9.** Le brassage interchromosomique (les chromosomes portant A et D proviennent d'un des deux parents et ceux portant a et d proviennent de l'autre parent).

• Un brassage allélique intrachromosomique dû aux crossing over

Lors de la prophase 1, les chromosomes sont appariés et peuvent échanger des fragments de chromatides sœurs par crossing-over. Comme les chromatides sœurs portent les mêmes gènes mais peuvent porter des allèles différents, les chromatides recombinées portent de nouvelles combinaisons d'allèles. On parle de brassage allélique intrachromosomique.

Les chromosomes recombinés sont également soumis au brassage interchromosomique, ce qui augmente le nombre de combinaisons possibles.

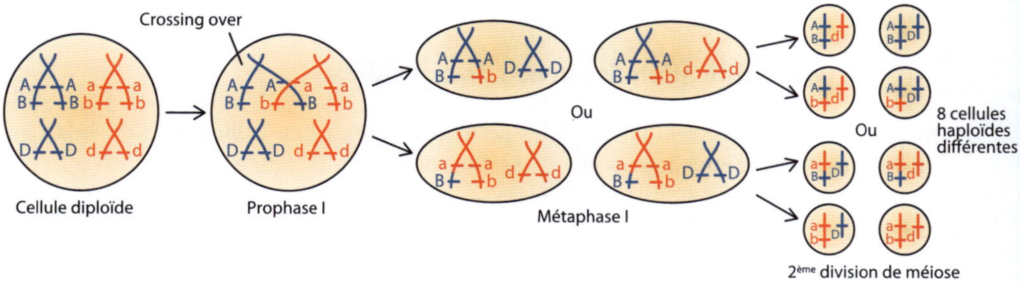

► **Figure 2.10**. Le brassage des allèles au cours de la méiose.

4.3. Les accidents génétiques de la méiose

Des anomalies peuvent survenir au cours de la méiose : crossing-over inégal ou migrations anormales de chromatides par exemple. Ces accidents peuvent intervenir dans la diversification des génomes (*cf.* chapitre 7).

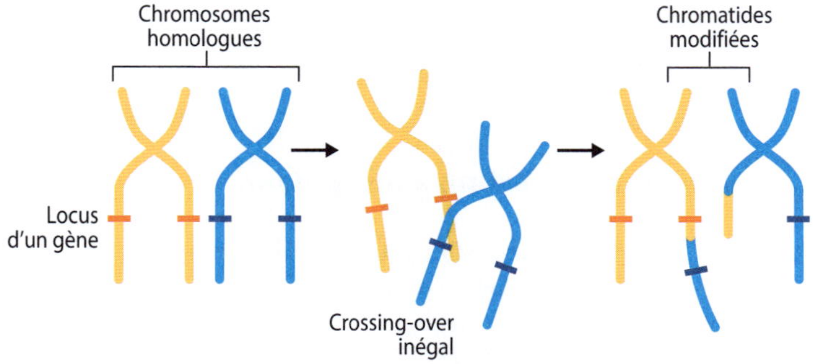

► **Figure 2.11.** Représentation d'un crossing-over inégal et de ses conséquences.

Conclusion

La mitose et la méiose sont des divisions cellulaires qui font intervenir des mécanismes comparables, mais les chromosomes séparés (nombre par paire, nombre de chromatides par chromosome) diffèrent. Leurs conséquences génétiques et leurs rôles biologiques sont différents : la mitose donne deux cellules filles génétiquement identiques alors que la méiose donne quatre cellules haploïdes différentes en raison des brassages inter et intrachromosomiques.

EXERCICES D'APPLICATION

●○○ 5 min.

EXERCICE 1 Identification des divisions cellulaires

Les figures suivantes représentent 4 stades de divisions pour une cellule où 2n = 4. Les chromosomes d'une même paire sont représentés de la même couleur.

Document. Trois stades de divisions cellulaires pour une espèce où 2n=4.

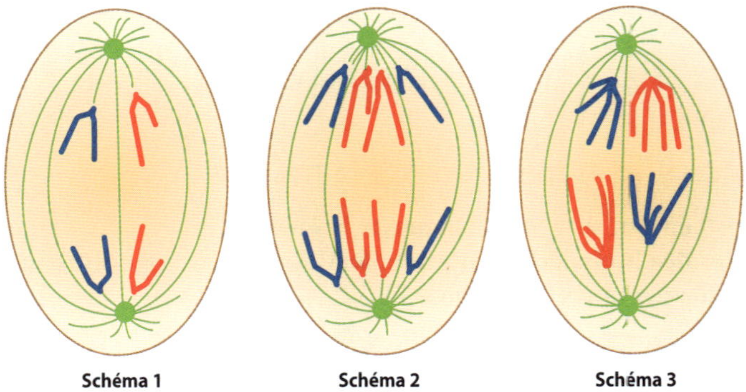

Identifiez les stades présentés.

●●○ 15 min.

EXERCICE 2 L'obtention de spores chez *sordaria*

Les cellules de l'ascomycète *sordaria* sont toutes haploïdes, exceptée la cellule à deux noyaux qui résulte de la fusion de deux cellules haploïdes. Cette cellule diploïde subit une méiose, suivie d'une réplication, puis d'une mitose donnant huit spores dans un asque. La couleur de la spore renseigne sur l'allèle du gène gouvernant la couleur possédée et permet de comprendre le déroulement de la méiose. Le gène responsable de la couleur existe sous deux formes alléliques : l'allèle b donnant une couleur jaune et l'allèle n donnant une couleur noire.

Document. Des spores au périthèce chez *sordaria*.

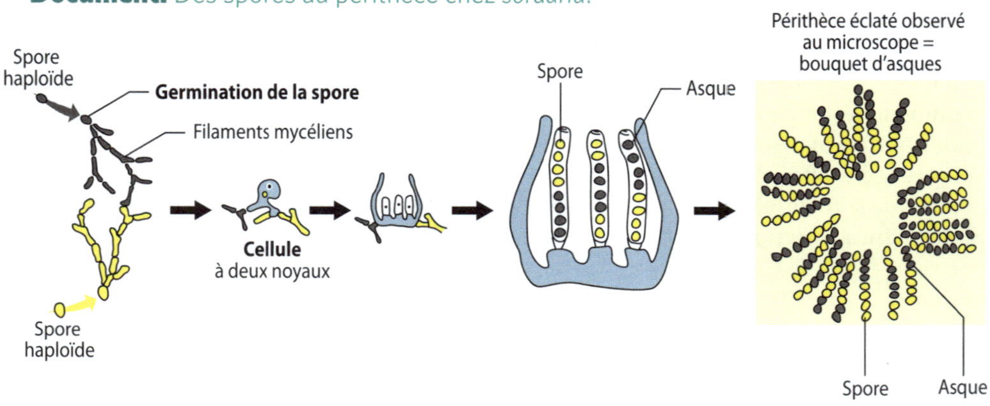

1. Complétez le tableau suivant en représentant les chromosomes et les allèles qu'ils portent.

1re division de méiose		2e division de méiose		Mitose		
Métaphase	Anaphase	Métaphase	Anaphase	Métaphase	Anaphase	

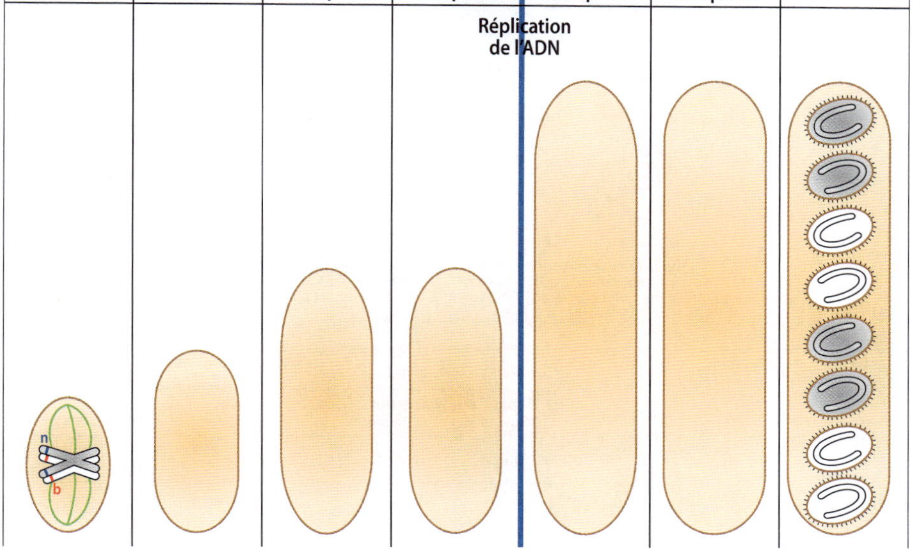

2. Tracez le graphique de l'évolution de la quantité d'ADN au cours du temps de la cellule mère des spores jusqu'à une spore.

●●○ 20 min.

EXERCICE 3 Restitution de connaissances

1. En vous appuyant sur des schémas, expliquez pourquoi la conservation de la quantité d'ADN identique à la fin de la phase G_1 dans les deux cellules-filles issues d'une division ne suffit pas pour dire que la division est conforme.

2. En vous appuyant sur des schémas, expliquez en quoi consiste le brassage interchromosomique

●●● 20 min.

EXERCICE 4 La réplication semi-conservative

L'ADN est répliqué lors de la phase S du cycle cellulaire. Trois hypothèses de réplication ont été émises dans les années 1950 : conservative, semi-conservative et dispersive (les doubles hélices formées comportent des fragments d'ADN parental et des fragments d'ADN néosynthétisés, hypothèse non envisagée ici). On observe les deux schémas page suivante.

À partir de l'étude des résultats de cette expérience historique, dites si la réplication est conservative ou semi-conservative.

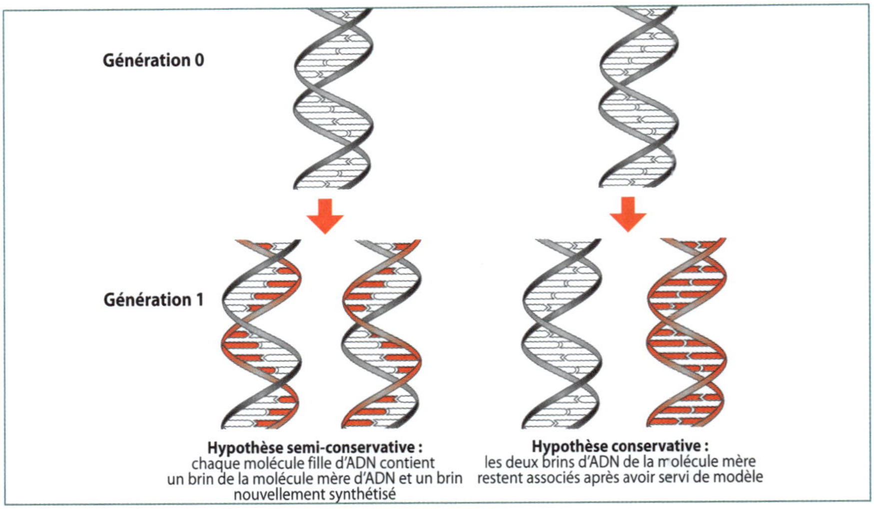

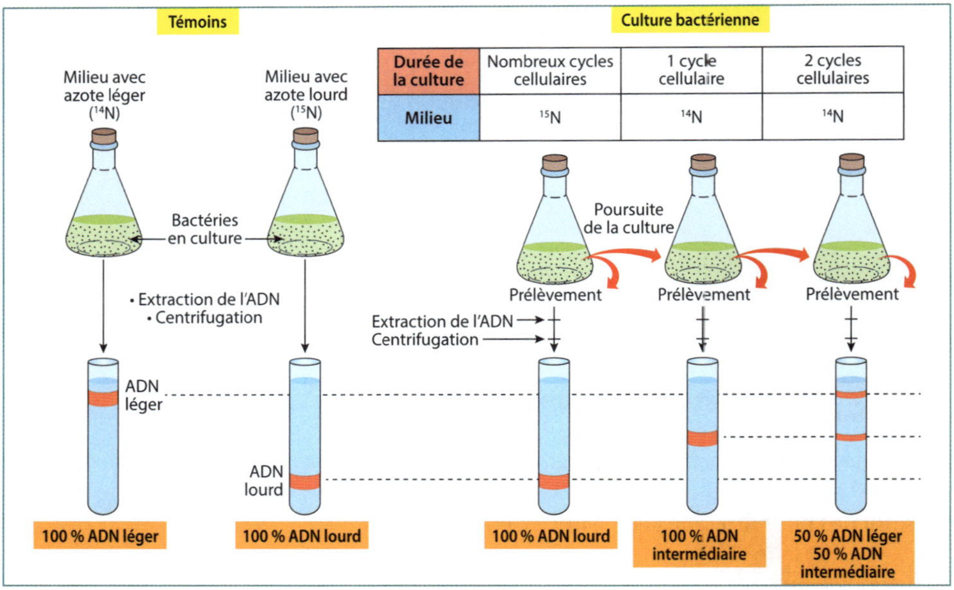

+ D'EXERCICES OFFERTS EN LIGNE

lienmini.fr/40836-EXOS

→ **Retrouvez, offerts en ligne, des exercices supplémentaires pour perfectionner votre entraînement.**

●●● 20 min. **EXERCICE** **Le déroulement du cycle cellulaire**

CORRIGÉS DÉTAILLÉS

QCM D'AUTO-ÉVALUATION

1. c — **2.** c — **3.** c et d — **4.** b — **5.** d — **6.** a et c — **7.** c.

EXERCICE 1

Schéma 1. On observe un chromosome à une chromatide de chaque paire en train de migrer à chaque pôle de la cellule : il s'agit d'une anaphase de 2e division de méiose.

Schéma 2. On observe les deux chromosomes à une chromatide de chaque paire en train de migrer à chaque pôle de la cellule : il s'agit d'une anaphase de mitose.

Schéma 3. On observe un chromosome à deux chromatides de chaque paire en train de migrer à chaque pôle de la cellule : il s'agit d'une anaphase de 1re division de méiose.

EXERCICE 2

1.

1re division de méiose		2e division de méiose		Mitose		
Métaphase	Anaphase	Métaphase	Anaphase	Métaphase	Anaphase	

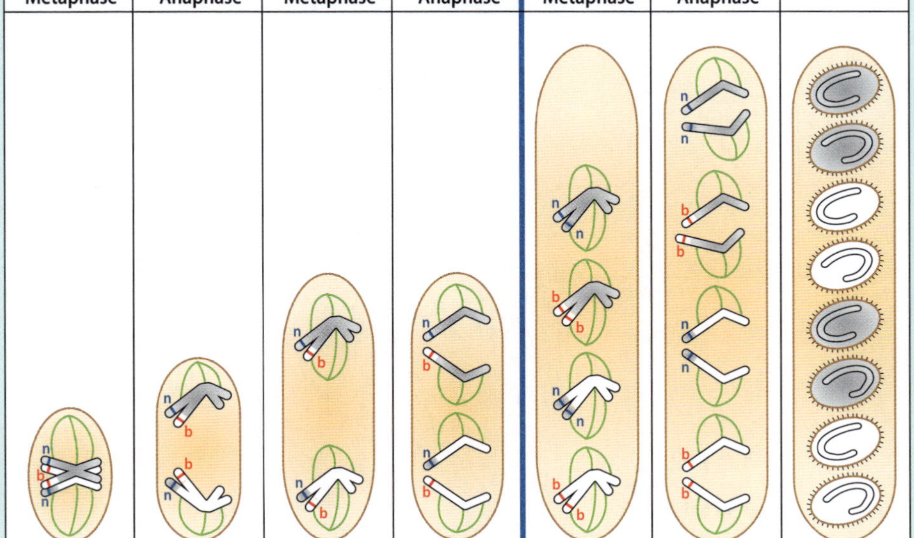

2.

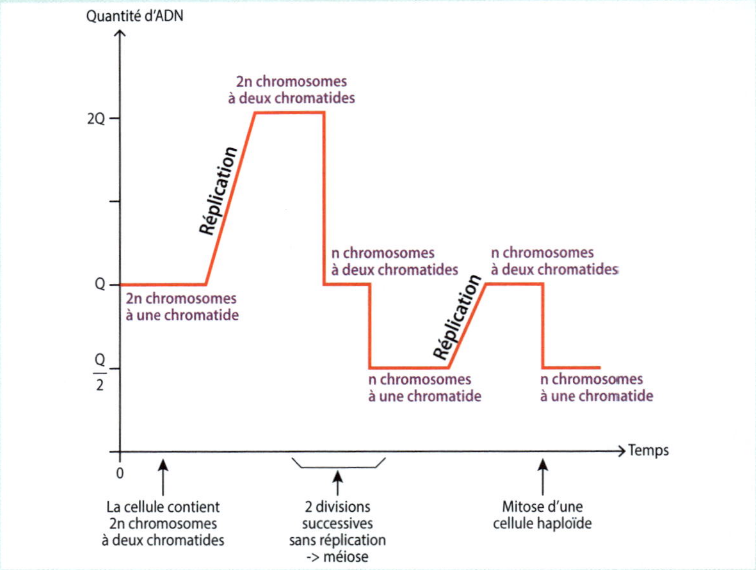

EXERCICE 3

1.

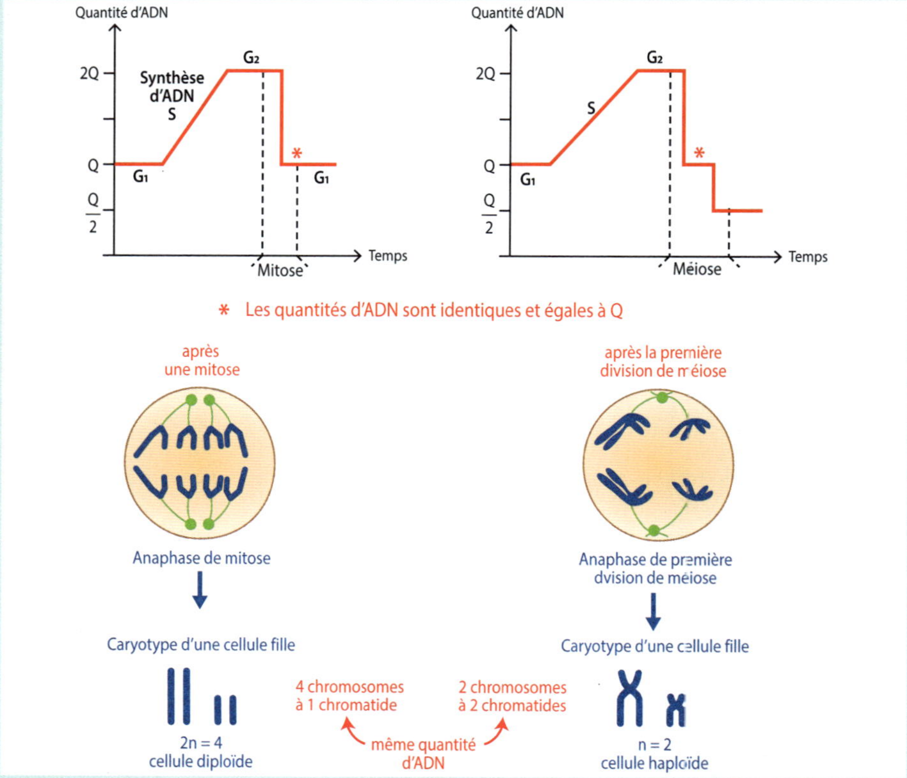

2. Le brassage interchromosomique correspond à la ségrégation aléatoire des chromosomes de chaque paire lors de la première division de méiose. Elle dépend de la disposition des paires de chromosomes homologues à l'équateur de la cellule lors de la métaphase de première division de méiose. Cela crée de nouvelles combinaisons d'allèles dont certains sont différentes des combinaisons parentales.

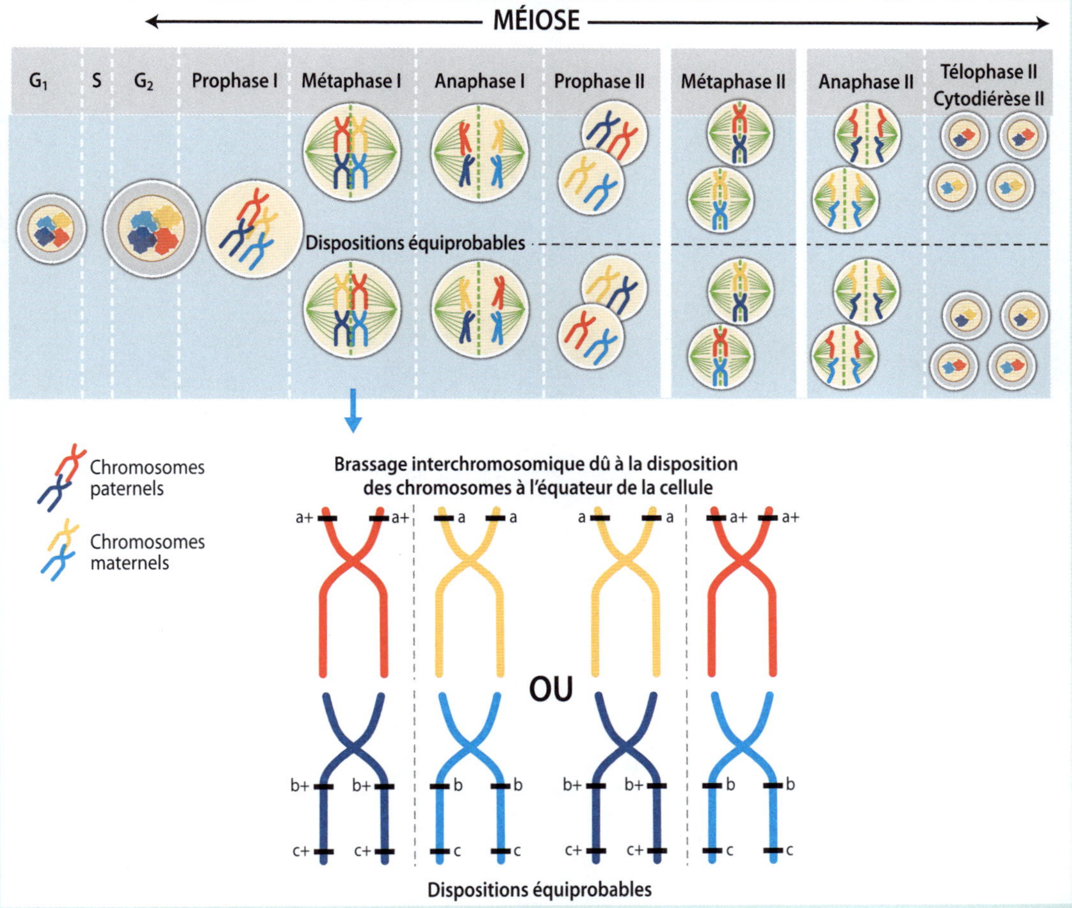

EXERCICE 4

Les bactéries sont cultivées sur un milieu contenant de l'azote lourd (^{15}N) au lieu de la forme légère normale (^{14}N). Après un grand nombre de divisions en présence d'azote lourd, tout l'ADN des bactéries est marqué par l'isotope lourd. Les cellules transférées sur un milieu contenant du ^{14}N et des échantillons sont prélevés après une ou deux divisions cellulaires (remarque : les divisions sont synchrones pour toutes les cellules). L'ADN est extrait des cellules de chacun de ces échantillons et on évalue sa densité.

On constate qu'après un cycle cellulaire, la totalité de l'ADN a une densité intermédiaire entre ADN lourd et ADN léger. Si la réplication était conservative, il devrait y avoir 50 % d'ADN léger (entièrement nouveau) et 50 % d'ADN lourd (ADN ancien) or, dans l'hypothèse d'une réplication semi-conservative, 100 % de l'ADN après un cycle cellulaire est formé d'un brin ancien et d'un brin nouveau et a une densité intermédiaire. Les résultats observés sont donc compatibles uniquement avec une réplication semi-conservative.

CHAPITRE 3
L'expression de l'information génétique et le contrôle du génotype au phénotype

Plan du chapitre

Les cellules d'un organisme portent toutes la même information génétique qu'elles expriment partiellement. Le fonctionnement des cellules et leur spécialisation est le résultat de cette expression et il est visible à différentes échelles d'étude. Une modification de l'information génétique par mutation peut dans certains cas modifier les caractères observables des cellules et des organismes.

Objectifs et compétences

Ce que j'ai vu au lycée	Ce que je vais apprendre en prépa
• PREMIÈRE L'information portée par l'ADN est exprimée par l'intermédiaire de l'ARN. La transcription a lieu dans le noyau et certains des ARN formés dirigent la synthèse des protéines lors de la traduction. Le phénotype résulte de l'ensemble des produits de l'ADN et dépend du patrimoine génétique et de son expression.	• Le transcriptome d'une cellule est l'ensemble des ARN transcrits et maturés. • La transcription et la maturation des ARN sont contrôlées. • La traduction repose sur la coopération fonctionnelle des ARN dans les ribosomes. Les protéines peuvent subir des modifications post-traductionnelles.
• TERMINALE SPÉ Les cellules spécialisées n'expriment qu'une partie de leur ADN. La cellule musculaire est une cellule spécialisée capable de se contracter.	• Les cellules musculaires striées sont issues de la différenciation de cellules souches selon un processus ordonné qui repose sur l'expression séquentielle de gènes.

AUTO-ÉVALUATION

► *Évaluez-vous en répondant à la série de questions ci-dessous. Plusieurs bonnes réponses sont possibles.*

QCM INTERACTIFS
lienmini.fr/40836-3

1. Les ARN :

☐ **a.** sont des molécules constituées de deux brins complémentaires de l'ADN ;
☐ **b.** comportent entre autres, des nucléotides à thymine ;
☐ **c.** possèdent des quantités équivalentes de cytosine et de guanine ;
☐ **d.** sont synthétisés par transcription de segments de la molécule d'ADN.

2. La transcription :

☐ **a.** se déroule dans le noyau ;
☐ **b.** est une des étapes de la traduction ;
☐ **c.** fait intervenir la complémentarité des bases : thymine avec adénine et cytosine avec guanine ;
☐ **d.** permet la synthèse des ARN messagers directement exportés dans le cytoplasme.

3. La traduction :

☐ **a.** est une des étapes de l'expression génétique ;
☐ **b.** se déroule en partie dans le noyau et en partie dans le cytoplasme ;
☐ **c.** repose sur le code génétique qui est le système de correspondance entre un nucléotide et un acide aminé ;
☐ **d.** débute toujours par le même codon codant la méthionine.

4. Le code génétique :

☐ **a.** est l'information génétique de la cellule ;
☐ **b.** comporte 64 codons codant des acides aminés ;
☐ **c.** est universel ;
☐ **d.** comporte des codons stop qui bloquent la transcription.

5. Le génotype :

☐ **a.** est l'ensemble des gènes d'une cellule ;
☐ **b.** est le même pour toutes les cellules d'un organisme (sauf mutation) ;
☐ **c.** est identique pour deux individus de la même espèce ;
☐ **d.** détermine seul le phénotype aux différentes échelles.

6. Le phénotype :

☐ **a.** dépend uniquement du génotype ;
☐ **b.** peut s'étudier à différentes échelles ;
☐ **c.** est identique pour toutes les cellules d'un organisme ;
☐ **d.** peut changer pour une même cellule au cours du temps.

7. En supposant que la maladie étudiée est monogénique autosomique et que la maladie de l'enfant n'est pas due à une nouvelle mutation, d'après l'arbre généalogique ci-dessous, on peut dire que :

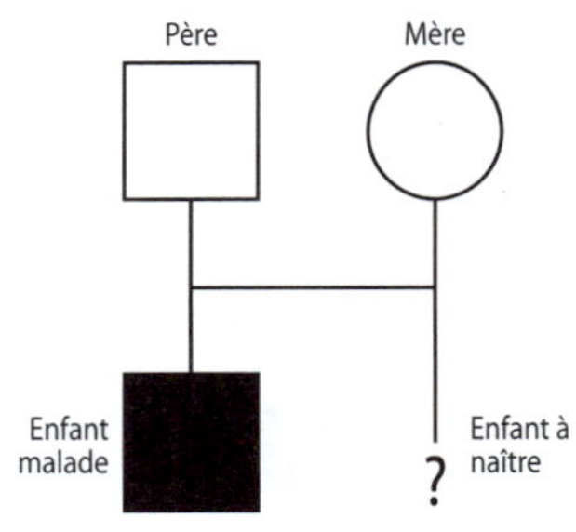

☐ **a.** les parents sont homozygotes pour le gène responsable de la maladie ;
☐ **b.** le risque pour l'enfant à naître d'être malade est de 25 % ;
☐ **c.** l'allèle responsable de la maladie est dominant ;
☐ **d.** deux allèles au moins existent pour le gène impliqué.

► *Corrigés p. 72*

SYNTHÈSE DE COURS

1 L'information génétique portée par l'ADN est exprimée et contrôlée

Les cellules d'un organisme pluricellulaire possèdent une information génétique identique entre elles et à la cellule mère dont elles sont issues par mitoses. L'expression de cette information génétique permet le fonctionnement d'une cellule et détermine sa spécialisation.

1.1. Les protéines résultent de l'expression des gènes

L'information génétique est portée par la molécule d'ADN, constituée de deux brins complémentaires, formés d'une succession de désoxyribonucléotides.

Il existe 4 désoxyribonucléotides différents, selon la base azotée portée (A, T, C, G). C'est l'ordre des bases, ou séquence, qui constitue cette information.

Les protéines sont des acteurs fondamentaux de la vie cellulaire. Elles sont formées d'une suite ordonnée, ou séquence, d'acides aminés qui détermine leur forme tridimensionnelle spécifique et leur fonction. La séquence en acides aminés est déterminée par la séquence de l'ADN lors de l'expression génétique : l'information génétique est ainsi convertie en information fonctionnelle.

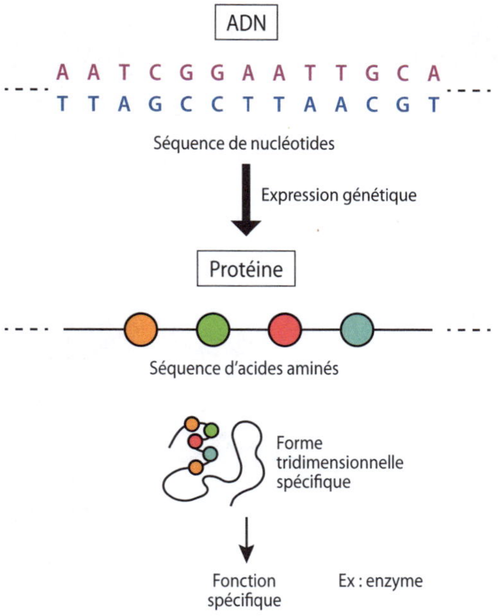

► **Figure 3.1.** De l'information génétique à l'information fonctionnelle.

> **Objectif prépa**
>
> Les molécules séquencées sont les acides nucléiques, ADN et ARN, et les protéines. Certains polyosides des matrices extracellulaires sont également séquencés.

1.2. Les ARN sont des intermédiaires entre ADN et protéines

La relation entre ADN et protéines est indirecte : l'ADN est localisé dans le noyau des cellules eucaryotes alors que la synthèse protéique se déroule dans le cytoplasme. Des intermédiaires, les ARN, sont des copies de l'ADN synthétisées dans le noyau au cours de la transcription et sont exportés dans le cytoplasme où ils permettent la synthèse des protéines.

Ils sont constitués d'un seul brin de ribonucléotides (avec les bases A, U, C et G) qui est une copie complémentaire d'un des deux brins de la molécule d'ADN, appelé brin transcrit ou brin non codant. Lors de la transcription, la molécule d'ADN s'ouvre localement et une enzyme, l'ARN polymérase, permet la synthèse de l'ARN par complémentarité des bases. L'ARN qui résulte de la transcription, complémentaire du brin transcrit de l'ADN, est identique au brin non transcrit (ou brin codant) à l'exception des T remplacés par des U.

Certains ARN subissent une maturation après leur transcription avant d'être exportés. Les ARN prémessagers comportent des séquences codantes et des séquences non codantes. Ils subissent un phénomène de maturation par épissage avec réassociation de portions codantes et excision (retrait) de portions non codantes. L'épissage peut être alternatif : les séquences codantes assemblées lors de la maturation peuvent varier d'une cellule à l'autre ou au cours de la vie d'une cellule.

Objectif prépa

Il existe de nombreuses catégories d'ARN mais seules les séquences des ARN messagers peuvent être traduites en séquences d'acides aminés. Certaines catégories d'ARN restent dans le noyau et d'autres participent à la traduction et à son contrôle.

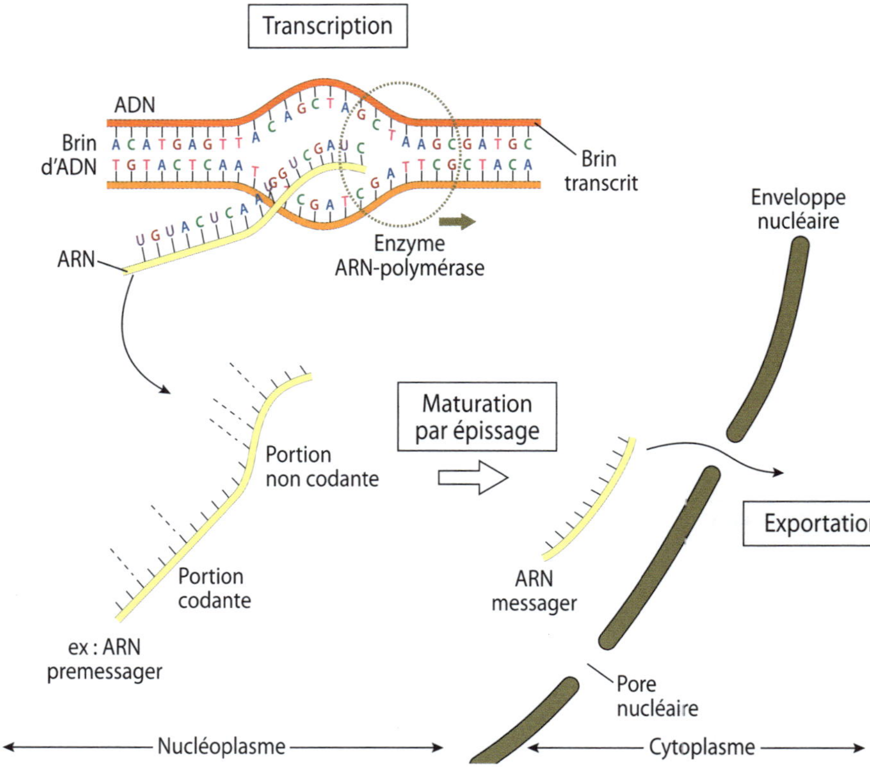

▸ **Figure 3.2.** Transcription, maturation et exportation des ARN (exemple des ARN messagers).

1.3. L'ARN messager est traduit en protéines

La traduction des ARN messagers se déroule dans le cytoplasme au niveau des ribosomes. L'assemblage des acides aminés se fait dans un ordre déterminé par la séquence des nucléotides de l'ARN messager. À chaque triplet de nucléotides, ou codon, correspond un acide aminé donné par le code génétique qui est le système de correspondance entre triplet et acide aminé. Ce code est universel à l'ensemble du monde vivant. Il est non ambigu (un triplet code un seul acide aminé) et redondant (tous les acides aminés sauf deux correspondent à plusieurs codons). Trois codons, dits codons stop, ne codent pas, pour aucun acide aminé.

La traduction s'effectue en trois étapes :

- **l'initiation :** les deux sous-unités du ribosome s'assemblent sur l'ARN messager. Le codon initiateur AUG code l'acide aminé méthionine ;
- **l'élongation :** le ribosome se déplace sur l'ARN et les acides aminés sont assemblés par liaison peptidique dans l'ordre déterminé par la séquence de l'ARN. Chaque codon code un acide aminé ;
- **la terminaison :** la présence d'un codon stop entraine l'arrêt de la traduction, la dissociation du ribosome et la libération de la chaîne polypeptidique synthétisée.

Objectif prépa

Certaines protéines sont constituées de plusieurs chaînes qui peuvent être synthétisées à partir d'ARN messagers différents.

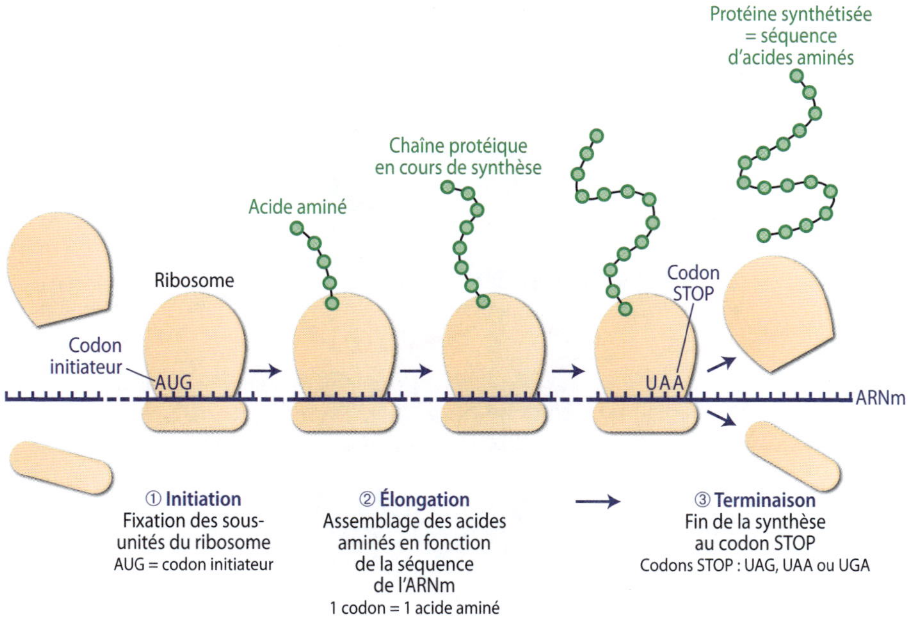

► **Figure 3.3.** Les étapes de la traduction.

Plusieurs ribosomes traduisent simultanément un ARN messager, ce qui permet l'amplification de la synthèse protéique.

2 Le phénotype est le résultat des produits de l'expression du génome

Le phénotype, qui correspond à l'ensemble des caractères, peut se définir à différentes échelles et dépend du patrimoine génétique et de son expression.

2.1. Le phénotype se définit à différentes échelles

Un gène existe dans une population sous plusieurs versions, appelées allèles. Pour les espèces qui possèdent des chromosomes par paires, chaque individu possède pour chacun de ses gènes deux allèles, identiques ou non. Si les deux allèles d'un gène sont identiques, l'individu est homozygote pour ce gène. Il est hétérozygote pour le gène si les deux allèles sont différents. Les deux allèles d'un gène constituent le génotype d'un individu pour ce gène.

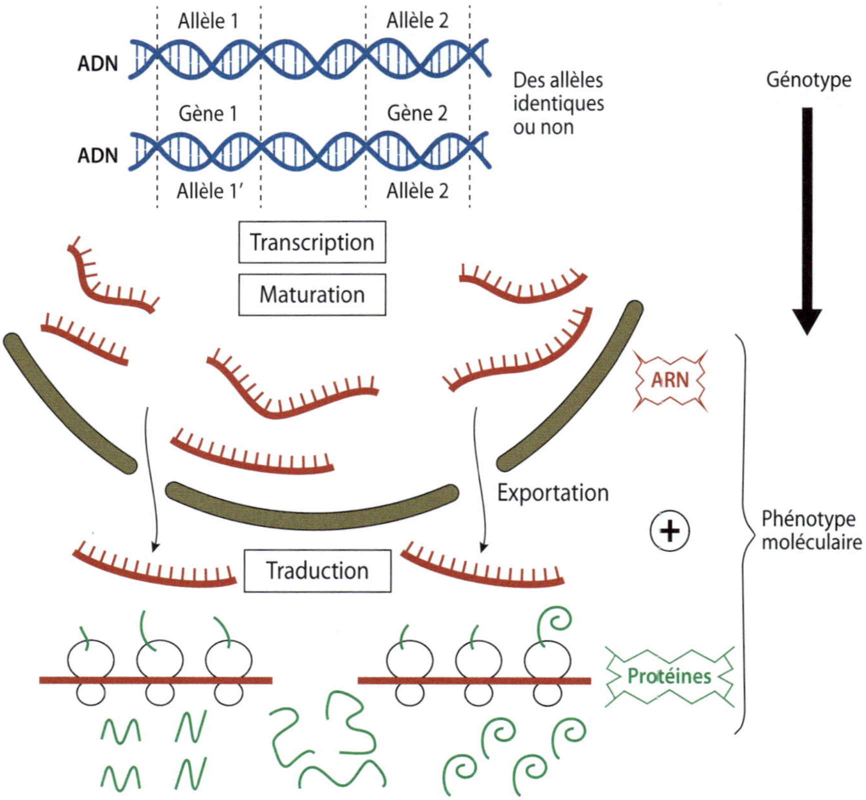

► **Figure 3.4.** Du génotype au phénotype moléculaire.

L'expression du génotype détermine les caractères observables, ou phénotypes, à différentes échelles (moléculaire, cellulaire et de l'organisme).
À l'échelle moléculaire, le phénotype est l'ensemble des produits de l'ADN (ARN et protéines) présents dans la cellule.

> **Attention !**
>
> Il ne faut pas confondre le génome, qui est l'ensemble des séquences d'ADN présentes chez un organisme ainsi que l'information qu'elles portent, et le génotype, qui correspond aux allèles possédés par un individu pour un ou plusieurs gènes.

Le phénotype cellulaire dépend du phénotype moléculaire. Il correspond aux caractères observables des cellules en lien avec leur spécialisation et détermine le phénotype à l'échelle de l'organisme, ou macroscopique.
Dans le cas de la drépanocytose par exemple, l'allèle HbA code une chaîne fonctionnelle de l'hémoglobine et l'allèle HbS code une chaîne protéique modifiée. Si l'individu possède le génotype (HbA//HbA), les molécules d'hémoglobine sont dissoutes dans le cytoplasme de l'hématie (ou globule rouge) qui reste souple et déformable, permettant son passage dans les plus petits vaisseaux, les capillaires. Si l'individu possède le génotype (HbS//HbS), les molécules d'hémoglobine peuvent s'assembler en longues fibres qui déforment les hématies en faucille : le phénotype cellulaire est modifié. Ces hématies, altèrent les capillaires dans lesquels elles circulent et engendrent des douleurs articulaires ainsi que de l'anémie : le phénotype est modifié à l'échelle de l'individu.

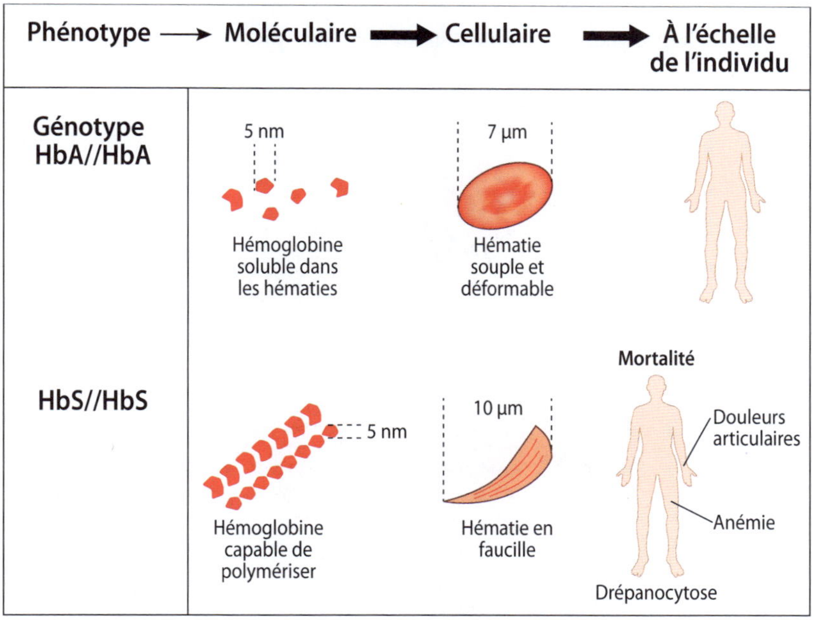

► **Figure 3.5.** Les différentes échelles du phénotype, exemple de la drépanocytose.

2.2. Les cellules spécialisées expriment une partie de l'ADN et possèdent des protéines spécifiques

Toutes les cellules d'un organisme sont issues de la cellule œuf par des mitoses successives et possèdent la même information génétique (sauf mutation, *cf.* Section 3 de ce chapitre). Les cellules spécialisées présentent des phénotypes différents.

Certains gènes, comme ceux codant l'ARN polymérase par exemple, sont transcrits dans toutes les cellules. Cependant, les cellules spécialisées, comme des hématies ou des cellules musculaires, expriment des gènes qui diffèrent selon leur spécialisation. Par exemple, les gènes codant les chaînes des molécules d'hémoglobine s'expriment dans les hématies et ne s'expriment pas dans les autres cellules.

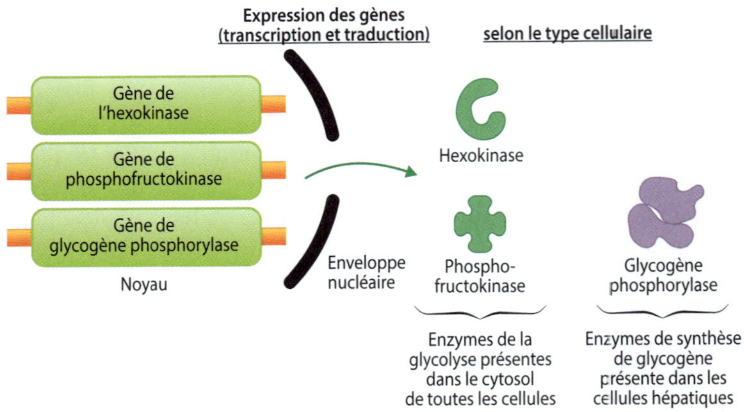

► **Figure 3.6.** Spécialisation cellulaire et expression différenciée du programme génétique.

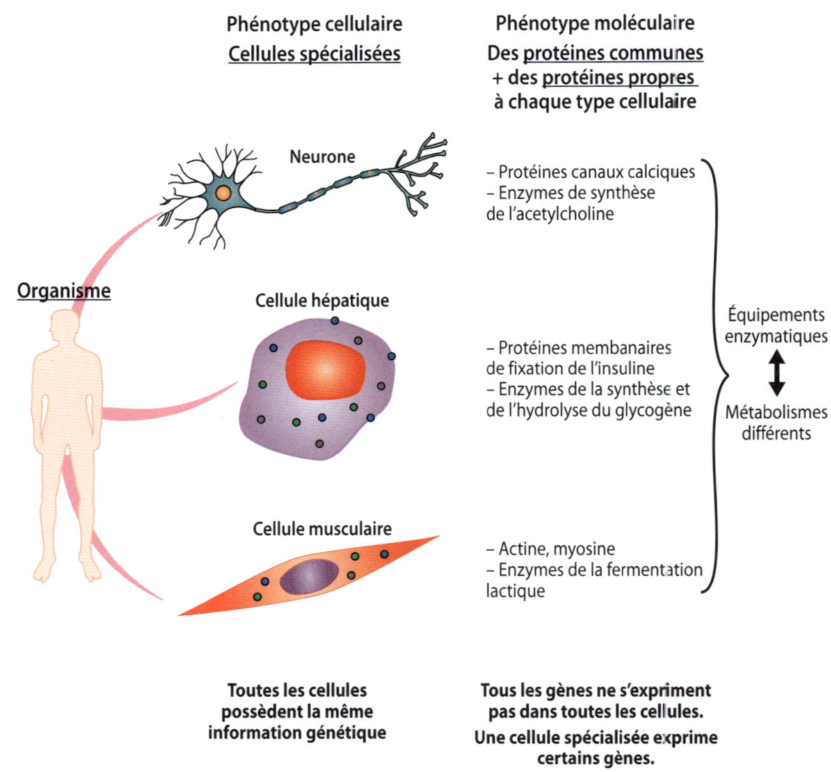

► **Figure 3.7.** Les protéines, marqueurs de la spécialisation cellulaire en lien avec les gènes exprimés.

La spécialisation cellulaire repose également sur les enzymes qui sont des protéines catalysant les réactions chimiques des cellules (*cf.* Chapitre 1) et assurant leur métabolisme. L'équipement enzymatique d'une cellule dépend des gènes exprimés. En définissant les réactions que la cellule peut ou non réaliser, il détermine sa spécialisation.

Objectif prépa

Le protéome est le contenu en protéines d'une cellule à un instant donné. Il varie d'une cellule à l'autre et pour une cellule au cours du temps.

2.3. L'expression du génotype est contrôlée par différents facteurs

L'activité des gènes de la cellule est contrôlée par des facteurs internes à l'organisme (développement) et externes (réponses aux conditions de l'environnement).

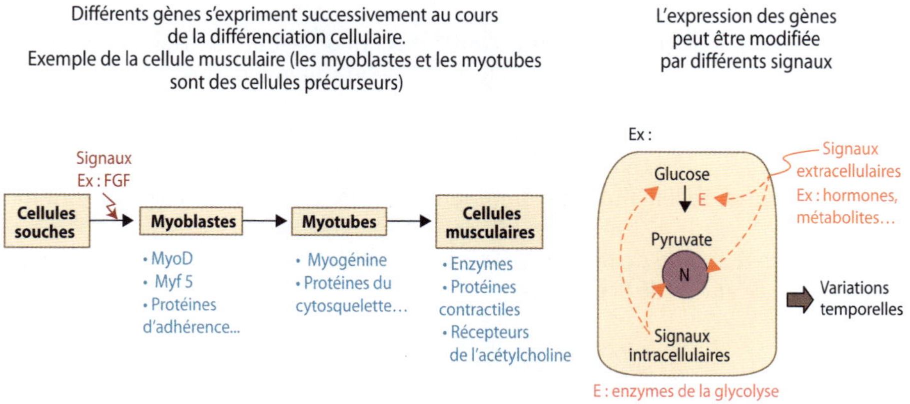

► **Figure 3.8.** L'expression génétique des cellules au cours du temps.

3 Les mutations peuvent modifier le phénotype

Dans l'espèce humaine, comme chez toutes les espèces, les génomes des individus diffèrent les uns des autres suite aux mutations transmises au cours des générations successives et conservées (*cf.* Chapitre 7). Des mutations peuvent également se produire dans les cellules somatiques d'un individu et modifier son phénotype.

3.1. Certaines mutations sont responsables de pathologies

Pour certaines maladies d'origine exclusivement génétique, comme la mucoviscidose, un allèle muté code une protéine défectueuse et le phénotype est modifié à toutes les échelles.

	Phénotype moléculaire	Phénotype cellulaire	Phénotype macroscopique
Individu non malade	Protéines CFTR fonctionnelles : sécrétion d'ions Cl^- par les cellules ciliées qui fluidifient le mucus.	Mucus fluide évacué des voies respiratoires entrainant poussières et micro-organismes.	Respiration normale.
Individu atteint de mucoviscidose	Protéines CFTR non produites, non implantées dans les membranes ou non fonctionnelles.	Mucus très visqueux qui s'accumule dans les voies respiratoires.	Insuffisance respiratoire.

► **Figure 3.9.** Les différentes échelles du phénotype d'une maladie génétique : la mucoviscidose.

Une maladie génétique qui n'est due qu'à un seul gène est dite monogénique. Elle est autosomique lorsque le gène considéré se trouve sur les autosomes et non sur les chromosomes sexuels.

Dans le cas de la mucoviscidose, seuls les individus qui possèdent deux allèles mutés, et homozygotes pour le gène codant la CFTR, sont atteints de mucoviscidose alors que les hétérozygotes porteurs d'un seul allèle muté ne sont pas malades. Dans ce cas, l'allèle muté est récessif. Les individus hétérozygotes sont dits porteurs asymptomatiques (ou sains) et ils peuvent transmettre l'allèle muté à leur descendance. Pour certaines maladies monogéniques, l'allèle muté est dominant et les individus hétérozygotes sont malades.

La connaissance du mode de transmission permet de déterminer le risque pour un enfant à naître d'être atteint de la maladie.

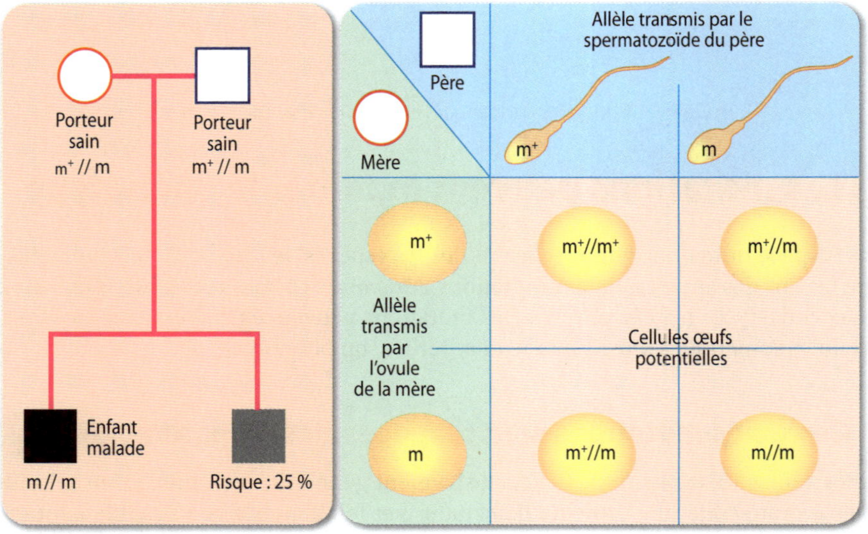

m^+ : allèle codant une protéine CFTR fonctionnelle
m : allèle codant une protéine CFTR non fonctionnelle

► **Figure 3.10.** Détermination du risque pour un enfant à naître dans le cas d'une maladie autosomique récessive (exemple : la mucosviscidose).

Selon les cas, les traitements apportés visent à compenser par des médicaments la fonction altérée ou à contrôler les conditions de milieu. Dans certains cas, on peut envisager une thérapie génique visant à remplacer l'allèle muté dans les cellules du tissu atteint.

3.2. La plupart des maladies résultent d'interactions entre plusieurs gènes

La plupart des maladies d'origine génétique ne sont pas monogéniques mais sont dues à l'interaction de nombreux gènes.
Les allèles de certains gènes, ou allèles de prédisposition, peuvent rendre plus probable l'apparition d'une maladie. L'expression du génotype dépend aussi de facteurs environnementaux qui peuvent ou non favoriser l'apparition d'une maladie.

3.3. Les mutations sont héritées ou produites et peuvent aboutir à un processus de cancérisation

Certaines mutations sont héritées des parents mais d'autres ont lieu dans les cellules de l'organisme. Des mutations peuvent s'accumuler dans les cellules somatiques entraînant leur prolifération incontrôlée à l'origine d'un processus de cancérisation.
Certains agents (UV, ...), dits mutagènes ainsi que certaines infections virales peuvent favoriser l'apparition de mutations.

Conclusion

L'information génétique est portée par des gènes, séquences transcrites de l'ADN en ARN. Les ARN messagers sont traduits en protéines. L'expression de l'information génétique est donc la synthèse de ces ARN fonctionnels et des protéines par les cellules.
L'ensemble des ARN et des protéines synthétisé est à l'origine du phénotype moléculaire de la cellule. L'expression des gènes dépend de facteurs externes et internes, ce qui explique la diversité des cellules d'un organisme et le fait que le phénotype peut changer au cours du temps.
Les mutations, en modifiant l'ADN, peuvent modifier le phénotype d'un organisme.

EXERCICES D'APPLICATION

●○○ 5 min.

EXERCICE 1 Complémentarité des bases et structures de l'ADN et de l'ARN

Dans un fragment d'ADN, on dénombre 30 cytosines et 15 adénines. L'ARN messager correspondant à ce fragment comporte 18 cytosines et 8 adénines.

Déterminez :
- le nombre de guanines et de thymines du fragment d'ADN ;
- le nombre de guanines et d'uraciles de l'ARN messager.

●○○ 20 min.

EXERCICE 2 Étude d'une maladie génétique : le DAAT (déficit en alpha antitrypsine)

L'alpha antitrypsine (αAT) est une protéine de 394 acides aminés stockée et sécrétée par les cellules hépatiques. Elle permet l'inactivation d'une enzyme, l'élastase, libérée par les leucocytes, ou globules blancs, lors d'une infection bactérienne. L'élastase catalyse l'hydrolyse des protéines des parois bactériennes mais également celle de composants des matrices extracellulaires. En hydrolysant l'élastase, l'αAT protège donc la matrice extracellulaire de divers organes notamment au niveau pulmonaire. On trouve l'αAT dans le sang humain à des concentrations de 0,9 à 2 grammes par litre (g/L).
On considère qu'un individu est atteint de DATT lorsque la concentration sanguine en αAT est inférieure à 0,5 gramme par litre. Dans ce cas, l'élastase peut détruire le tissu pulmonaire provoquant un emphysème pulmonaire, entraînant une toux chronique et un essoufflement à l'effort pouvant évoluer vers une insuffisance respiratoire. La protéine αAT non fonctionnelle n'est pas sécrétée et s'accumule dans les cellules hépatiques sous forme d'inclusions visibles au microscope.
L'αAT est codée par un gène situé sur le chromosome 14, et pour lequel on connaît de très nombreux allèles dans l'espèce humaine.

Document 1. Différents allèles du gène codant l'αAT.

Allèle	Brin d'ADN non transcrit
M1	216 342 - CAG GTG ACC GTG AAG GTG CCT.........GAC GAG AAA.........
Z	- CAG GTG ACC GTG AAG GTG CCT.........GAC **A**AG AAA.........
Null	- CAG GTG ACC GTG **T**AG GTG CCT.........GAC GAG AAA.........

Seules sont indiquées les régions présentant des différences avec le numéro des triplets (codons de l'ARNm).

Document 2. Concentration en αAT pour différents génotypes.

Génotypes	Concentration plasmatique en αAT en grammes par litre (g/L)
M1//M1	0,9 à 2
M1//Z	1,2 à 2,5
M1//Null	0,8 à 1,7
Z//Z	0,15 à 0,5
Z//Null	0,1 à 0,3
Null//Null	0

Document 3. Code génétique exprimé en codon de l'ARN messager.

1re lettre	2e lettre				3e lettre
	U	C	A	G	
U	UUU – Phénylalanine	UCU – Sérine	UAU – Tyrosine	UGU – Cystéine	U
	UUC – Phénylalanine	UCC – Sérine	UAC – Tyrosine	UGC – Cystéine	C
	UUA – Leucine	UCA – Sérine	UAA – Stop	UGA – Stop	A
	UUG – Leucine	UCG – Sérine	UAG – Stop	UGG – Tryptophane	G
C	CUU – Leucine	CCU – Proline	CAU – Histidine	CGU – Arginine	U
	CUC – Leucine	CCC – Proline	CAC – Histidine	CGC – Arginine	C
	CUA – Leucine	CCA – Proline	CAA – Glutamine	CGA – Arginine	A
	CUG – Leucine	CCG – Proline	CAG – Glutamine	CGG – Arginine	G
A	AUU – Isoleucine	ACU – Thréonine	AAU – Asparagine	AGU – Sérine	U
	AUC – Isoleucine	ACC – Thréonine	AAC – Asparagine	AGC – Sérine	C
	AUA – Isoleucine	ACA – Thréonine	AAA – Lysine	AGA – Arginine	A
	AUG – Méthionine	ACG – Thréonine	AAG – Lysine	AGG – Arginine	G
G	GUU – Valine	GCU – Alanine	GAU – Acide aspartique	GGU – Glycine	U
	GUC – Valine	GCC – Alanine	GAC – Acide aspartique	GGC – Glycine	C
	GUA – Valine	GCA – Alanine	GAA – Acide glutamique	GGA – Glycine	A
	GUG – Valine	GCG – Alanine	GAG – Acide glutamique	GGG – Glycine	G

1. Déterminez les différentes échelles du phénotype du DAAT et leurs caractéristiques.

2. En utilisant le code génétique du document 3 et les documents 1 et 2, comparez les protéines codées par les allèles M1, Z et Null.

3. Le DAAT est-il une maladie monogénique ? Un allèle muté est-il récessif ou dominant par rapport à un allèle non muté dans le cas de M1, Z et Null ?

4. Déterminez le risque pour un enfant à naître d'être atteint de la maladie si les deux parents sont porteurs sains.

●●○ 15 min.

EXERCICE 3 Une nouvelle classe de régulateurs génétiques

Lors de la différenciation cellulaire, de nouveaux gènes s'expriment et d'autres cessent de s'exprimer. On a mis en évidence des microARN capables de modifier l'expression génétique.
On a ainsi montré que lors de la mise en place des fleurs chez *Arabidopsis thaliana*, l'expression du gène *MIR172*, codant des microARN, bloque l'expression du gène AP2 dans certaines cellules permettant la formation des pièces reproductrices.
L'ARN qui résulte de la transcription du gène *MIR172* est très long. Il est exporté vers le cytoplasme où il subit une maturation donnant les microARN *MIR172* fonctionnels.

Document. Séquence partielle de l'ARN messager AP2 et séquence complète des microARN *MIR172*.

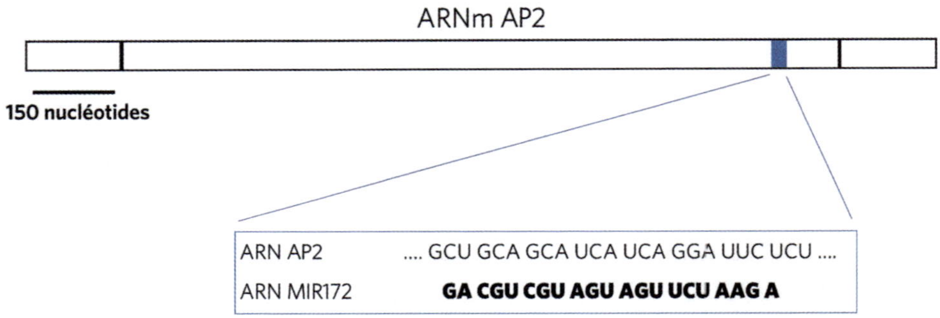

En s'appuyant sur un schéma de l'expression génétique, montrez comment l'expression du gène MIR codant le microARN *MIR172* peut modifier l'expression du gène *AP2*.

●●○ 15 min.

EXERCICE 4 L'expression génétique et son contrôle chez les bactéries

Une bactérie est une cellule de petite taille dans laquelle l'ADN est libre dans le cytoplasme. L'expression génétique fait intervenir des acteurs comparables à ceux des cellules eucaryotes : ARN polymérase, ARN messager et ribosome. L'ARN messager ne subit pas de maturation.

Document 1. Électronographie d'un gène en activité chez une bactérie.

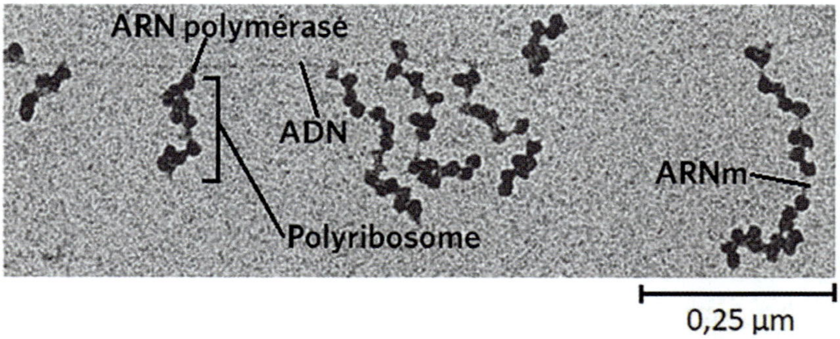

Les bactéries prélèvent directement dans leur environnement les substrats nécessaires à leur métabolisme. Le glucose, prélevé dans le milieu, est dégradé lors de la glycolyse (*cf.* chapitre 1). Le lactose, composé de glucose et de galactose peut également être utilisé par les cellules, mais il nécessite la présence dans le cytoplasme d'une enzyme, la β-galactosidase, qui permet son hydrolyse en glucose et galactose.

On réalise une culture de bactérie *Escherichia coli* et on mesure la quantité d'ARN messager codant la β-galactosidase ainsi que la quantité de β-galactosidase produits par ces cellules avec ou sans lactose dans le milieu.

Document 2. Quantités d'ARN messager et de β-galactosidase.

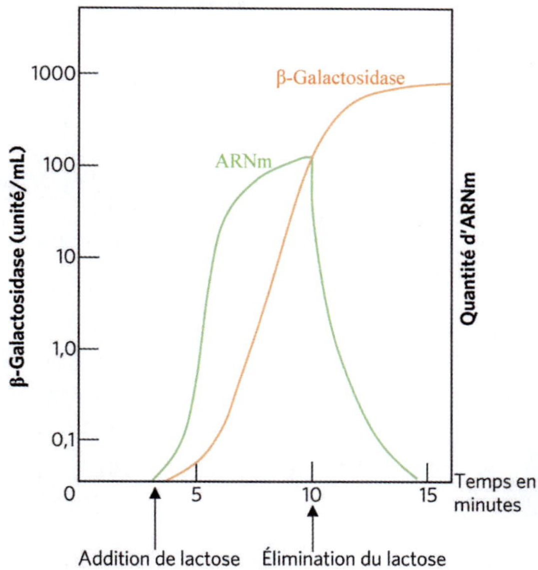

1. Comparez la localisation des étapes de l'expression génétique dans une cellule eucaryote et une cellule bactérienne.

2. Réalisez un schéma interprétatif du document 1.

3. Analysez les résultats du document 2.

EXERCICES D'APPLICATION

+ D'EXERCICES OFFERTS EN LIGNE

lienmini.fr/40836-EXOS

→ **Retrouvez, offerts en ligne, des exercices supplémentaires pour perfectionner votre entraînement.**

●●● 30 min. EXERCICE **Réponses aux liaisons induites par les ultraviolets chez l'humain**

CORRIGÉS DÉTAILLÉS

QCM D'AUTO-ÉVALUATION

1. d — 2. a — 3. a et d — 4. b et c — 5. b — 6. b et d — 7. b et d.

EXERCICE 1

Le nombre de guanines du fragment d'ADN est de 30, puisqu'il y a 30 cytosines, et de 15 thymines, puisqu'il y a 15 adénines.
Par un raisonnement similaire, le nombre de guanines de l'ARN messager est de 18 et le nombre d'uraciles est de 8.

EXERCICE 2

1. Le phénotype se définit à différentes échelles dont les caractéristiques pour le DAAT sont présentées dans le tableau suivant :

	Phénotype moléculaire	Phénotype cellulaire	Phénotype à l'échelle de l'organisme
Individu non malade	Protéines codées par les allèles portés par l'individu.		Au niveau biochimique, la concentration en αAT est comprise entre 0,9 et 2 g/L.
Individu atteint de DAAT	Protéines codées par les allèles portés par l'individu.	Les cellules de foie présentent des inclusions dues à l'accumulation d'αAT. La matrice extracellulaire des cellules pulmonaires est altérée.	Au niveau biochimique, la concentration en αAT est inférieure à 0,5 g/L. Au niveau macroscopique, l'individu présente un emphysème pulmonaire avec une toux et un essoufflement chronique ou une insuffisance respiratoire.

2. **Protéine M1 :** - Gln Val Thr Val lys Val Pro........Asp Glu Lys.....

Protéine Z : - Gln Val Thr Val lys Val Pro........Asp Lys Lys.....
La mutation touchant l'allèle Z n'est pas silencieuse et entraîne le remplacement d'un acide glutamique par une lysine. Le nombre d'acides aminés n'est pas modifié et les conséquences dépendent de l'impact de ce changement ponctuel sur le fonctionnement de la protéine. D'après le document 2, un individu de génotype Z//Z ne sécrète que très peu d'αAT, on peut donc en déduire que la protéine n'est pas fonctionnelle.

Protéine Null : - Gln Val Thr Val
La mutation touchant l'allèle Null entraîne l'apparition d'un codon STOP et, de ce fait, la protéine est tronquée. Elle ne comporte que 216 acides aminés au lieu de 394. D'après le document 2, cette protéine n'est pas du tout fonctionnelle.

3. Le DAAT peut s'expliquer par une mutation touchant un seul gène : celui codant l'αAT ; Il s'agit donc d'une maladie monogénique.
Lorsqu'un individu est hétérozygote de génotype M1//Z ou M1//Null il possède toujours une concentration plasmatique en αAT supérieure à 0,5 gramme par litre et ne présente donc pas de DAAT. L'allèle muté, que ce soit Z ou Null, est donc récessif par rapport à l'allèle M1 qui est dominant.

4. Si les deux parents sont porteurs sains d'un allèle muté, que ce soit Z ou Null, le risque pour un enfant à naître d'être atteint de la maladie est de 25 %.

EXERCICE 3

On constate que la séquence de l'ARN codé par le gène MIR172 est complémentaire de la séquence du gène de l'ARN messager du gène AP2. On peut donc supposer que cet ARN est capable de s'associer avec l'ARN messager par complémentarité des bases et d'empêcher la fixation ou la progression des ribosomes bloquant l'étape de traduction de l'expression génétique.

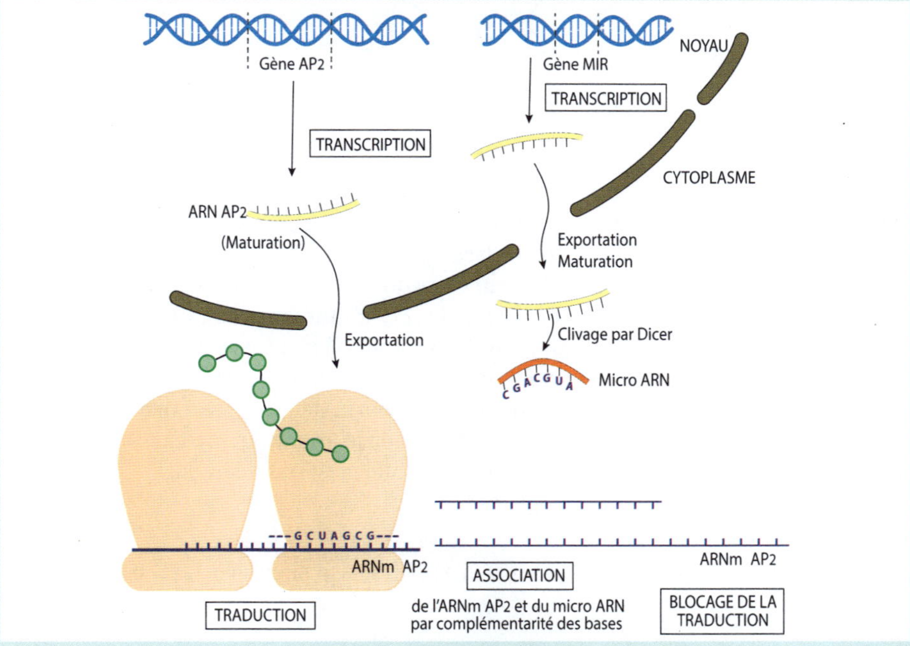

L'action des ARN MIR172 sur l'expression génétique de AP2.

Remarque

Ces microARN conduisent à la dégradation des ARN messagers. Ils mesurent environ 22 nucléotides et sont spécifiques. Les petits ARN non codant ont de multiples fonctions.

EXERCICE 4

1. L'expression génétique se déroule en plusieurs étapes :
- la transcription ;
- la maturation des ARN, absente dans les cellules bactériennes ;
- la traduction de l'ARN messager en protéine.

Dans une bactérie, la transcription et la traduction sont simultanées et ont lieu dans le cytoplasme alors que dans une cellule eucaryote, ces étapes sont séparées dans l'espace et dans le temps. La transcription a lieu dans le noyau alors que la traduction a lieu dans le cytoplasme.

2. Schéma interprétatif du document 1 :

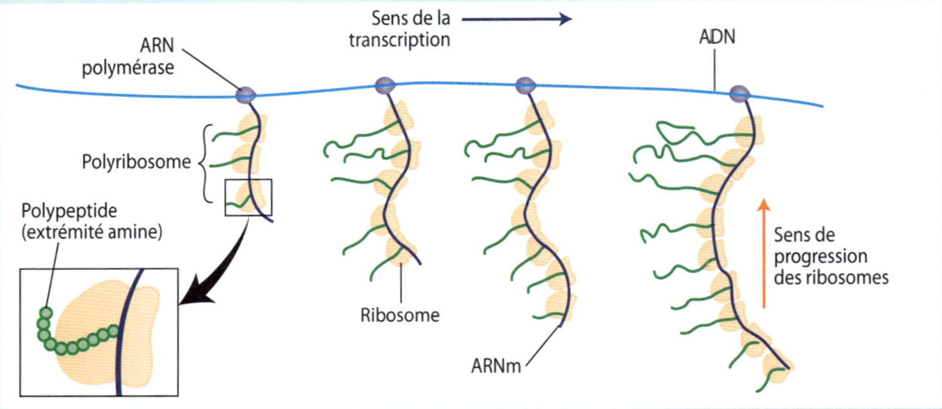

3. On constate qu'en début de culture, lorsque le lactose est absent du milieu, l'enzyme β-galactosidase nécessaire à son hydrolyse est absente du cytoplasme des bactéries. L'addition de lactose dans le milieu entraîne une forte augmentation de la concentration de cette enzyme. Cette augmentation est précédée d'une augmentation de la quantité d'ARN messager la codant. Le lactose induit (déclenche) la transcription du gène codant l'enzyme, c'est un facteur externe capable de contrôler l'expression génétique. L'élimination du lactose, ou inducteur, provoque une chute brutale de la présence d'ARNm et de la transcription. La quantité d'enzyme β-galactosidase atteint un plateau : elle n'est plus synthétisée mais ce qui a été synthétisé par la cellule n'est pas dégradé.

Remarque

La diminution très rapide de la quantité d'ARNm laisse supposer qu'il est dégradé en l'absence de lactose.

CHAPITRE 4

Les Angiospermes, des exemples d'organismes en interaction avec le milieu

Plan du chapitre

Les Angiospermes, ou plantes à fleurs, comme tous les végétaux, sont des organismes vivants qui se nourrissent et se reproduisent en ayant un mode de vie fixée. Elles possèdent une organisation particulière leur permettant d'assurer l'ensemble de ces fonctions.

Objectifs et compétences

Ce que j'ai vu au lycée	Ce que je vais apprendre en prépa
• PREMIÈRE Une partie du rayonnement solaire absorbé par les organisme chlorophylliens permet la photosynthèse.	• La photosynthèse repose sur des couplages et des conversions énergétiques.
• TERMINALE SPÉ Les plantes présentent diverses caractéristiques qui constituent des adaptations à la vie fixée à l'interface air/sol, dans des environnements variables. Les plantes peuvent se reproduire de manière sexuée et asexuée. Les pratiques culturales constituent un enjeu majeur pour l'humanité.	• La reproduction sexuée fait l'alternance d'une génération sporophytique et gamétophytique. • Des mécanismes favorisent la fécondation croisée chez les Angiospermes. • La floraison implique une différenciation cellulaire sous contrôle de facteurs environnementaux.

AUTO-ÉVALUATION

► *Évaluez-vous en répondant à la série de questions ci-dessous. Plusieurs bonnes réponses sont possibles.*

QCM INTERACTIFS
lienmini.fr/40836-4

1. Un organisme pluricellulaire :
☐ **a.** comporte une seule cellule ;
☐ **b.** comporte plusieurs cellules ;
☐ **c.** ne comporte que des cellules identiques ;
☐ **d.** peut comporter des cellules différentes assurant des fonctions différentes.

2. La nutrition des plantes à fleur est permise :
☐ **a.** par une grande surface d'échange foliaire ;
☐ **b.** par des vaisseaux particuliers assurant le transport des nutriments dans la plante ;
☐ **c.** par une absorption du CO_2 présent dans le sol ;
☐ **d.** par un système racinaire très peu souvent associé à des mycorhizes.

3. La photo ci-dessous illustre :

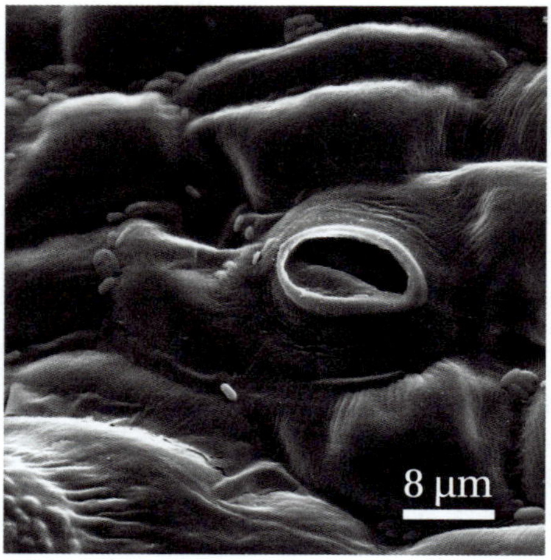

☐ **a.** des vaisseaux du xylème et du phloème ;
☐ **b.** des méristèmes apicaux ;
☐ **c.** des racines ;
☐ **d.** un stomate entouré de cellules épidermiques.

4. Une fleur peut posséder :
☐ **a.** des styles ;
☐ **b.** des anthocyanes ;
☐ **c.** des grains de pollen ;
☐ **d.** des stomates.

5. La photosynthèse :
☐ **a.** utilise du dioxygène ;
☐ **b.** utilise de l'eau ;
☐ **c.** produit des glucides ;
☐ **d.** utilise l'énergie chimique issue de l'énergie lumineuse.

6. Dans une plante à fleurs, la matière organique :
☐ **a.** est produite par la respiration ;
☐ **b.** est uniquement utilisée par les cellules qui la produisent ;
☐ **c.** peut être mise en réserve dans différents organes ;
☐ **d.** est produite par la photosynthèse.

7. La reproduction asexuée des plantes à fleurs :
☐ **a.** permet une colonisation lente du milieu ;
☐ **b.** permet une diversification génétique de l'espèce ;
☐ **c.** permet la production de clones ;
☐ **d.** repose sur une fonctionnalité particulière des cellules végétales : la totipotence.

► *Corrigés p. 93*

SYNTHÈSE DE COURS

1 Les plantes à fleurs sont des organismes autotrophes

Les plantes à fleurs présentent des organes qui sont capables de convertir la matière minérale en matière organique en utilisant de l'énergie lumineuse.

1.1. Les surfaces d'échanges des végétaux

Les feuilles constituent une importante surface d'échange avec l'atmosphère. Elles permettent des échanges de gaz, d'eau et une capture des photons, source d'énergie lumineuse.
Les stomates sont des structures présentes sur la face inférieure des feuilles en général. Les cellules de garde, ou cellules stomatiques, ménagent un orifice, l'ostiole, qui permet les échanges gazeux entre l'atmosphère et les chambres sous-stomatiques. Ils contrôlent les échanges gazeux en fonction des conditions extérieures. En cas de forte chaleur, les stomates se ferment et réduisent des pertes en eau par la plante.
La plante possède également des surfaces d'échange de grande dimension avec le sol : les réseaux de racines qui permettent l'absorption d'eau et d'ions. Ces absorptions sont souvent facilitées par des associations symbiotiques comme les mycorhizes.

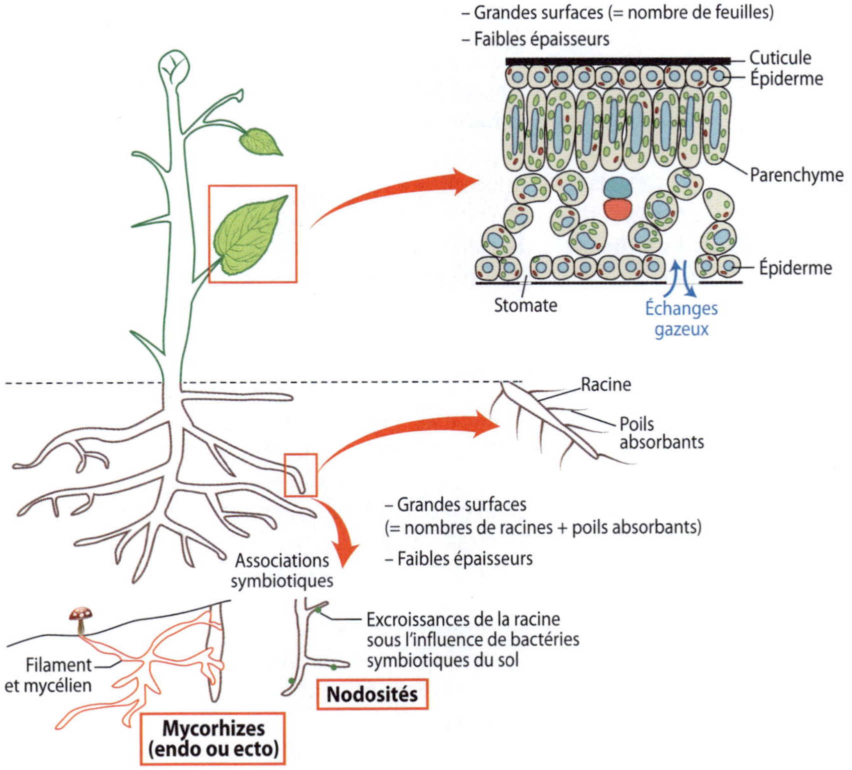

► **Figure 4.1.** Les surfaces d'échange chez la plante.

À retenir

Les végétaux possèdent de grandes surfaces d'échange qui permettent de prélever des ressources très diluées dans le milieu (CO_2, eau, sels minéraux).

1.2. La synthèse de matière organique dans la plante : la photosynthèse

Les chloroplastes, organites verts localisés dans les feuilles, sont spécialisés dans la capture de l'énergie lumineuse grâce à des pigments photosynthétiques, notamment la chlorophylle, permettant la synthèse de matière organique.
L'énergie lumineuse permet la photolyse de l'eau, ce qui produit du dioxygène, mais fournit également des électrons et des protons permettant le fonctionnement de la chaîne photosynthétique qui génère de l'ATP et des coenzymes réduits.

Il existe un couplage photochimique entre la photolyse, ou photooxydation de l'eau, et la réduction de coenzymes.

Équations d'oxydoréduction :
$2\,H_2O \Longrightarrow O_2 + 4\,H^+ + 4\,e^-$
$2\,R + 4\,H^+ + 4\,e^- \Longrightarrow 2\,RH_2$

L'énergie chimique et les coenzymes réduits produits en présence de lumière permettent la réduction du CO_2.
La transformation du CO_2 dans le chloroplaste se fait en plusieurs étapes utilisant l'ATP et les coenzymes réduits lors du cycle de Calvin et aboutit à la production de glucose et autres sucres solubles utilisables par la plante.

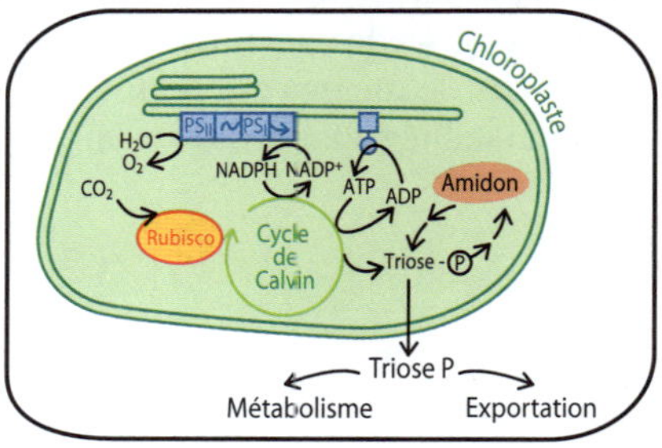

► **Figure 4.2.** La photosynthèse : conversion de l'énergie lumineuse en énergie chimique.

À retenir

Les parties aériennes chlorophylliennes de la plante sont les lieux de synthèse de matière organique par photosynthèse. Captée par les pigments chlorophylliens au niveau du chloroplaste, l'énergie lumineuse est convertie en énergie chimique par la photolyse de l'eau. Cela permet la réduction du CO_2, aboutissant à la production de glucose et d'autres sucres solubles grâce au cycle de Calvin.

Une partie des produits de la photosynthèse est utilisée directement après sa production pour la croissance de la plante : divisions cellulaires, allongement cellulaire...
Les divers produits de la photosynthèse permettent notamment le port de la plante grâce à la lignine et la cellulose, composés de la paroi.

Une autre partie des produits de la photosynthèse est mise en réserve sous différentes formes, comme l'amidon (polymère de glucose), dans différents organes. Ces derniers permettent la reprise de croissance après le passage de la mauvaise saison ou la germination des graines issues de la reproduction sexuée.
Certains produits de la photosynthèse sont des agents de protection contre des phytophages dans le cas d'interactions compétitives, comme les tanins. D'autres, au contraire, attirent des pollinisateurs, favorisant la reproduction sexuée dans le cas d'interactions mutualistes : les pollinisateurs se nourrissent du nectar qu'ils trouvent dans les fleurs tout en assurant le transport du pollen de fleurs en fleurs, favorisant la reproduction de la plante.
La diversité des produits synthétisés à partir des sucres issus du cycle de Calvin est la conséquence d'une diversité d'enzymes présentes dans les cellules végétales (*cf.* Chapitre 1).

À retenir

Les produits de la photosynthèse circulent dans tous les organes de la plante où ils sont métabolisés, grâce à des enzymes variées, en produits assurant les différentes fonctions biologiques dont :

- la croissance et le port de la plante ;
- le stockage de la matière organique ;
- les interactions mutualistes ou compétitives.

Objectif prépa

La photosynthèse et notamment la rubisco, en permettant la fixation et la réduction du CO_2, sont des éléments-clés du cycle du carbone.

1.3. La circulation des sèves

Des tissus conducteurs canalisent les circulations de matière dans la plante, notamment entre les lieux d'approvisionnement en matière minérale, les lieux de synthèse organique et les lieux de stockage.
La sève brute distribue l'eau et les sels minéraux. Elle circule des racines vers les organes des parties aériennes dans les vaisseaux du xylème. La sève élaborée, contenant les produits de la photosynthèse, circule des feuilles (organes sources) vers les autres parties de la plante qui utilisent la matière organique (organes puits), selon les besoins, dans les tubes criblés du phloème.

À retenir

Les plantes possèdent des tissus conducteurs permettant des échanges au sein de la plante.

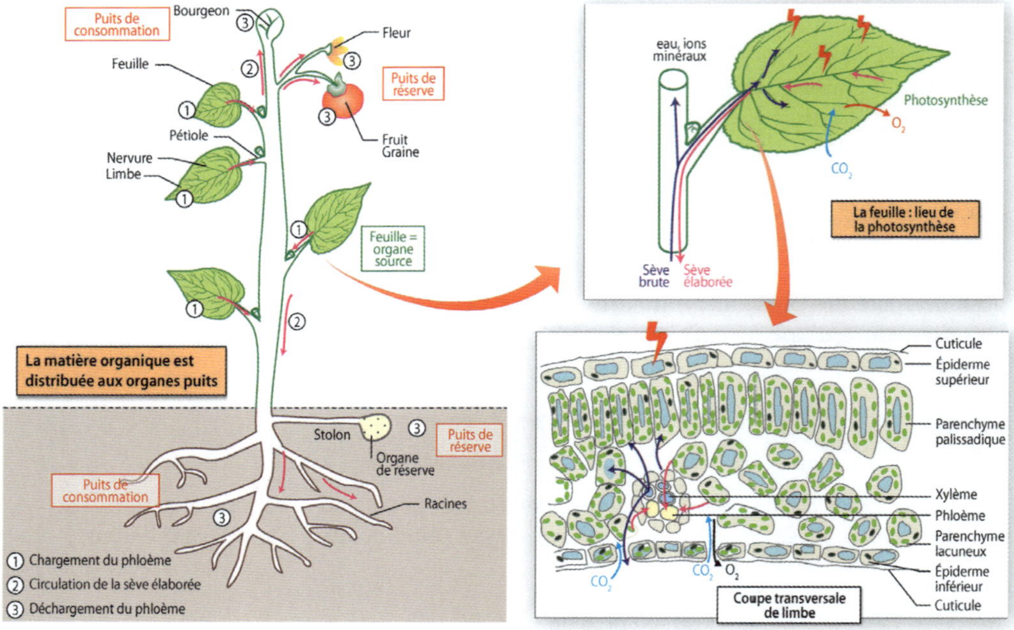

► **Figure 4.3.** La circulation des sèves et les utilisations des produits de la photosynthèse.

2 Les plantes à fleur grandissent et se reproduisent

Les végétaux utilisent la matière organique produite pour leur croissance ou leur reproduction. Ils ont un mode de vie fixé et possèdent des adaptations qui permettent la rencontre d'un autre individu dans le cadre de la reproduction sexuée ou la colonisation du milieu. Les modalités de reproduction varient selon les conditions du milieu.

2.1. La reproduction asexuée et la colonisation rapide du milieu

La reproduction asexuée repose sur la totipotence des cellules végétales et les capacités de croissance indéfinie des plantes, à partir de presque n'importe quelle partie du végétal (tiges, racines, feuilles).

Elle peut se produire par bouturage (morceau de plante coupé qui redonne une nouvelle plante) ou marcottage (enracinement puis développement d'une nouvelle tige), à partir d'organes spécialisés, comme des tubercules qui germent (exemple de la pomme de terre), ou non.

Un fragment de tissu végétal peut, dans des conditions favorables, notamment en fonction du rapport entre certaines phytohormones, donner un cal qui permettra le développement de racines et/ou de tiges et donc donnera naissance à un clone identique à la plante mère.

La reproduction asexuée se produit soit quand les conditions sont très favorables à la plante, soit à la sortie de la mauvaise saison en milieu tempéré.

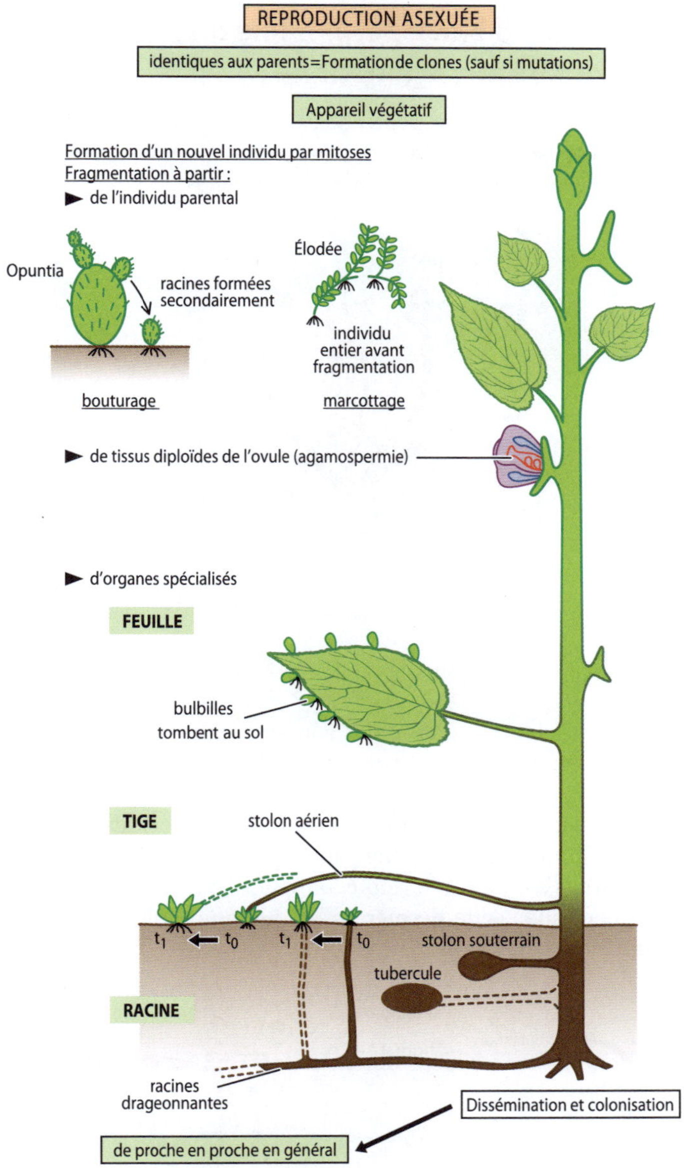

► **Figure 4.4.** Les différentes modalités de la reproduction asexuée.

À retenir

Selon les conditions du milieu et l'espèce, les plantes peuvent se reproduire de manière sexuée ou asexuée. Il y a alors production de clones, identiques en tous points à la ou aux cellule(s) utilisée(s) pour la reproduction. Les phytohormones jouent un rôle dans la mise en place d'un organisme entier à partir d'un fragment de végétal (fragment pouvant être une cellule).

2.2. La reproduction sexuée permet une dispersion des graines et parfois une diversification génétique

La fleur est organisée en verticilles avec de l'extérieur vers l'intérieur : sépales, pétales étamines (pièces porteuses des grains de pollens contenant les gamètes mâles ou spermatozoïdes) et pistil (pièce porteuse des gamètes femelles)

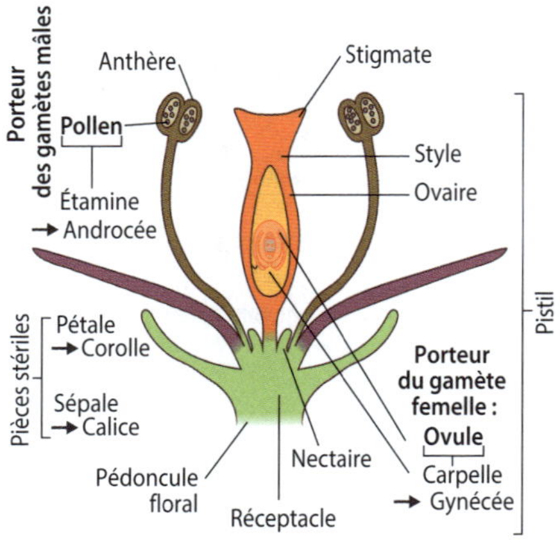

► **Figure 4.5.** L'organisation de la fleur.

Chez certaines espèces, la fécondation des gamètes femelles par les gamètes mâles de la même fleur est possible, voire obligatoire : c'est une autofécondation. Elle limite le brassage génétique.

Dans les autres cas, elle est rendue impossible par divers mécanismes d'incompatibilité (reconnaissance génétique, barrières physiques, maturation des pièces reproductrices à des moments différents…). C'est une allofécondation, ou fécondation croisée, qui favorise le brassage génétique. Cette dernière implique une mobilité des grains de pollen d'une plante à une autre.

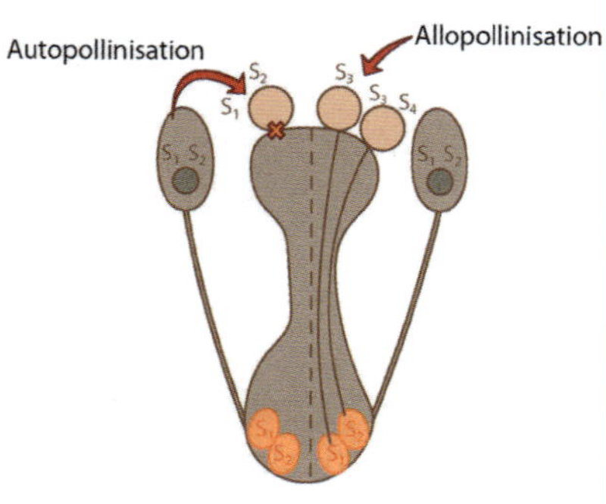

► **Figure 4.6.** Un mécanisme d'incompatibilité favorisant la fécondation croisée.

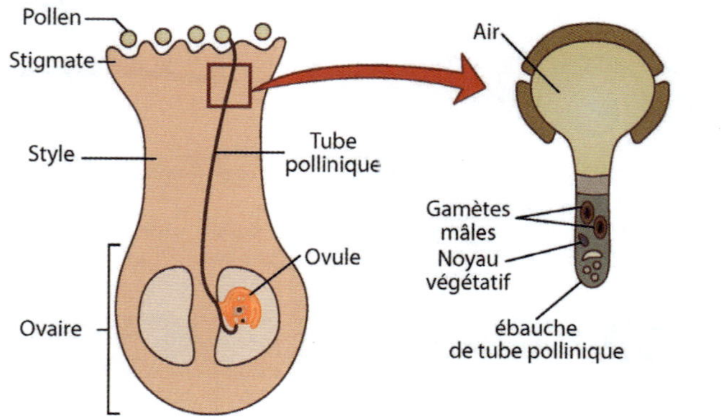

► **Figure 4.7.** La croissance du tube pollinique et la fécondation chez les plantes.

Dans une majorité de cas, la pollinisation repose sur une collaboration entre plante et pollinisateur en relation avec la structure florale. Le transport du pollen par des pollinisateurs repose souvent sur une longue coévolution avec la plante pollinisée productrice de nectar.

Le vent peut aussi transporter le pollen : les grains de pollens sont plus petits, légers et sans aspérités.

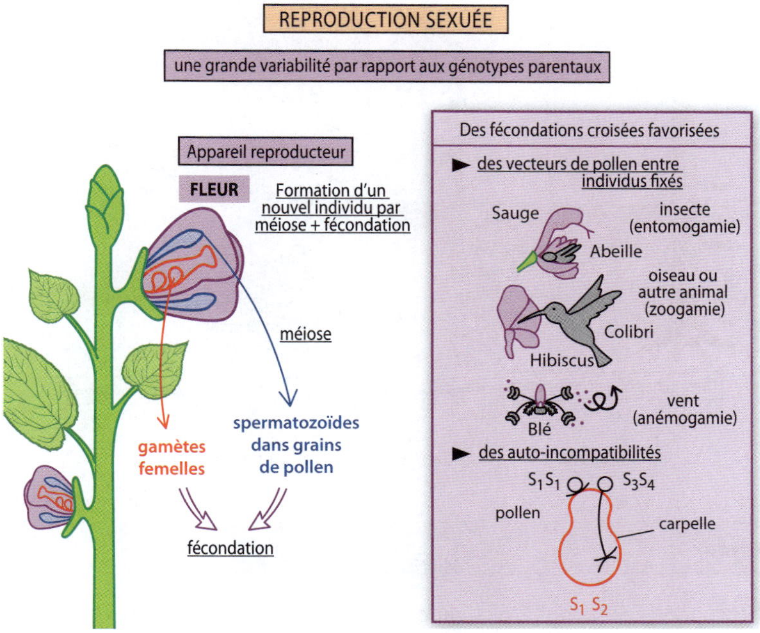

► **Figure 4.8.** Les modalités de la reproduction sexuée chez les plantes.

À retenir

La reproduction sexuée est assurée chez les Angiospermes par la fleur où se trouvent les gamètes femelles, au sein du pistil, et les grains de pollen, portés par les étamines, vecteurs des gamètes mâles.
Le dépôt d'un grain de pollen sur le pistil d'une fleur par pollinisation permet la fécondation. Elle peut favoriser la diversification génétique (allofécondation) ou non (autofécondation).

À l'issue de la fécondation, la fleur qui porte des ovules se transforme en un fruit qui renferme des graines.
La graine contient l'embryon d'une future plante qu'elle protège (enveloppe résistante) et nourrit lors de la germination en utilisant des molécules de réserve préalablement accumulées.
La dispersion des graines est une étape de mobilité dans la reproduction de la plante. Elle repose sur un mutualisme animal disperseur/plante, basé une une coévolution et sur des agents physiques (vent, eau) ou des dispositifs spécifiques à la plante.

Les fruits peuvent avoir des structures et des réserves différentes permettant une dispersion par le vent, l'eau ou des animaux.

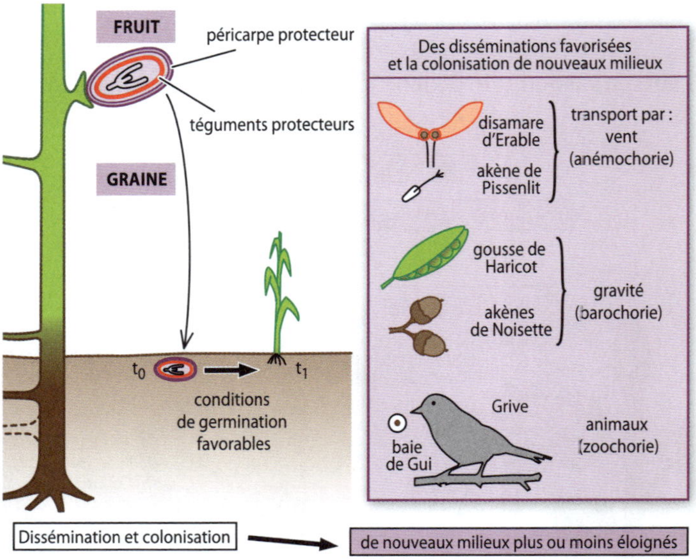

► **Figure 4.9.** Les modalités de dissémination des graines.

À retenir

La fleur fécondée donne des fruits variés porteurs de graines. La graine correspond à l'embryon de la nouvelle plante. La dispersion des fruits et des graines repose sur des paramètres du milieu (vent, eau...) ou sur une collaboration avec des animaux, fruit d'une coévolution.

Objectif prépa

La dispersion des fruits et des graines qu'ils contiennent assurent la dissémination de l'espèce c'est-à-dire la colonisation de nouveaux milieux.

2.3. La croissance des végétaux

Après la germination de la graine, la croissance de la plante implique deux phénomènes entraînant une augmentation de la taille des parties aériennes et souterraines de la plante :

- **la mérèse :** les cellules se multiplient par mitose dans des structures particulières appelées méristèmes racinaires ou caulinaires ;
- **l'auxèse :** élongation des cellules.

Les phénomènes de croissance sont associés à une différenciation permettant la mise en place d'organes variés comme les tiges, les feuilles ou les racines par exemple : c'est l'organogenèse. Elle aboutit à une organisation de la tige en plusieurs phytomères correspondant à une répétition d'unités constituées d'une portion de tige (entrenœud) porteuse d'une feuille et d'un bourgeon axillaire (nœud).

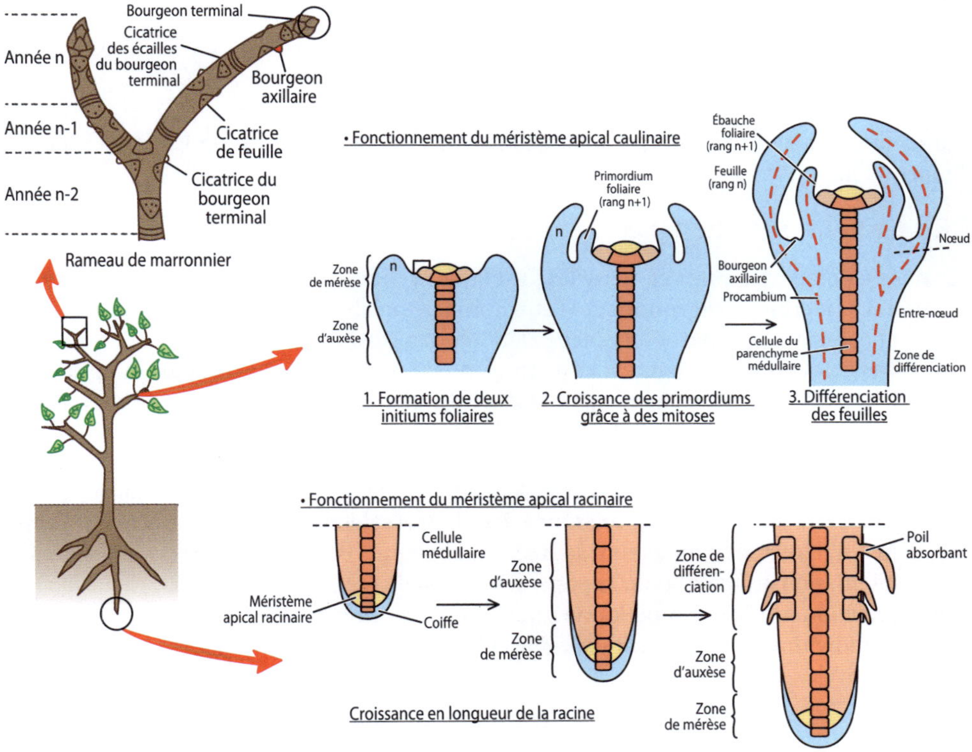

► **Figure 4.10.** Les zones de croissance des végétaux.

La mise en place de ces organes, la croissance et la différenciation sont sous le contrôle de plusieurs paramètres :

- **des paramètres hormonaux,** comme la concentration d'auxine (AIA), de cytokinine ou de gibbérelline dans les différentes parties de la plante. Ce sont des phytohormones ;
- **des paramètres environnementaux,** comme l'ensoleillement/éclairement, le vent, l'altitude...

À retenir

Le développement d'une plante associe croissance (multiplication cellulaire par mitoses dans les méristèmes, suivie d'élongation cellulaire) et différenciation d'organes (tiges, feuilles, fleurs, racines).
Ce développement conduit à une organisation modulaire des tiges en phytomères. Il est contrôlé par des hormones végétales et influencé par les conditions de milieu.

Objectif prépa

Il existe également des méristèmes dits « secondaires » qui permettent la croissance en épaisseur de l'organe dans lequel ils se développent.

3 La plante domestiquée

La connaissance du fonctionnement des végétaux peut permettre de les utiliser pour nourrir l'humanité.

3.1. La sélection des plantes cultivées

La mise en place des cultures actuelles s'est faite au cours du temps par :

- **des sélections programmées :** l'être humain choisit un caractère qu'il juge intéressant et essaye de la perpétuer ou de l'ajouter dans de nouveaux plants ;
- **des sélections empiriques :** des croisements se font au hasard dans la nature et l'être humain sélectionne les plants intéressants, les croise et essaye de maintenir tous les caractères intéressants.

Le choix des caractères à retenir, en vue de nourrir une population de plus en plus importante, s'est opéré au cours du temps avec la mise en place d'une relation mutualiste entre l'être humain et les plantes : la croissance des plantes sélectionnées est permise par l'être humain. En retour, les plantes sont source de nutriments directs ou indirects (par le biais de l'alimentation animale) pour la population humaine.
Cette sélection artificielle fonctionne selon le même principe que la sélection naturelle, mais les individus qui ont les caractères les plus utiles pour l'être humain sont sélectionnés et cultivés.

À retenir

La sélection exercée par l'être humain sur les plantes cultivées a retenu, au fil du temps, des caractères génétiques différents de ceux des plantes sauvages ou plus anciennes. Cette domestication rend la majorité des plantes cultivées complètement dépendantes de l'Homme et non viables en dehors des agrosystèmes.

3.2. Les techniques de sélection

Divers moyens peuvent être utilisés et permettent d'obtenir des individus nouveaux aux caractères intéressants sur plusieurs points (taille des fruits, croissance, résistance, maturité, qualité, apports nutritionnels..).
Une des techniques d'obtention de nouvelles espèces consiste à des croisements entre deux espèces et la polyploïdisation. Cette méthode entraîne souvent la possession par la nouvelle espèce des caractères intéressants des deux parents : on parle alors de vigueur hybride.
Pour obtenir une variété avec les caractères recherchés, il est possible de réaliser des croisements entre les deux variétés de la même espèce et de rechercher dans la descen-

dance des individus portant l'ensemble des caractères recherchés. La multiplication végétative (ou reproduction asexuée) permet alors de conserver à l'identique l'information génétique de l'hybride, sans risque de pertes de caractères (cette technique repose sur la mitose).

À retenir

Les techniques de croisement permettent d'obtenir de nouvelles plantes qui n'existaient pas dans la nature (nouvelles variétés, hybrides...).

D'autres techniques reposent sur l'utilisation des biotechnologies. La transgénèse, par exemple, permet d'obtenir des plantes avec des gènes modifiés ou de nouveaux gènes. Si ces techniques basées sur les biotechnologies présentent des avantages, elles manifestent également des limites (dissémination des gènes dans des populations sauvages, perturbations des écosystèmes environnants...). Ce sont des techniques plutôt récentes à l'échelle humaine, mais sans cesse améliorées.
La production de ces semences modifiées est, du fait des besoins et des améliorations possibles, devenue une activité commerciale spécialisée.

À retenir

Les techniques actuelles du génie génétique permettent d'agir directement sur le génome des plantes cultivées et d'obtenir de nouvelles plantes dont les semences sont commercialisées par des filières spécifiques.

3.3. Plantes domestiquées et biodiversité

Une même espèce cultivée contient souvent plusieurs variétés sélectionnées selon des critères différents : c'est donc une forme de biodiversité provenant le plus souvent de mutations affectant des gènes particuliers.
La culture actuelle avec de grands espaces occupés par des monocultures pouvant provenir des mêmes laboratoires réduit la biodiversité : lors de la domestication, on aboutit souvent, d'après des études de génomes, à un appauvrissement de la diversité allélique. En effet, la sélection des plants favorise une combinaison allélique et l'être humain essaye de la maintenir dans ses cultures en limitant les brassages naturels.

À retenir

La domestication des plantes a diminué la biodiversité des plantes sauvages et la diversité allélique des espèces cultivées, mais la présence de plusieurs variétés pour une même espèce maintient une biodiversité végétale importante.

Une des conséquences de la réduction de la biodiversité est la perte de certaines caractéristiques naturelles (défense, dissémination, système racinaire par exemple) rendant les cultures dépendantes de l'être humain. Ces monocultures sont tributaires de l'utilisation

d'intrants (pesticides, engrais…), d'apports en eau, de soins réguliers aux cultures car elles sont plus fragiles et sensibles aux maladies infectieuses végétales.
Actuellement, les connaissances techniques et génétiques des espèces actuelles, voire ancestrales quand c'est possible, peuvent permettre d'espérer des cultures au plus près des besoins des végétaux et favorisant la lutte biologique contre les nuisibles.

À retenir

La domestication des plantes les a rendu dépendantes de l'être humain au sein des agrosystèmes avec des intrants importants. Les connaissances génétiques des espèces cultivées peuvent permettre de limiter les utilisations d'intrants et favoriser la lutte biologique.
L'utilisation des plantes par l'être humain a une très longue histoire, qui va des pratiques empiriques les plus anciennes jusqu'à la mise en œuvre des technologies les plus modernes. L'être humain agit sur le génome des plantes domestiquées et intervient donc sur la biodiversité végétale.

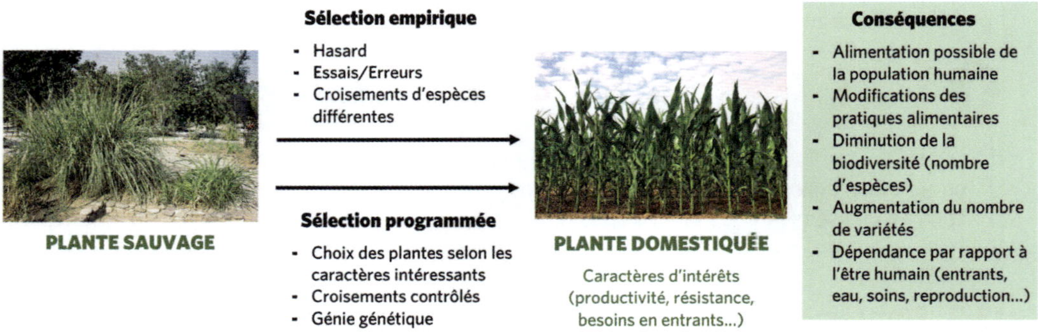

► **Figure 4.11.** De la plante sauvage à la plante domestiquée.

Objectif prépa

La polyploïdisation et les hybridations sont des mécanismes de diversification des génomes. Leur identification permet de reconstituer l'évolution de la biodiversité et les liens de parenté entre organismes.

Conclusion

Les végétaux présentent des particularités en lien avec leur mode de vie fixée : nutrition, reproduction sont deux fonctions impactées par cette vie fixée.
La connaissance et la domestication des végétaux permettent d'alimenter la population humaine tout en maintenant une biodiversité différente de la biodiversité ancestrale.

EXERCICES D'APPLICATION

●○○
10 min.

EXERCICE 1 OGM chez la tomate et réchauffement climatique

Les tomates sont des fruits très appréciés mais dont la tenue dans le temps est faible. Des chercheurs tentent d'allonger le temps avant leur flétrissement en créant une tomate résistante à la déshydratation.

Document 1. Surexpression de gènes chez des mutants de tomate et flétrissement.

On travaille sur la comparaison de l'état de la peau de plusieurs variétés de tomates transgéniques selon les gènes surexprimés (CER1, CER6, WAX2 ou SHN1) par rapport au sauvage (WT). Les fruits sont observés deux semaines après cueillette et stockage à température ambiante.

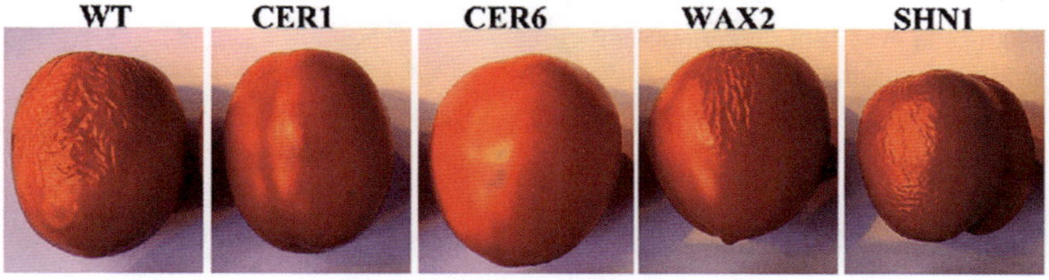

Un gène surexprimé est un gène codant pour une plus grande quantité de protéines que la forme sauvage.

1. Analysez les résultats pour indiquer le rôle des différents gènes étudiés dans la résistance des tomates à la déshydratation.

Document 2. Croissance de plants soumis à une déshydratation.

On réalise des semis de plants sauvages (WT) ou mutants (CER1//CER1, CER6//CER6, CER6//WAX2 ou CER6//SHN1) qu'on laisse pousser 5 jours avant de les soumettre à un stress hydrique pendant 12 jours puis de les réhydrater.

2. À partir des documents 1 et 2, déterminez quel est le meilleur plant transgénique mutant pour produire des tomates résistantes à la déshydratation.

●○○ 15 min.

EXERCICE 2 Croissance de la racine et environnement

Document 1. Protocole expérimental inspiré de l'expérience historique de « la roue de Knight ».

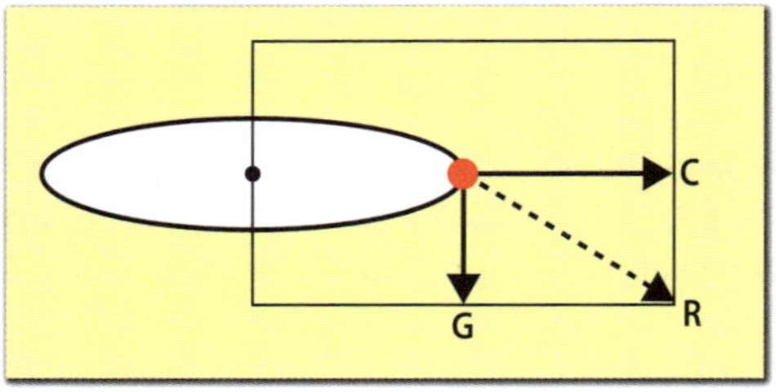

G représente la gravité, C l'accélération centrifuge liée à la rotation du disque.

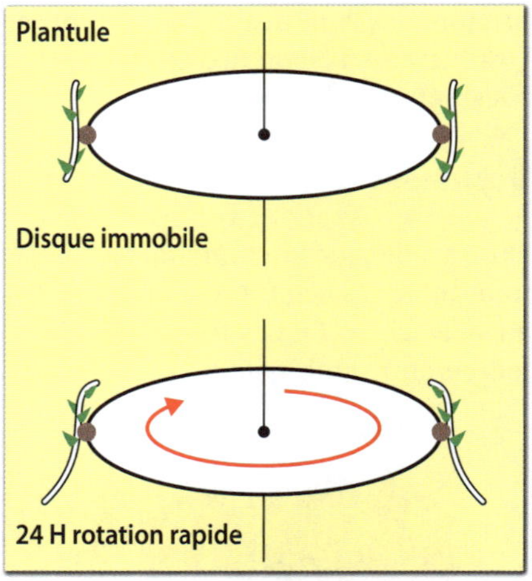

Document 2. Identification de la localisation des récepteurs du gravitropisme dans les racines.

Darwin a étudié le gravitropisme, c'est-à-dire l'orientation de la plante selon le champ de pesanteur.
En 1881, il réalise une expérience chez le maïs (*Zea mays*), plante dont l'extrémité de la racine (coiffe) racinaire se détache du reste de la racine sans entraîner de lésion des tissus du corps racinaire.
Il compare les résultats obtenus sur des graines germées placées à l'horizontale avec ou sans coiffe.

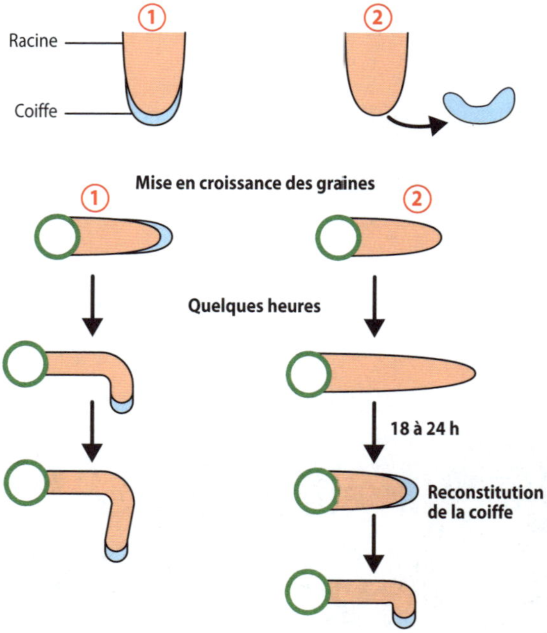

À partir des documents, expliquez l'origine de la mise en place d'un gravitropisme dans les racines et la localisation des récepteurs impliqués.

●●○ 15 min.

EXERCICE 3 Des flux de matière chez les végétaux

Document 1. Mesure de la radioactivité (^{14}C) dans différents organes d'un érable au cours du temps.

On place certaines feuilles dans une atmosphère contenant du carbone radioactif sous forme de $^{14}CO_2$ puis on suit la répartition de la radioactivité dans l'érable.

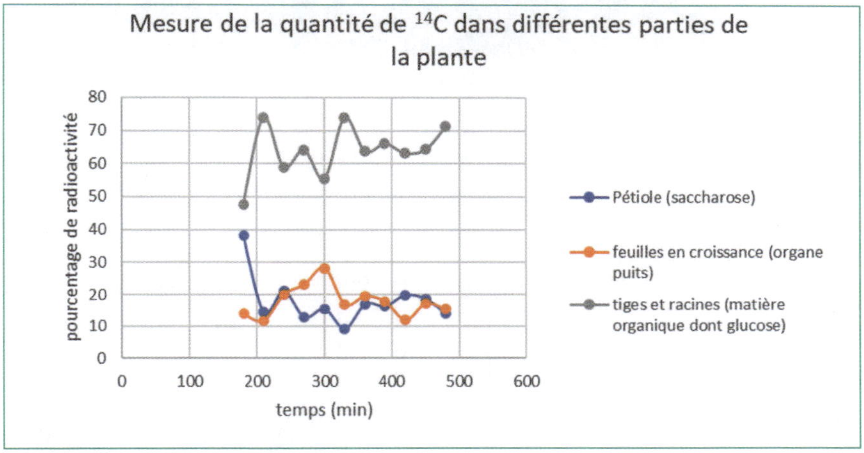

1. Analysez les résultats présentés.

Document 2. Mesure de la radioactivité (^{14}C) dans différents organes végétaux au cours du temps.

On travaille sur un lien possible entre un érable et une petite plante herbacée, l'Érythrone d'Amérique.
On procure du carbone radioactif sous forme de $^{14}CO_2$ chez l'Érythrone d'Amérique, qui forme des mycorhizes avec le même champignon que l'érable dans la région.
On mesure au bout d'une semaine la radioactivité dans les feuilles, les tiges et les racines dans de jeunes érables voisins.

	Feuilles	Tiges	Racines
Répartition de la radioactivité dans l'érable (%)	50,4	27,6	22,0

2. Justifiez qu'il y a des échanges de matière entre les deux espèces végétales étudiées.

●●● 20 min.

EXERCICE 4 Sélection naturelle chez une orchidée : un cas de coévolution ?

On étudie le succès reproducteur et la dépendance à un pollinisateur chez une orchidée alpine (*Gymnadenia rhellicani*) dont il existe 3 couleurs : rouge, rose et blanc. La quantité de pigment est déterminée par la forme allélique du gène ANS. L'allèle ANS1 permet une forte synthèse de pigment (fleurs rouge sombre), l'allèle ANS2 permet une faible synthèse (fleurs plutôt blanches). Les fleurs roses sont produites par des individus hétérozygotes.

EXERCICES D'APPLICATION

Document 1. Couleurs des fleurs selon leur génotype.

ANS1//ANS1	ANS1//ANS2	ANS2//ANS2

Document 2. Capacité de reproduction selon la couleur de la fleur et nombre de visites des fleurs selon la couleur et le type de pollinisateur (papillon ou abeilles).

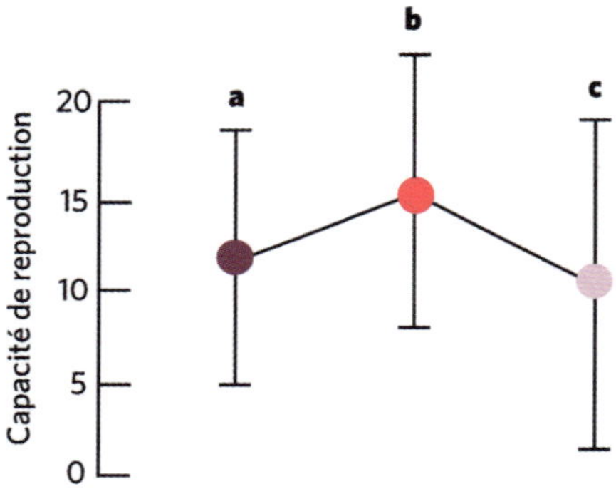

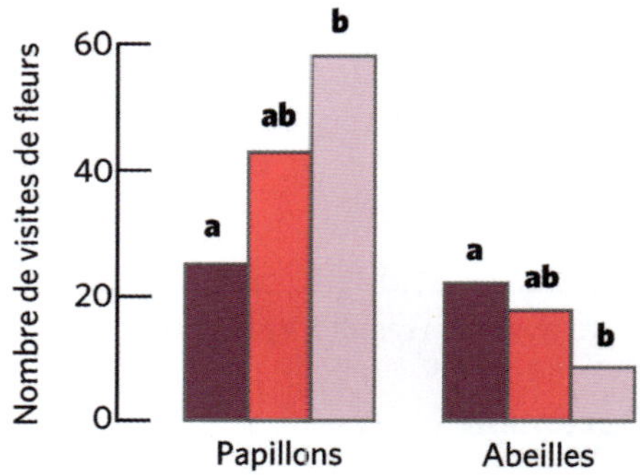

Des lettres différentes indiquent des différences significatives entre les résultats présentés. Dans le cas de ab, les résultats ne sont différents ni de a ni de b.

1. Expliquez comment les trois couleurs peuvent coexister dans la nature.

2. Discutez si ces résultats montrent ou non une coévolution plante/pollinisateur.

+ D'EXERCICES OFFERTS EN LIGNE

lienmini.fr/40836-EXOS

→ **Retrouvez, offerts en ligne, des exercices supplémentaires pour perfectionner votre entraînement.**

●●● 30 min. **EXERCICE** **Des flux de matériaux chez les végétaux**

CORRIGÉS DÉTAILLÉS

QCM D'AUTO-ÉVALUATION

1. b et d — **2.** a et b — **3.** d — **4.** a, b et c — **5.** b et c — **6.** c et d — **7.** c et d.

EXERCICE 1

1. Au moment de la cueillette, les tomates sont toutes identiques. On observe que les tomates mutantes CER6 et CER1 (dans une moindre mesure) ont la peau moins flétrie que le témoin. Ces deux gènes favorisent donc une diminution de la déshydratation. En effet, une peau bien hydratée sera lisse alors que si le fruit manque d'eau, la peau sera moins tendue, flétrie. Les mutants WAX2 et SHIN1 produisent des tomates plus flétries que CER6 ou CER1 face à la résistance à la sécheresse, mais les tomates sont moins déshydratées que celles des plants sauvages donc ces gènes favorisent, dans une moindre mesure que CER6 et CER1, la résistance à la déshydratation.

2. Après 5 jours de croissance, tous les plants sont identiques. Après 12 jours de stress hydrique, le plant sauvage est beaucoup moins développé que les plants mutants. Les plants les plus développés sont les mutants CER1//CER1 et CER//CER6. Comme les résultats sont les mêmes pour les tomates, il s'avère que la surexpression des gènes CER1 ou CER6 favorisent la résistance au stress hydrique sur l'ensemble de la plante. Les plants transgéniques qui surexpriment ces 2 gènes sont donc de bons candidats comme plants résistants à la sécheresse.

EXERCICE 2

On constate (document 1) que la rotation du plateau entraîne une croissance orientée des tiges vers l'intérieur du plateau et des racines vers l'extérieur. La rotation entraînant une force centrifuge qui modifie la gravité apparemment subie par les plantules, la gravité est donc un facteur à l'origine du gravitropisme.
On constate (document 2) qu'en absence de coiffe la racine pousse de manière horizontale, ce qui signifie qu'il n'y a pas de gravitropisme. Si on laisse le temps à la coiffe de se reformer, la racine retrouve un gravitropisme. Donc la coiffe est responsable de la mise en place du gravitropisme, soit en tant que détecteur, soit en tant qu'effecteur qui contrôle la croissance.

EXERCICE 3

1. Les produits de la photosynthèse sont mesurés au bout de 100 minutes dans les pétioles des feuilles (la feuille étant l'organe clef de la photosynthèse). Il y a ensuite une baisse de la radioactivité dans ces limbes et une hausse dans les feuilles en croissance. Une grande part de la matière organique produite se retrouve dans les tiges et les racines. Il existe donc un transfert de la matière organique synthétisée des organes sources (ici la feuille) vers les organes puits (feuille en croissance, tige et racine).

2. On voit que le $^{14}CO_2$ a été procuré à l'érythrone d'Amérique pourtant on retrouve de la radioactivité dans l'érable voisin (50,4 % de la radioactivité passée dans l'érable se retrouve dans ses feuilles par exemple). Il existe donc un système de transfert de la matière organique synthétisée de l'érythrone vers l'érable. Comme ces deux plantes forment des mycorhizes avec le même champignon, on peut supposer que le transfert de matière organique entre plantes est possible par l'intermédiaire des mycorhizes. Le carbone intégré *via* le réseau racinaire est alors utilisé dans la fabrication de biomasse chez l'érable. Le fait que de la radioactivité soit mesurée aussi bien dans les tiges et les feuilles que dans les racines montre qu'il y a un transfert de matière organique reçu par le champignon à l'ensemble de la plante depuis les racines, probablement *via* les sèves.

EXERCICE 4

1. On constate (document 2) que les trois types de fleurs permettent à la plante de se reproduire. Les fleurs rouges et blanches correspondent à des plants homozygotes, tandis que les fleurs roses sont hétérozygotes. Or, les plantes à fleurs roses produisent plus de graines et ont plus de descendants que les autres phénotypes. Selon les croisements, ces fleurs roses peuvent avoir des descendants avec des fleurs des trois couleurs possibles. Ainsi, lors de la reproduction, elles peuvent donner les 3 types de fleurs selon les croisements induits par les pollinisateurs (voir tableau page suivante) :

	(ANS1//ANS1)	**(ANS2//ANS2)**	**(ANS1//ANS2)**
(ANS1//ANS1)	(ANS1//ANS1)	(ANS1//ANS2)	(ANS1//ANS1) (ANS1//ANS2)
(ANS2//ANS2)	(ANS1//ANS2)	(ANS2//ANS2)	(ANS2//ANS2) (ANS1//ANS2)
(ANS1//ANS2)	(ANS1//ANS1) (ANS1//ANS2)	(ANS2//ANS2) (ANS1//ANS2)	(ANS1//ANS1) (ANS2//ANS2) (ANS1//ANS2)

Les pollinisateurs semblent préférer soit les fleurs blanches (papillons) soit les fleurs rouges (abeilles), mais nous n'avons pas d'indications sur le nombre de papillons ou d'abeilles venant visiter ces fleurs. De même, les visites ne sont pas exclusives, les papillons visitant également des fleurs rouges.
On constate (document 2) que ce sont les fleurs roses qui ont un meilleur succès reproducteur : les fleurs roses sont plus souvent visitées que les autres.

2. Une coévolution sous-entend une évolution parallèle de deux espèces soit ici une fleur avec son pollinisateur. Ainsi, il faudrait qu'un pollinisateur exerce une pression de sélection sur les plantes étudiées en butinant préférentiellement un type de fleur et, qu'en retour, un type de fleur favorise le succès reproducteur du pollinisateur étudié. Or, il existe ici au moins deux familles de cette fleur avec des préférences différentes, ce qui favorise un maintien de la diversité des phénotypes chez cette fleur. On peut parler de préférence des pollinisateurs et de pression de sélection pour la plante, mais pas de coévolution ici.

CHAPITRE 5
La reproduction des organismes

Plan du chapitre

Les modalités de reproduction dépendent des organismes et des conditions du milieu dans lequel ils évoluent. Le mode de reproduction choisi a des conséquences à la fois génétiques et écologiques. Des facteurs internes et externes peuvent contrôler la reproduction.

Objectifs et compétences

Ce que j'ai vu au lycée	Ce que je vais apprendre en prépa
• SECONDE La reproduction peut être sexuée ou asexuée. Le fonctionnement de l'appareil reproducteur des mammifères repose sur un dispositif neuroendocrinien faisant intervenir l'hypothalamus, l'hypophyse et les organes sexuels.	• La reproduction, sexuée ou asexuée, permet la multiplication des individus. • L'appareil reproducteur des animaux est le lieu de production des gamètes et de sécrétion d'hormones. C'est également le lieu de la fécondation et de la gestation dans l'organisme maternel.
• TERMINALE SPÉ La reproduction sexuée forme des génomes individuels et contribue à la diversification du vivant.	• La reproduction sexuée est un processus diversificatoire et conservateur.

AUTO-ÉVALUATION

► *Évaluez-vous en répondant à la série de questions ci-dessous. Plusieurs bonnes réponses sont possibles.*

QCM INTERACTIFS
lienmini.fr/40836-5

1. La méiose :
☐ **a.** permet une reproduction conforme ;
☐ **b.** est à l'origine de clones ;
☐ **c.** comporte deux divisions successives;
☐ **d.** fait directement suite à la fécondation.

2. Les hormones :
☐ **a.** sont des cellules ;
☐ **b.** peuvent modifier un comportement ;
☐ **c.** n'existent que chez les animaux ;
☐ **d.** peuvent induire la mise en place de caractères sexuels.

3. La reproduction asexuée :
☐ **a.** permet une colonisation rapide du milieu ;
☐ **b.** produit des clones ;
☐ **c.** n'existe que chez les végétaux ;
☐ **d.** présente un avantage lorsque les conditions du milieu sont défavorables.

4. La photo de production de grains de pollen ci-dessous représente :

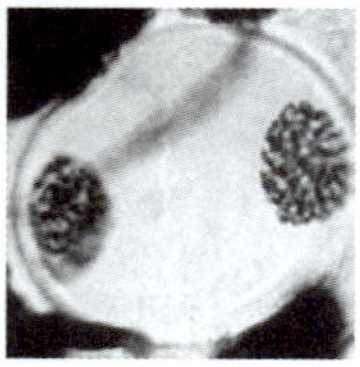

☐ **a.** une métaphase I ;
☐ **b.** une télophase I ;
☐ **c.** une anaphase II ;
☐ **d.** une prophase I.

5. Une cellule haploïde :
☐ **a.** contient toujours 2n = 4 chromosomes ;
☐ **b.** peut être un gamète ;
☐ **c.** ne contient qu'un exemplaire de chaque chromosome ;
☐ **d.** contient des chromosomes à une seule chromatide.

6. La fécondation :
☐ **a.** nécessite la rencontre de partenaires ;
☐ **b.** permet de créer de la diversité ;
☐ **c.** n'est possible que chez des organismes mobiles ;
☐ **d.** correspond à la rencontre de deux gamètes.

7. La contraception :
☐ **a.** permet de contrôler la fécondation ;
☐ **b.** permet de contrôler les rapports sexuels ;
☐ **c.** permet de contrôler l'ovulation ;
☐ **d.** permet de contrôler la production de spermatozoïdes.

8. Les brassages génétiques :
☐ **a.** peuvent créer de la diversité ;
☐ **b.** peuvent être dus à des échanges de portions de chromosomes ;
☐ **c.** ne se produisent qu'à la fécondation ;
☐ **d.** peuvent correspondre au brassage interchromosomique.

► ***Corrigés p. 108***

SYNTHÈSE DE COURS

1 Les modalités de la reproduction

Les êtres vivants se reproduisent avec des modalités différentes selon l'organisme étudié ou parfois selon des conditions du milieu.

1.1. La reproduction sexuée

► La production des gamètes

La méiose est une succession de 2 divisions aboutissant, à partir d'une cellule diploïde, à la formation de 4 cellules filles haploïdes. (*cf.* chapitre 2). Les gamètes sont des cellules haploïdes dont la production commence lorsque l'organisme a atteint une maturité sexuelle. Cette dernière correspond à la floraison chez les plantes à fleurs et à la puberté chez les animaux. Elle peut être plus longue chez les animaux.

► Le rapprochement des gamètes

La reproduction sexuée nécessite un rapprochement des gamètes à un moment donné du cycle de reproduction.

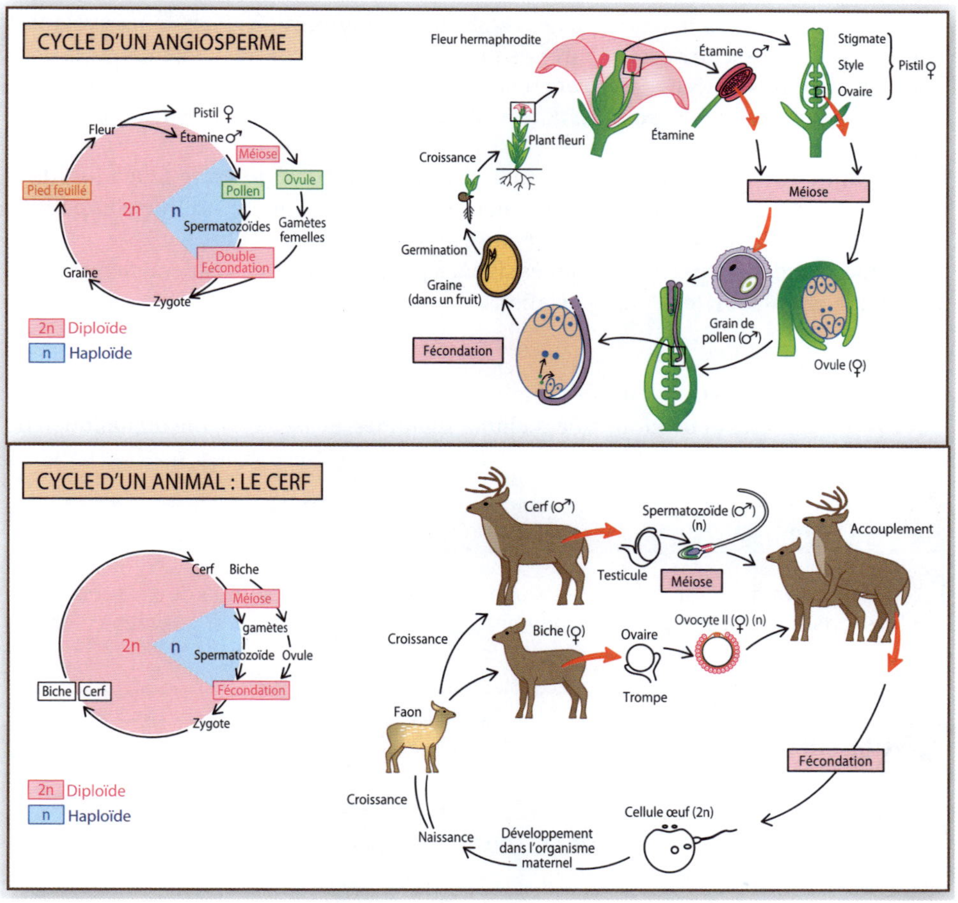

► **Figure 5.1.** Les cycles de reproduction d'une Angiosperme et d'un Mammifère.

Divers mécanismes de communication permettent ce rapprochement.

Chez les animaux, organismes mobiles, les individus sont attirés les uns vers les autres *via* une communication chimique (phéromones captées sur de longues distances).

Chez certaines espèces, il existe une parade nuptiale faisant intervenir des facteurs sonores (chant, rugissement...) ou visuels (roue du Paon, couleurs des plumages, crinière...). Les mâles et les femelles présentant souvent un dimorphisme sexuel dans ce cas.

Il s'agit d'une communication interindividuelle induisant des comportements d'attraction et contribuant à la sélection naturelle (choix du partenaire).

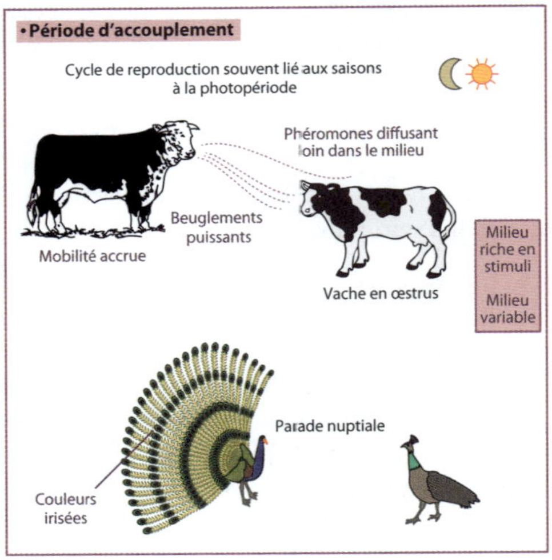

► **Figure 5.2.** Des modes de communication permettant une sélection sexuelle.

Chez les Angiospermes, organismes immobiles, le rapprochement des gamètes peut faire intervenir des pollinisateurs, attirés par les plantes notamment grâce à des outils de communications (substances volatiles, couleurs) mais aussi du nectar, source de nutriments. La rencontre des gamètes est favorisée chez d'autres espèces par le vent ou l'eau. Les grains de pollen présentent des adaptations liées au mode de pollinisation (vent, insectes) et favorisant leur déplacement selon le mode de dispersion.

Le rencontre des partenaires repose donc sur une collaboration entre individus, de la même espèce ou d'espèces différentes, mais aussi éventuellement sur une compétition entre individus du même sexe, souvent entre mâles.

Des difficultés dans la perception de ces signaux peut conduire à un isolement reproducteur d'une population (et à une spéciation).

► La fécondation

La fécondation est l'étape suivant la rencontre des gamètes. Elle permet la fusion des noyaux des gamètes et le retour à des cellules diploïdes, et est à l'origine du maintien du caryotype à la génération suivante.

À retenir

Les modalités de la reproduction sexuée reposent sur la production de gamètes haploïdes par méiose et leur rapprochement. La fécondation restaure le caryotype caractéristique de l'espèce.

Objectif prépa

La méiose ne donne pas toujours directement les gamètes comme chez les Mammifères mais des structures haploïdes à l'origine des gamètes comme le grain de pollen chez les Angiospermes.

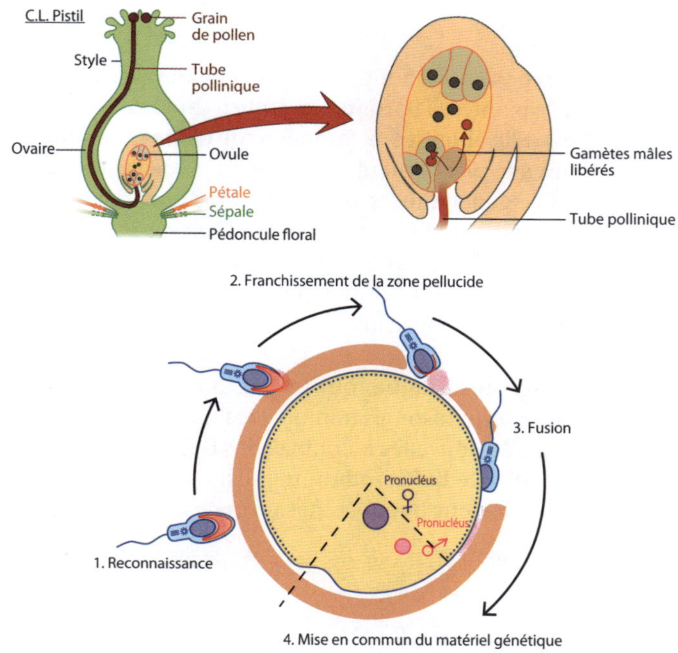

► **Figure 5.3.** La fécondation chez les Angiospermes et les Mammifères.

1.2. La reproduction asexuée

La reproduction asexuée fait intervenir un seul individu qui développe un nouvel individu à partir d'une partie de lui-même. Parfois, des structures spécialisées permettent cette reproduction végétative, comme les bulbes chez les tulipes ou les tubercules des pommes de terre. Ce sont donc des clones obtenus par mitose qui vont coloniser le milieu. (*cf.* chapitres 2 et 4).
Cette modalité de reproduction est assez fréquente chez les végétaux.

À retenir

La reproduction asexuée repose sur des mitoses et conduit à la formation de clones.

Objectif prépa

La capacité d'un organisme à se reproduire de manière asexuée s'appuie sur l'aptitude des organes à accumuler des réserves ou sur la faculté des cellules à se dédifférencier puis, après multiplication, à se redifférencier en cellules spécialisées.

2 Les conséquences liées au mode de reproduction

Selon le mode de reproduction utilisé, la colonisation du milieu et le nombre de descendants peut varier.

2.1. Des conséquences génétiques

La reproduction asexuée repose sur la totipotence des cellules végétales et les capacités de croissance indéfinie des plantes, à partir de presque n'importe quelle partie du végétal (tiges, racines, feuilles). Elle aboutit à la formation de clones, c'est-à-dire d'individus génétiquement identiques à la plante mère. Ainsi, ce mode de reproduction ne permet pas de création de variabilité génétique, en dehors de rares mutations.

La reproduction sexuée repose sur la formation de gamètes *via* la méiose. Au cours des deux phases de division, des brassages génétiques peuvent avoir lieu :

- un **brassage interchromosomique,** qui repose sur le fait que les paires de chromosomes homologues se répartissent au hasard dans les cellules filles en fin de première division ;
- un **brassage intrachromosomique**, qui repose sur l'existence de crossing-over entre les chromatides de chromosomes homologues menant à l'échange de portions de chromatides et créant de nouvelles combinaisons d'allèles ;
- un **brassage au moment de la fécondation**, puisqu'il y a rencontre au hasard de deux gamètes provenant de deux phénomènes de méiose indépendants.

BRASSAGES DES ALLÈLES AU COURS DE LA MÉIOSE ET DE LA FÉCONDATION

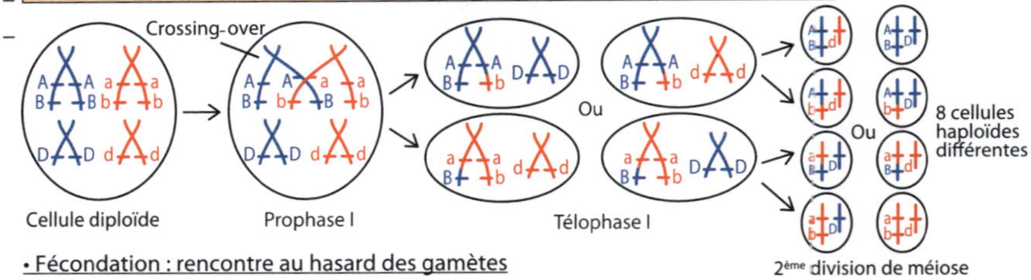

• Fécondation : rencontre au hasard des gamètes

Génotype gamète \ Génotype gamète	(AB, d)	(Ab, d)	(aB, D)	(ab, D)
(AB, d)	(AB/AB, d/d)	(Ab/AB, d/d)	(aB/AB, D/d)	(ab/AB, D/d)
(Ab, d)	(AB/Ab, d/d)	(Ab/Ab, d/d)	(aB/Ab, D/d)	(ab/Ab, D/d)
(AB, D)	(AB/AB, d/D)	(Ab/AB, d/D)	(aB/AB, D/D)	(ab/AB, D/D)
(ab, D)	(AB/ab, d/D)	(Ab/ab, d/D)	(aB/ab, D/D)	(ab/ab, D/D)

Exemple d'échiquier de croisement

16 cellules filles diploïdes différentes

► **Figure 5.4.** Les conséquences génétiques de la méiose et de la fécondation.

Chez les Angiospermes, il existe des mécanismes permettant de limiter l'autofécondation, ne créant pas de diversité génétique, au profit d'une fécondation croisée, à l'origine d'une variabilité génétique (*cf.* chapitre 4). Ceci renforce la diversité des combinaisons alléliques qui peut exister, car cela s'ajoute aux brassages génétiques induits par la méiose et la fécondation.

À retenir

Alors que la reproduction asexuée produit des clones sans variabilité génétique, la reproduction sexuée, dans la majorité des cas, crée de la diversité génétique.

2.2. Des conséquences sur la vitesse de colonisation du milieu

La reproduction sexuée repose sur des phénomènes plutôt longs (production des gamètes, rencontre des partenaires, fécondation, gestation). La colonisation du milieu est donc relativement lente.
Elle peut reposer sur une coopération avec d'autres espèces ou des paramètres abiotiques, en particulier chez les végétaux (organismes disperseurs, vent, eau...), souvent fruit d'une coévolution.
La reproduction asexuée repose sur un cycle rapide dans des conditions favorables. Une partie de l'organisme redonne un organisme entier capable d'être autonome rapidement.

À retenir

Selon le mode de reproduction, la vitesse de colonisation du milieu est plus ou moins rapide : cycle long pour la reproduction sexuée, et rapide pour la reproduction asexuée.

2.3. Des conséquences sur la zone de colonisation du milieu

Selon les organismes, les nouveaux individus vont occuper le même milieu que les parents (troupeaux, reproduction asexuée par exemple) ou, au contraire, coloniser des milieux très éloignés limitant ainsi la compétition entre individus (graines disséminées par le vent ou des animaux migrateurs par exemple).
Le temps nécessaire à la colonisation d'un nouvel espace dépend du mode de reproduction : la reproduction asexuée peut être quasi continue dès que l'organisme parent est en capacité de le faire et que les ressources permettant sa croissance sont disponibles. Il s'agit donc d'un mode de reproduction relativement rapide et continu.
En revanche, lors d'une reproduction par voie sexuée, le nouvel individu n'atteint sa maturité sexuelle qu'après une phase de croissance plus ou moins longue. Le nombre de descendant n'est pas toujours très important selon les espèces (éléphants : 1 individu tous les 2 ans pour une femelle dans de bonnes conditions). Il s'agit donc d'un mode de reproduction relativement lent et discontinu.

À retenir

Les zones colonisées par les nouveaux individus sont plus ou moins vastes selon le mode de dispersion de l'espèce étudiée. La durée de mise en place d'une nouvelle génération adulte est plus ou moins rapide et continue.

Objectif prépa

Le nombre moyen de descendants obtenus a des conséquences en dynamique des populations. Cette dynamique des populations peut être modélisée, ce qui permet de comprendre l'abondance d'une espèce dans un écosystème.
Sur le long terme, les reproductions sexuée et asexuée ont des incidences sur le succès reproducteur des organismes, ce qui entraîne une survie plus ou moins grande selon les pressions de sélection exercées par le milieu et les autres espèces.

3 Un contrôle de la reproduction

3.1. Un contrôle par des facteurs internes

Un certain nombre d'hormones interviennent dans le cycle de reproduction, notamment chez l'être humain. Le fonctionnement de l'appareil reproducteur met en jeu une boucle neuroendocrinienne faisant intervenir l'axe hypothalamo-hypophysaire dans le cerveau en lien avec les organes reproducteurs.
La mise en place des organes reproducteurs, les changements observés à la puberté et le fonctionnement de ces organes sont sous l'influence de la génétique et de l'action des hormones en lien avec certaines zones du cerveau.
Il existe des rétrocontrôles entre les organes reproducteurs et l'axe hypothalamo-hypophysaire permettant une activité cyclique, en particulier chez la femme.

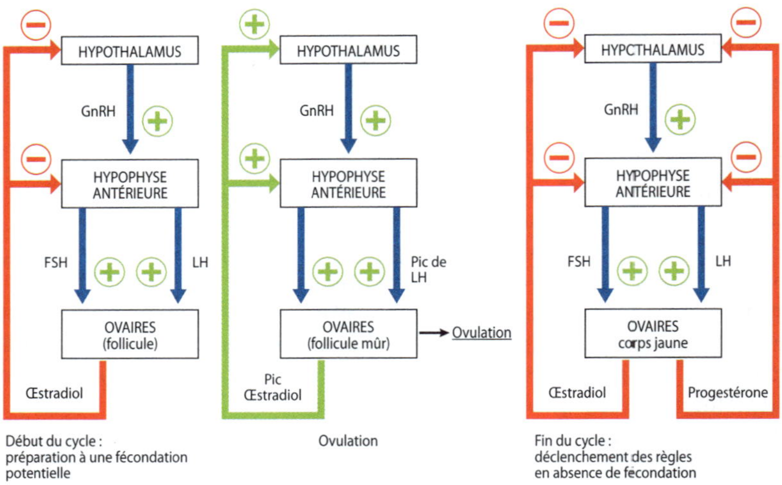

► **Figure 5.5.** Le contrôle du cycle des organes reproducteurs chez la femme.

Les connaissances sur le contrôle de la production des gamètes, en particulier *via* les hormones au cours du cycle, permettent de mettre en place des systèmes de contraception ou d'aider à la procréation.

À retenir

La reproduction sexuée est contrôlée par des hormones variées en lien avec l'axe hypothalamo-hypophysaire. Les connaissances sur le fonctionnement des appareils reproducteurs permettent de contrôler la procréation (aide à la procréation ou contraception).

3.2. Un contrôle par des facteurs externes

La reproduction est sous l'influence des facteurs du milieu. La température ou la luminosité peuvent influer sur les phénomènes de reproduction. Le printemps est souvent le théâtre de scènes de parades nuptiales ou de floraisons sous nos latitudes.
Ainsi, les saisons ou la photopériode peuvent influencer les comportements de reproduction par exemple.

Un environnement favorable peut faciliter la reproduction asexuée qui permet une colonisation très rapide d'un milieu stable.
La reproduction sexuée avec sa variabilité génétique permet aux nouvelles populations une possibilité d'adaptation plus facile en cas de modification de l'environnement, d'autant plus si cette dernière est brutale.

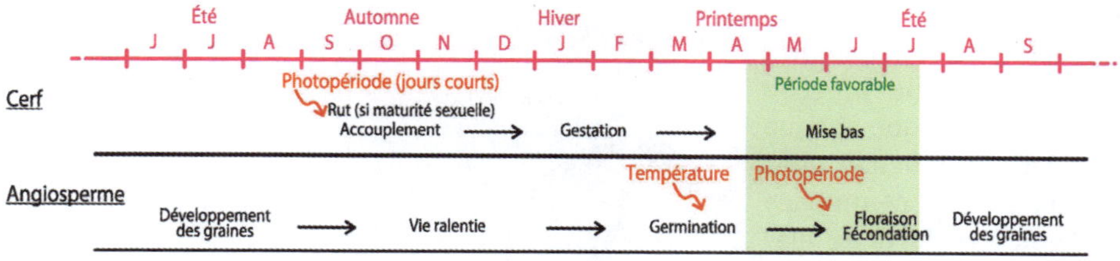

► **Figure 5.6.** L'influence des saisons sur le cycle de reproduction de certaines espèces.

À retenir

Les modes de reproduction sont sous l'influence de facteurs de l'environnement.

Objectif prépa

Certains facteurs de l'environnement, comme la durée du jour, modifient l'expression de certains gènes dans le méristème apical caulinaire des Angiospermes, ce qui déclenche la floraison.

Conclusion

La reproduction permet un accroissement d'une population selon les conditions du milieu et sous le contrôle de facteurs internes en particulier hormonaux.
La reproduction asexuée permet une colonisation rapide du milieu par la production de clones issus de mitoses.
La reproduction sexuée permet une colonisation plus lente du milieu avec une création de diversité au sein de la population, la rendant plus pérenne dans le temps par le biais de la méiose et de la fécondation (brassages).

EXERCICES D'APPLICATION

●○○ 15 min.

EXERCICE 1 La répartition de la couleur des spores chez le champignon *Sordaria macrospora*

Sordaria macrospora est un champignon haploïde : chaque noyau ne possède qu'une copie de chaque gène. La reproduction chez cet organisme commence par la fusion de deux filaments dans une structure nommée périthèce. Cette fécondation est suivie d'une méiose dans des structures nommées asques. Cette méiose, à l'origine d'un agencement orienté des cellules obtenues, est suivie d'une mitose. Les produits de ces deux divisions sont regroupés dans des asques, les cellules étant des ascospores (document 1).

Document 1. La formation des asques chez *Sordaria macrospora*.

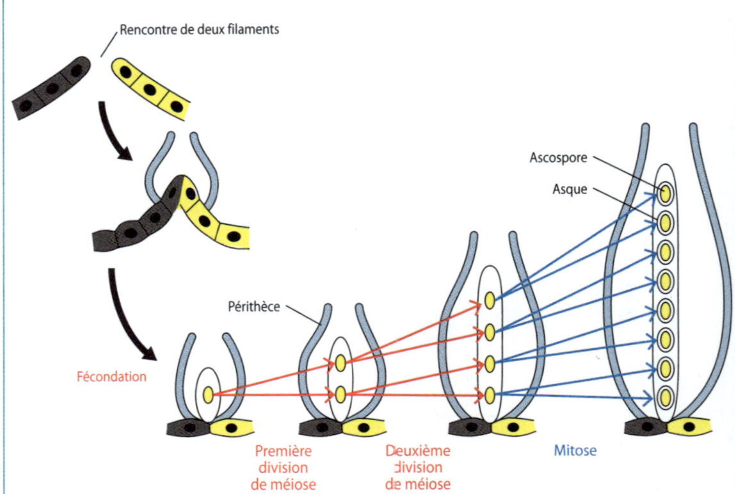

Document 2. La diversité de répartition des ascospores à l'issue d'un croisement entre une lignée non pigmentée et une lignée pigmentée chez *Sordaria macrospora*.

L'étude des asques suite à la fécondation d'un individu à filament pigmenté avec un individu non pigmenté montre la formation de 6 types d'asques différents (document 2). La couleur des spores est ici déterminée par un seul gène qui existe sous deux formes alléliques : n pour une spore pigmentée et j pour une spore non pigmentée.

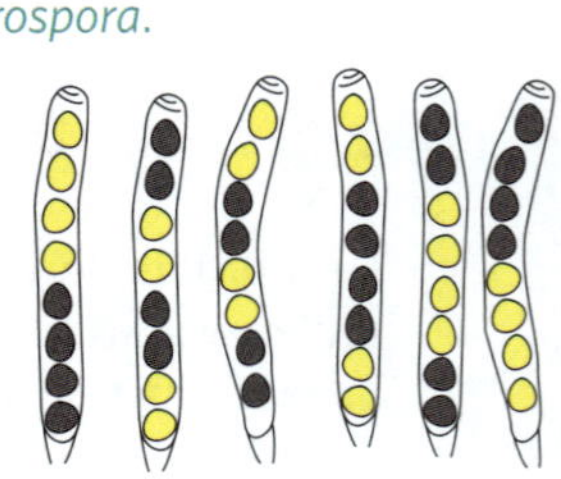

À partir de schémas des différentes étapes de la méiose, expliquez la répartition des spores dans les asques.

●●○ 15 min.

EXERCICE 2 Les conséquences génétiques d'un croisement chez les tomates

Document. Les deux gènes étudiés et les morphologies des fruits associées.

Afin d'améliorer les qualités nutritives de certaines tomates, une équipe d'ingénieur étudie le croisement entre une lignée à gros fruits mais avec peu de loges et donc peu de chair et une lignée à fruit allongé mais avec davantage de loges et donc plus de chairs.
La forme de la tomate est gouvernée par un gène O existant sous deux formes alléliques : l'allèle O est à l'origine d'une forme ronde alors que l'allèle o est à l'origine d'une forme allongée.

Le nombre de loges est déterminé par le gène LC qui existe sous deux formes alléliques : l'allèle Lc entraîne la formation de deux loges tandis que l'allèle lc entraîne la formation de plusieurs loges.
Les ingénieurs croisent une variété pure P1 (donc homozygote pour les gènes étudiés) de pieds de tomate donnant des fruits ronds à 2 loges avec une variété pure P2 de pieds de tomate donnant des fruits allongés à nombreuses loges. Tous les descendants (nommés F1) produisent des fruits ronds à 2 loges.
Le croisement entre un individu F1 avec un individu P2 donne les résultats suivants :

- 352 pieds à fruits ronds et à 2 loges ;
- 345 pieds à fruits allongés et à nombreuses loges ;
- 151 pieds à fruits ronds et à nombreuses loges ;
- 144 pieds à fruits allongés et à 2 loges.

1. À partir des résultats de la F1, indiquez les allèles dominants et récessifs pour chaque gène.

2. Expliquez les proportions obtenues de chaque phénotype en réalisant un échiquier de croisement.

3. Justifiez à partir de ces résultats que la reproduction sexuée est source de diversification des génomes.

●●○ 20 min.

EXERCICE 3 L'attraction de pollinisateurs chez des orchidées du genre *Ophrys*

Les orchidées *Ophrys speculum* sont pollinisées exclusivement par des guêpes *Campsoscolia ciliata*. Au début des années 2000, deux équipes de chercheurs ont étudié l'origine de cette spécificité.
Une première étude s'est intéressée à l'attirance de guêpes mâles par des guêpes femelles vierges, soit dans une zone ne contenant pas d'orchidée du genre *Ophrys*, soit dans une zone avec 5 ou 10 orchidées plantées. Le nombre de tentatives d'accouplement des mâles avec les femelles a été déterminé sur 30 minutes.

Document 1. Effet de la présence d'orchidée sur l'attirance des guêpes mâles par les femelles. Les barres représentent les écarts-types par rapport à la moyenne.

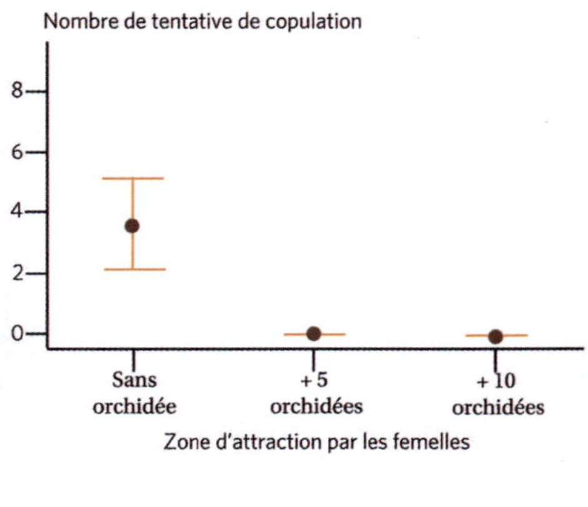

Pour tester différentes hypothèses, les chercheurs mettent des guêpes mâles en contact soit de femelles vierges fraîchement tuées, soit de fleurs, soit de fausses guêpes femelles enduites d'extraits soit de cuticule de guêpe femelle, de tête de guêpe ou de pétales d'orchidées (document 2).

Document 2. Mesure de l'attractivité de mâles de *Campsoscolia ciliata* par différents facteurs visuels et chimiques. Les astérisques indiquent que les différences entre le témoin et le résultat étudié sont significatives.

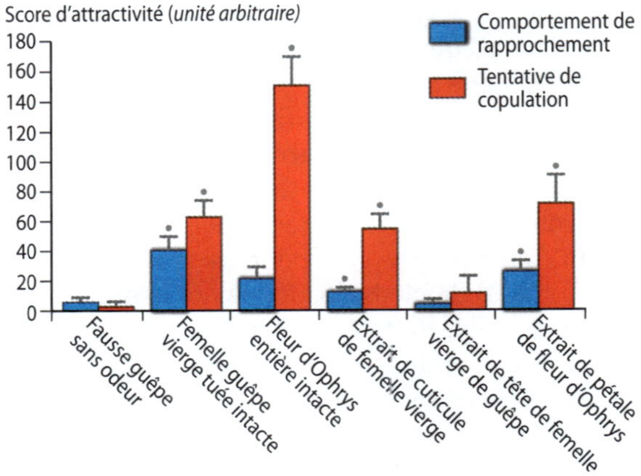

1. Analysez le document 1 et proposez des hypothèses explicatives aux résultats obtenus.

2. Analysez le document 2 pour en déduire ce qui est à l'origine de la pollinisation de la fleur d'orchidée par les guêpes.

●●○ 30 min.

EXERCICE 4 Le rôle de l'environnement dans le déclenchement de la floraison

Des plantes non fleuries sont exposées à des durées d'éclairement variables sur 24 heures pendant plusieurs jours, parfois avec une interruption de la période à l'obscurité par une brève exposition à la lumière. Les conséquences sur la floraison sont alors observées.

Document 1. Floraison ou non de chrysanthèmes et de lys selon la durée d'éclairement.

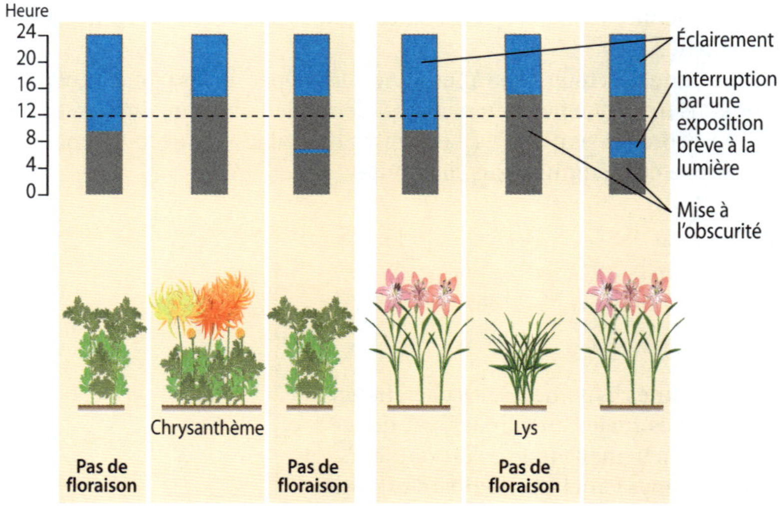

1. Analysez le document 1 pour déterminer les paramètres qui contrôlent la floraison.

Des plants de chrysanthèmes non fleuris sont soumis à un protocole similaire au document précédent sauf que l'interruption de la phase d'exposition à l'obscurité est réalisée avec un éclairage dans le rouge clair (R) ou dans le rouge sombre (FR).

Document 2. Floraison de chrysanthèmes en fonction de la nature de l'éclairement dans la phase d'obscurité prolongée.

Les rapports des radiations rouge clair et rouge sombre ont été mesurés dans différents milieux à différents moments (document 3).

Document 3. Rayonnement dans quelques milieux à différents moments de la journée.

Lieu et moment de mesure	Densité de photons ($\mu mol.m^{-2}.s^{-1}$)	Rapport R/FR
Praire en journée	1900	1,19
Prairie au crépuscule	26,5	0,96
Prairie au clair de lune	0,005	0,94
Journée au cœur d'une forêt dense équatoriale	17,7	0,13
Dans un sol nu en journée à 5 millimètres de profondeur	8,6	0,88

2. Analysez les résultats et expliquez en quoi ils complètent ceux du document 1.

3. Mettez en relation les données des documents 2 et 3 pour expliquer l'effet des radiations rouge clair et rouge sombre.

4. Résumez, pour finir, les paramètres qui contrôlent la floraison chez les Angiospermes.

+ D'EXERCICES OFFERTS EN LIGNE

lienmini.fr/40836-EXOS

→ **Retrouvez, offerts en ligne, des exercices supplémentaires pour perfectionner votre entraînement.**

●●● 15 min. EXERCICE **L'apparition de nouvelles espèces végétales**

CORRIGÉS DÉTAILLÉS

QCM D'AUTO-ÉVALUATION

1. c — 2. b et d — 3. a et b — 4. b — 5. b et c — 6. b — 7. a et c — 8. a, b et d.

EXERCICE 1

La répartition de la couleur des psores dans les asques s'explique par la répartition des chromosomes au cours de la méiose. En absence de brassages génétiques, la répartition attendue est 4 spores pigmentées suivies de 4 spores non pigmentées ou inversement.

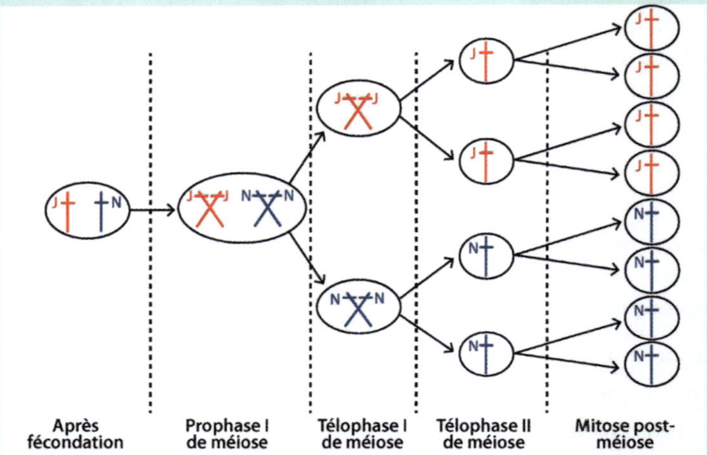

Explication de la répartition des spores en absence de brassage génétique.

En revanche, il peut y avoir un crossing-over lors de la première division de méiose, ce qui entraîne un brassage génétique et une répartition de type 2/4/2 ou 2/2/2/2.

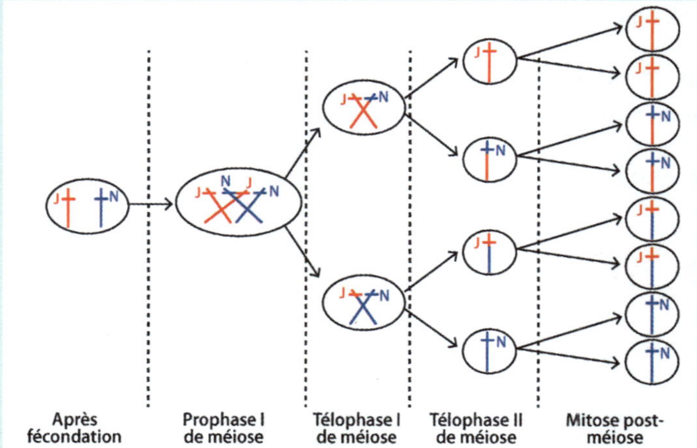

Explication de la répartition des spores à la suite d'un crossing-over.

Ainsi, le crossing-over représenté est à l'origine d'une répartition 2/2/2/2 avec alternance de spores pigmentées et de spores non pigmentées. En cas de répartition inverse des chromatides lors de la deuxième division de méiose, il y aura alors une répartition 2/4/2.

EXERCICE 2

1. Les lignées parentales étant pures, les individus de F2 sont hétérozygotes pour les gènes étudiés car ils reçoivent un seul allèle possible de chaque parent. Comme les individus de F1 produisent des fruits ronds à 2 loges, l'allèle O est dominant sur o et l'allèle Lc est dominant sur lc.

2. L'étude concerne la transmission de 2 gènes. Soit ils sont indépendants, donc portés par des chromosomes différents, soit ils sont liés donc présents sur le même chromosome.

Supposons que les gènes sont indépendants. La lignée parentale P1 a donc pour génotype (O//O ; Lc//Lc) et la lignée P2 a pour génotype (o//o ; lc//lc). Les individus F1, hétérozygotes, ont donc pour génotype (O//o ; Lc//lc). Le croisement entre un individu F1 et une plante de la lignée P2 aboutit à l'échiquier de croisement suivant ci-contre (haut). Les gamètes étant obtenues de manière équiprobable, il devrait donc y avoir la même proportion des 4 phénotypes, or les phénotypes similaires aux phénotypes parentaux sont majoritaires. Les deux gènes ne sont donc pas indépendants mais liés. La présence de phénotypes parentaux majoritaires s'explique par des crossing-overs lors de la formation des gamètes à l'origine de nouvelles combinaisons alléliques minoritaires.

Gamètes de F1 / Gamètes de P2	$\left(\frac{O}{-},\frac{Lc}{-}\right)$	$\left(\frac{O}{-},\frac{lc}{-}\right)$	$\left(\frac{o}{-},\frac{Lc}{-}\right)$	$\left(\frac{o}{-},\frac{lc}{-}\right)$
$\left(\frac{o}{-},\frac{lc}{-}\right)$	$\left(\frac{O}{o},\frac{Lc}{lc}\right)$	$\left(\frac{O}{o},\frac{lc}{lc}\right)$	$\left(\frac{o}{o},\frac{Lc}{lc}\right)$	$\left(\frac{o}{o},\frac{lc}{lc}\right)$

Résultats de l'échiquier de croisement entre la lignée F1 et P2 dans le cas de gènes indépendants.

Gamètes parentaux majoritaires — Gamètes recombinés minoritaires

Gamètes de F1 / Gamètes de P2	$\left(\frac{O, Lc}{\quad}\right)$	$\left(\frac{O, lc}{\quad}\right)$	$\left(\frac{o, Lc}{\quad}\right)$	$\left(\frac{o, lc}{\quad}\right)$
$\left(\frac{o, lc}{\quad}\right)$	$\left(\frac{O, Lc}{o, lc}\right)$	$\left(\frac{O, lc}{o, lc}\right)$	$\left(\frac{o, Lc}{o, lc}\right)$	$\left(\frac{o, lc}{o, lc}\right)$

Phénotypes parentaux majoritaires — Phénotypes recombinés minoritaires

Résultats de l'échiquier de croisement entre la lignée F1 et P2 dans le cas de gènes liés avec crossing-over.

3. Les résultats de ces croisements montrent la formation de nouveaux génotypes qui n'existaient pas chez les parents. Les échiquiers de croisement ont permis de montrer que cela était la conséquence de brassages génétiques au cours de la méiose et de la rencontre aléatoire des gamètes. La reproduction sexuée est donc source de diversification des génomes en créant des combinaisons alléliques qui n'existent pas chez les parents.

EXERCICE 3

1. La présence d'orchidées empêche le rapprochement des guêpes femelles par les mâles, qu'il y ait 5 ou 10 fleurs dans la zone. Les orchidées sont donc capables de perturber la reproduction chez cette guêpe. Cette perturbation peut soit résulter de signaux qui empêchent les femelles d'attirer les mâles, soit parce que les fleurs émettent des signaux qui attirent davantage les guêpes mâles que les signaux émis par les guêpes femelles. Il faudrait voir si les guêpes mâles vont butiner les orchidées par exemple pendant cette expérience.

2. Si les femelles fraîchement tuées sont capables d'attirer les guêpes mâles, ce n'est pas le cas des fausses guêpes sans odeur, ce qui montre que les femelles attirent les mâles par des signaux qui ne sont pas visuels, car ce n'est pas la forme qui attire les mâles, mais proba-

blement plutôt des substances chimiques. Si l'extrait de tête de guêpe n'attire pas les mâles de manière significative par rapport au témoin, l'ajout d'extrait de cuticule de femelle vierge attire les mâles aussi efficacement qu'en présence de la femelle entière. Ceci montre que les femelles attirent les mâles par émission de substances chimiques émises par la cuticule, ce qui conforte l'hypothèse émise précédemment.
Une fleur entière d'Ophrys a une attraction deux fois supérieure pour les tentatives d'accouplement que les guêpes femelles, ce qui montre que les fleurs d'Ophrys sont capables d'attirer les mâles de manière efficace et ce qui explique l'absence d'attraction par les femelles en présence d'orchidées dans l'expérience précédente. L'extrait de pétales d'Ophrys est aussi efficace que les guêpes femelles vierges, mais deux fois moins efficace pour attirer les guêpes mâles que la fleur entière. Ceci montre qu'il existe bien une attraction par l'émission de substances chimiques par les pétales, donc présentes dans l'extrait de pétale, mais qu'il ne s'agit pas du seul stimulus qui attire les mâles. Peut-être que la forme ou la présence de nectar contribue à cette attraction.
Ainsi, la fleur d'Ophrys est pollinisée exclusivement par les guêpes mâles, car elle est capable de les attirer grâce à des substances émises qui s'apparentent aux moyens de communication utilisés par les femelles pour attirer les mâles. Cette stratégie est couplée à d'autres éléments attractifs des mâles, comme peut-être la forme ou la présence de nectar ou d'autres stimuli.

EXERCICE 4

1. Chez les chrysanthèmes, il n'y a floraison que quand la durée dans l'obscurité dépasse 12 heures sans interruption, il semble donc que ce soit la durée de la nuit qui déclenche la floraison. Chez les Lys, la floraison est déclenchée, au contraire, lorsque la durée de mise à l'obscurité est inférieure à 12 heures consécutives, l'interruption de la période d'obscurité par un éclairement déclenchant la floraison. Ainsi, la durée de la nuit semble contrôler la floraison chez les plantes étudiées. Néanmoins, il y a aussi une origine génétique puisque des plantes d'espèces différentes réagissent différemment au même stimulus.

2. Chez les chrysanthèmes, l'interruption de la période à l'obscurité par un éclairement rouge clair ne déclenche pas la floraison alors que l'interruption par un éclairement dans le rouge sombre déclenche la floraison. De manière générale, la couleur du dernier éclairement dans la période d'interruption déclenche la floraison s'il s'agit de rouge sombre et bloque la floraison s'il s'agit de radiations rouge clair. Ainsi, contrairement à ce que suggère le document 1, ce n'est pas la durée de la nuit qui déclenche la floraison mais la perception de radiations rouge sombre. Ceci peut paraître surprenant car, à l'obscurité, il n'y a pas de radiations rouges ou rouge sombre.

3. Le document 3 montre que dans la nature, non seulement l'intensité lumineuse varie au cours de la journée ou la nuit, mais en journée les radiations rouge clair sont plus nombreuses que les radiations rouge sombre tandis que cela s'inverse au crépuscule et la pendant la nuit. Ainsi, la détection du rapport rouge clair/rouge sombre est un moyen de déterminer la durée du jour et de la nuit. Les radiations rouge clair sont perçues comme un signal indiquant le jour, tandis que les radiations rouge sombre sont perçues comme un signal indiquant la nuit. C'est pourquoi l'éclairement des chrysanthèmes par des radiations rouge sombre n'empêche pas la floraison lors d'une exposition prolongée à l'obscurité : le signal induit est le même. L'expérience 2 suggère que ce n'est pas tant la durée de l'exposition à l'obscurité que la quantité de radiations rouges reçue qui déclenche ou inhibe la floraison chez les chrysanthèmes.

4. Pour conclure, la durée de la nuit, probablement perçue par le rapport des radiations rouge clair/rouge sombre, détermine le moment de la floraison chez les plantes à fleurs. Ce signal dépend aussi de l'espèce étudiée.

CHAPITRE 6
Les écosystèmes

Plan du chapitre

L'écologie étudie les milieux dans lesquels vivent les êtres vivants ainsi que les interactions des êtres vivants entre eux et avec leur milieu. L'ensemble des êtres vivants, de leur milieu de vie et des relations qu'ils entretiennent forme un écosystème qui est un objet d'étude. Il peut être de taille variée : l'océan Atlantique, une forêt ou encore une bouse de vache sont des écosystèmes.

Objectifs et compétences

Ce que j'ai vu au lycée	Ce que je vais apprendre en prépa
• SECONDE Les agrosystèmes fournissent la biomasse nécessaire à l'humanité pour ses différents besoins. Les êtres humains ont des relations avec les micro-organismes des écosystèmes dans lesquels ils vivent.	• Des indices de biodiversité permettent de caractériser un écosystème. • Les relations entre organismes affectent le succès reproducteur des organismes et structure les populations • Les interactions entre organismes et avec l'environnement entraînent des flux de matière et d'énergie que l'on peut estimer. Les micro-organismes jouent un rôle central dans ces flux de matière et d'énergie, notamment dans le recyclage. Les écosystèmes sont des structures dynamiques aussi bien dans leur structure que dans leur fonctionnement.
• PREMIÈRE Les écosystèmes sont des interactions dynamiques entre les êtres vivants et avec leur milieu. Ils fournissent des services écosystémiques et sont gérés par l'espèce humaine, qui doit assurer leur préservation.	
• TERMINALE SPÉ Les modifications dues aux activités humaines ont des impacts sur les écosystèmes.	

AUTO-ÉVALUATION

► ***Évaluez-vous en répondant à la série de questions ci-dessous. Plusieurs bonnes réponses sont possibles.***

QCM INTERACTIFS
lienmini.fr/40836-6

1. Un écosystème naturel :
☐ **a.** contient des producteurs primaires qui sont le plus souvent des animaux ;
☐ **b.** présente des chaînes trophiques connectées en un réseau trophique ;
☐ **c.** ne contient pas de décomposeurs ;
☐ **d.** est en équilibre dynamique.

2. Un agrosystème :
☐ **a.** ne présente pas de chaîne trophique ;
☐ **b.** reçoit des intrants, des herbicides par exemple ;
☐ **c.** peut se former sans présence humaine ;
☐ **d.** est très résilient.

3. La symbiose :
☐ **a.** est une relation interspécifique durable et obligatoire ;
☐ **b.** est synonyme de mutualisme ;
☐ **c.** a un impact négatif sur la valeur sélective d'un des partenaires de la symbiose ;
☐ **d.** peut être réalisée entre des animaux et des micro-organismes.

4. Une chaîne trophique :
☐ **a.** démarre par un consommateur primaire ;
☐ **b.** peut contenir un nombre illimité de maillon ;
☐ **c.** est interconnectée à d'autres chaînes trophiques dans un réseau trophique ;
☐ **d.** est le siège d'un flux de matière et d'un flux d'énergie.

5. Le biotope :
☐ **a.** est l'ensemble des êtres vivants d'un écosystème ;
☐ **b.** est identique entre tous les écosystèmes ;
☐ **c.** est l'ensemble des paramètres physico-chimiques de la biocénose ;
☐ **d.** dépend du climat.

6. La biocénose :
☐ **a.** est l'ensemble des êtres vivants d'un écosystème ;
☐ **b.** est l'ensemble des animaux et des décomposeurs d'un écosystème ;
☐ **c.** ne comporte pas les micro-organismes ;
☐ **d.** est distribuée dans l'espace en fonction notamment des facteurs du biotope.

7. Les décomposeurs :
☐ **a.** sont uniquement des animaux ;
☐ **b.** produisent de la matière minérale qui peut être consommée par les consommateurs ;
☐ **c.** vivent essentiellement dans le sol ;
☐ **d.** participent au recyclage de la matière organique.

8. Les relations interspécifiques :
☐ **a.** sont les relations entre les individus d'une même espèce ;
☐ **b.** influencent la valeur sélective des individus ;
☐ **c.** peuvent être bénéfiques ou défavorables uniquement ;
☐ **d.** peuvent être de nature identique entre des écosystèmes différents.

► ***Corrigés p. 128***

SYNTHÈSE DE COURS

1 Un écosystème est constitué d'un biotope et d'une biocénose en interaction

1.1. Biocénose et biotope interagissent au sein de l'écosystème

Un écosystème est constitué d'une communauté d'êtres vivants, la biocénose, qui interagit avec le biotope caractérisé par les paramètres physico-chimiques du milieu. La répartition des espèces de la biocénose dans l'écosystème dépend des conditions abiotiques (pluviométrie, température, ensoleillement....) dont la répartition est hétérogène.

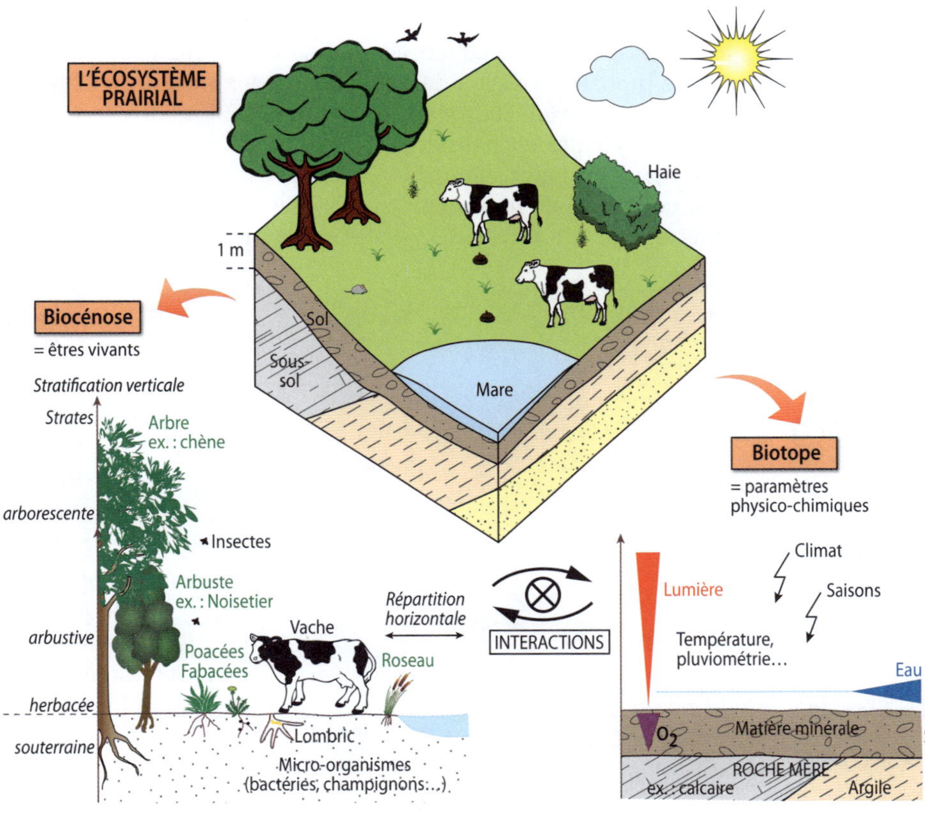

► **Figure 6.1.** La biocénose et le biotope d'un écosystème.

> **Attention !**
>
> La biocénose comprend l'ensemble des êtres vivants y compris les micro-organismes.

1.2. La diversité des interactions biotiques

Les différentes espèces d'un écosystème ont des relations variées entre elles :

- elles peuvent être en compétition (pour la lumière, l'eau ou les nutriments par exemple) ;
- une espèce peut également en exploiter une autre (prédation, parasitisme). Le parasitisme est un cas particulier d'exploitation où le parasite ne tue généralement pas son hôte à court terme, ce dernier constituant un milieu de vie et parfois une source de nourriture ;
- deux espèces peuvent coopérer et les bénéfices sont alors réciproques (mutualisme). On parle de symbiose si la coopération repose sur une association durable, étroite et le plus souvent obligatoire.
- il existe des relations intermédiaires dans lesquelles les bénéfices peuvent être neutres ou plus ou moins bénéfiques pour un partenaire et neutres à plus ou moins défavorables pour l'autre partenaire.

Les relations interspécifiques ont des conséquences sur le succès reproducteur des partenaires, c'est-à-dire sur la probabilité d'avoir des descendants eux-mêmes capables de se reproduire. Par exemple, un individu consommé par un prédateur avant d'avoir pu se reproduire ne pourra pas transmettre son patrimoine génétique à la génération suivante. Le prédateur, lui, bénéficiera de l'apport nutritif issu de la consommation de la proie, et aura donc davantage de chance de transmettre son patrimoine génétique. On peut catégoriser ces relations en fonction des conséquences sur le succès reproducteur des individus de l'espèce.

		Espèce A		
		–	**0**	+
Espèce B	–	Compétition de A et B pour la même ressource (eau, lumière, nutriments…)	*Amensalisme*	Exploitation de B par A : - prédation - parasitisme
	0		*Neutralisme*	*Commensalisme*
	+			Coopération : mutualisme dont symbiose

– : relation nuisible pour l'espèce. Le succès reproducteur de l'espèce est diminuée.

0 : relation neutre pour l'espèce. Il n'y a pas de conséquence sur la valeur sélective.

+ : relation favorable pour l'espèce. Son succès reproducteur est augmentée.

Les relations en italique ne sont pas envisagées au lycée.

► **Figure 6.2.** Les relations interspécifiques.

Attention !

Il existe des formes intermédiaires de relations et la nature des relations peut changer au cours du temps.

1.3. Des interactions avec les micro-organismes

Les micro-organismes établissent de nombreuses interactions avec d'autres espèces, comme l'espèce humaine par exemple :

- des **relations de type symbiotique**, étroites et durables. Le microbiote d'un organisme correspond à l'ensemble des micro-organismes qu'il héberge et qu'il porte sur lui ou en lui. Le microbiote joue un rôle essentiel dans le maintien de la santé et du bien-être de l'hôte ;
- des **relations de type parasite**, ou une espèce en exploite une autre. Certains micro-organismes dits « pathogènes » (virus, bactérie, eucaryote unicellulaire ou pluricellulaire) peuvent, en se développant aux dépens de l'hôte, entraîner une maladie.

Objectif prépa

Le microbiote de la vache permet la digestion des composants de l'herbe dont elle se nourrit. Les associations symbiotiques au niveau racinaire sont extrêmement répandues chez les plantes à fleurs (exemple des mycorhizes).

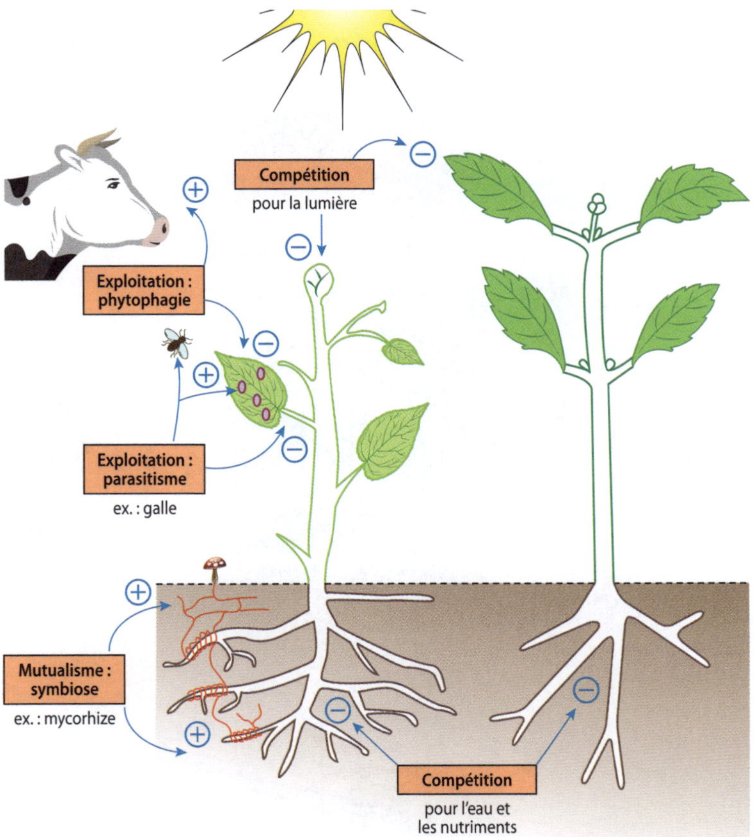

► **Figure 6.3.** Quelques relations interspécifiques d'une plante.
(— : nuisible pour l'espèce. 0 : neutre pour l'espèce. + : favorable pour l'espèce.)

Attention !

Les relations interviennent dans le contrôle des effectifs des différentes populations.

2 Les écosystèmes sont des structures dynamiques

2.1. L'écosystème est traversé par un flux de matière et d'énergie

Une chaîne trophique est un enchaînement d'espèces caractérisé par des relations mangeur/mangé. Chaque maillon de la chaîne est un niveau trophique.
Le premier maillon de la chaîne, appelé producteur primaire, est le plus souvent un végétal qui produit sa matière par photosynthèse à partir d'eau, de sels minéraux et d'énergie lumineuse. Les producteurs primaires sont exploités par une succession de consommateurs (primaires, secondaires...).
Les chaînes trophiques d'un écosystème sont interconnectées et constituent un réseau trophique.

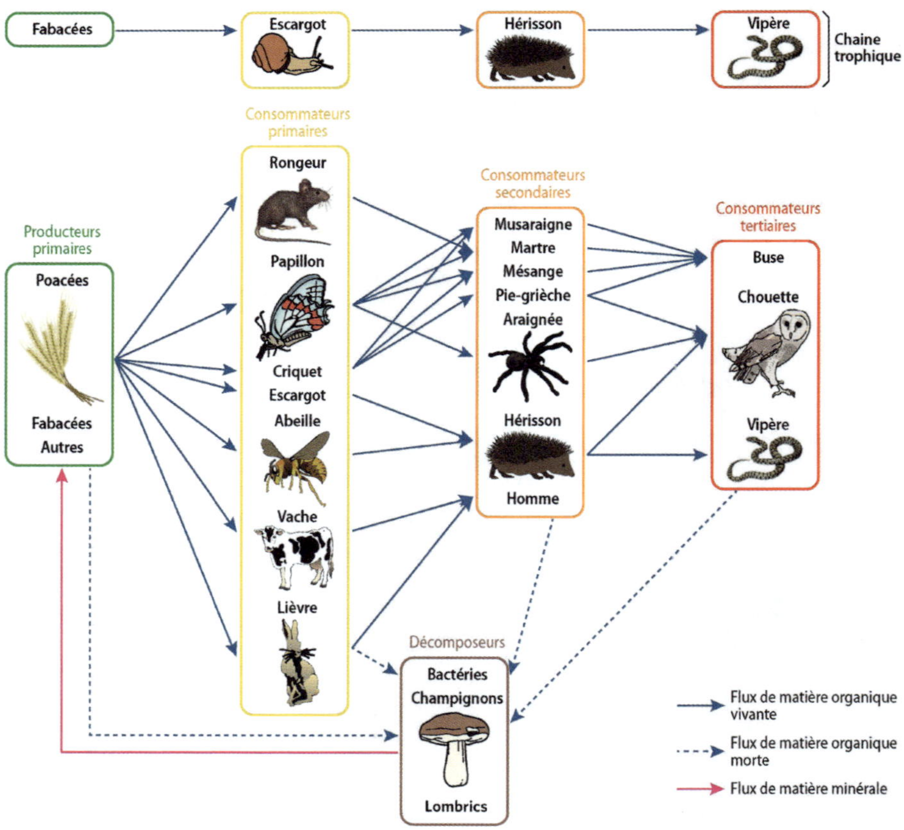

▶ **Figure 6.4.** Une chaîne trophique de l'écosystème prairial et le réseau trophique.

Attention !

Les micro-organismes sont rarement représentés dans les réseaux trophiques, mais sont présents à tous les niveaux (microbiotes, parasites...).

La matière ingérée par un consommateur a plusieurs devenirs possibles :
- une partie n'est pas assimilée et elle est rejetée dans les excréments (NA = non assimilée) ;
- une partie est dégradée par respiration (R), ou par fermentation, et convertie en énergie dissipée par l'organisme ;
- une partie participe à la croissance du consommateur (Pn pour production nette).

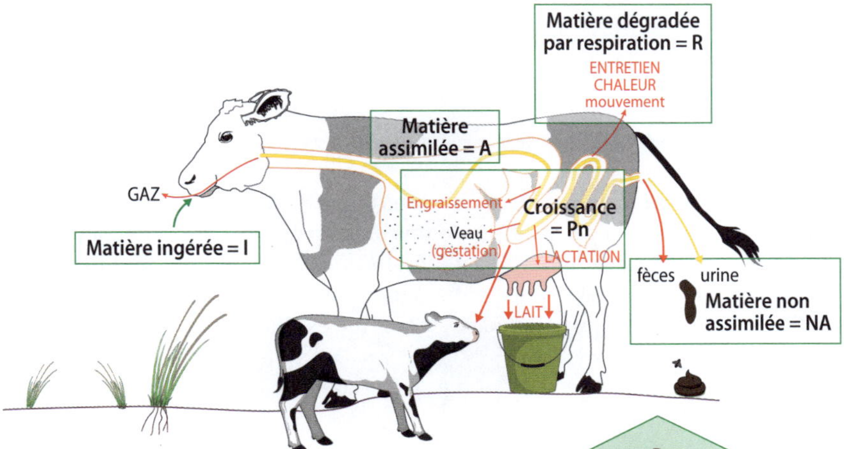

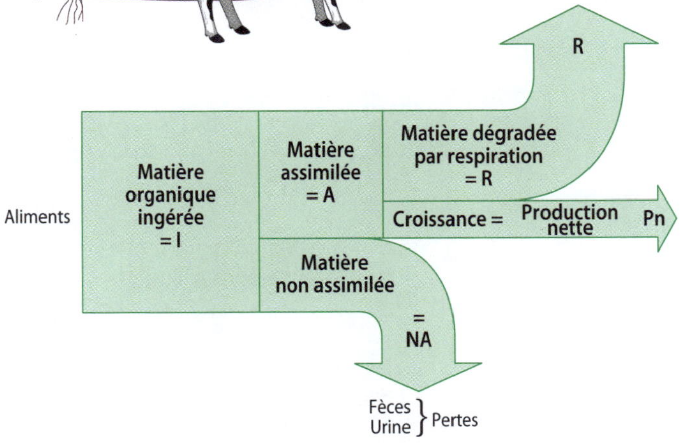

► **Figure 6.5.** Le devenir de la matière ingérée par un consommateur. Exemple : la vache.

Chaque chaîne trophique est ainsi le siège d'un flux de matière et d'énergie qui passe de maillon en maillon.

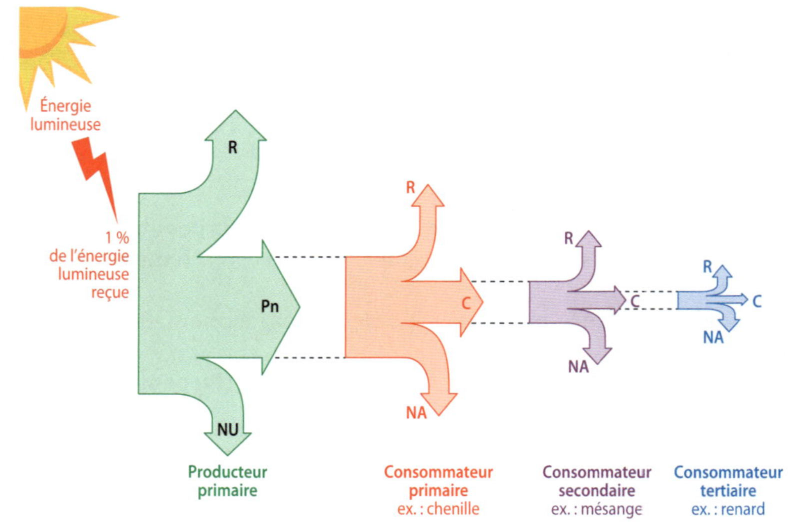

► **Figure 6.6.** Le devenir de la matière organique dans une chaîne trophique.

La matière organique de tous les niveaux trophiques est en partie dégradée par le niveau trophique lui-même mais également consommée et recyclée par les décomposeurs qui la transforment en matière minérale (minéralisation). Celle-ci est réutilisable par les producteurs primaires. Les décomposeurs (champignons, lombrics, bactéries...) vivent essentiellement dans le sol pour les écosystèmes terrestres.

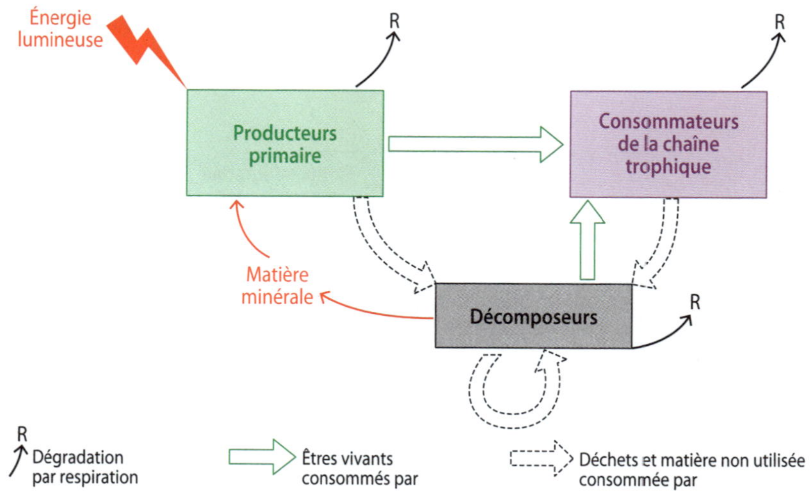

► **Figure 6.7.** Le transfert de matière dans la biocénose.

Les pyramides écologiques permettent de représenter l'importance quantitative de chaque niveau trophique par un rectangle proportionnel au paramètre étudié. Les rectangles sont superposés de manière centrée, le niveau des producteurs primaires étant la base.

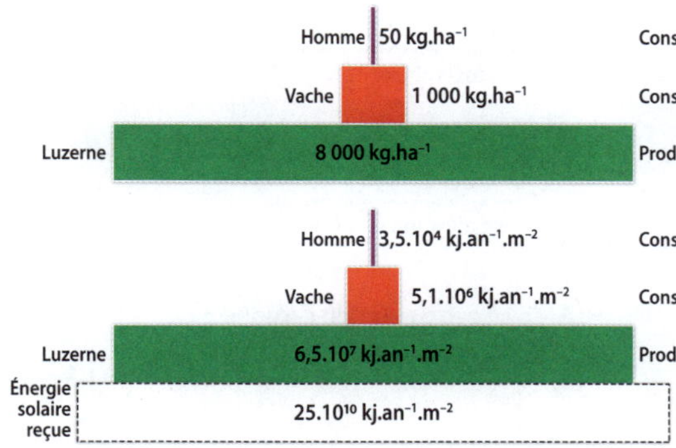

► **Figure 6.8.** Pyramide des biomasses (en haut) et pyramides de productions de biomasses en kJ. an^{-1}. m^{-2} (en bas) de l'écosystème prairial.

La forme de la pyramide s'explique par le devenir de la matière ingérée puisqu'une partie de celle-ci est utilisée dans le métabolisme, notamment la respiration (*cf.* Chapitre 1), et que seule une petite partie de cette matière sert à la croissance. La matière organique des différents niveaux est recyclée en matière minérale par les décomposeurs.

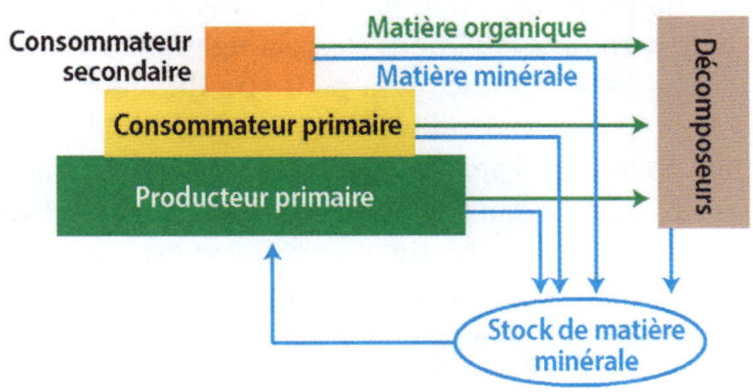

► **Figure 6.9.** Le recyclage de la matière de la matière organique par les décomposeurs.

Objectif prépa

Au sein d'un écosystème, les flux de matière et d'énergie dépendent de réseaux trophiques. Tous les êtres vivants effectuent une minéralisation de la matière, par la respiration notamment, et participent au recyclage de la biomasse. Les décomposeurs jouent un rôle supplémentaire indispensable dans le recyclage.

2.2. Les écosystèmes participent au cycle de la matière

L'atome de carbone est un élément constitutif de nombreuses molécules comme le CO_2 ou les molécules organiques (ex : glucose = $C_6H_{12}O_6$). Selon la molécule dans laquelle il se trouve, le carbone occupe différents réservoirs (atmosphère, biosphère, hydrosphère, roches). Dans un écosystème, différents mécanismes participent au changement de réservoir du carbone parmi lesquels :

- la **photosynthèse**, qui fait entrer le carbone dans la biosphère ;
- la **respiration**, qui le fait passer de la biosphère à l'atmosphère.

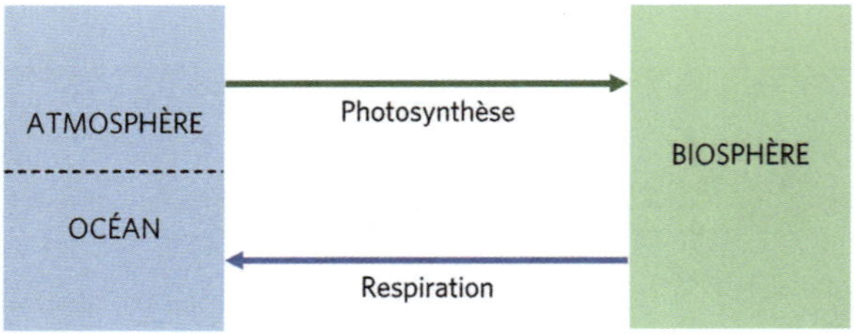

► **Figure 6.10.** Le cycle court du carbone.

Objectif prépa

Les écosystèmes sont des structures dynamiques traversées par des flux de matière et d'énergie. Les relations interspécifiques, et notamment la valeur sélective, sont un des paramètres fondamentaux participant à l'évolution des espèces.

2.3. Perturbation et résilience d'un écosystème

Un écosystème est en équilibre, mais celui-ci est dit « dynamique » car les changements sont permanents. Dans certaines situations, les changements sont très importants et l'écosystème est profondément modifié. Cela peut être dû à des modifications des paramètres environnementaux (ex : incendie, sécheresse) ou biologiques (ex : pathogène, espèces envahissantes). Suite à une perturbation, des espèces différentes se succèdent et l'écosystème peut retrouver peu à peu son état initial. On dit qu'il est résilient.
Si le seuil de perturbation est trop important, l'écosystème est fragilisé et perd sa capacité de résilience. Les dommages sont durables. La capacité de résilience d'un écosystème est d'autant plus importante que la biodiversité y est importante et les relations interspécifiques diversifiées.

Objectif prépa

Les écosystèmes changent au cours du temps de manière spontanée, ce qui correspond à des successions écologiques. La biocénose modifie le biotope qui a en retour des incidences sur la biocénose.

3 L'espèce humaine est en interaction avec tous les écosystèmes

3.1. L'agrosystème, un écosystème anthropisé

L'agrosystème est un écosystème plus ou moins modifié par l'espèce humaine pour produire la biomasse dont il a besoin : des aliments (blé, fruits, vaches...), des matériaux (bois, textiles, produits pharmaceutiques...) ou de l'énergie (agrocarburant).
Alors que peu d'éléments entrent et sortent d'un écosystème non anthropisé, un agrosystème est caractérisé par des exportations de biomasse et par l'apport d'intrants qui permettent son fonctionnement (engrais, semences, produits phytosanitaires par exemple).

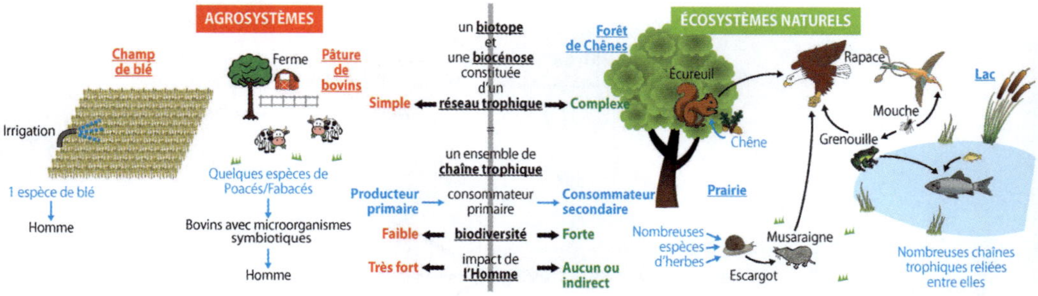

► **Figure 6.11.** Comparaison d'un agrosystème et d'un écosystème.

Ces modifications du fonctionnement des écosystèmes en agrosystèmes ont de nombreuses conséquences :

- l'**utilisation d'intrants**, comme les nitrates ou les produits phytosanitaires, a un impact sur l'environnement et peut être source de pollution ;
- le **développement des agrosystèmes à l'échelle mondiale**, en plus du réchauffement climatique, entraîne une perte mondiale de la biodiversité et limite les capacités de résilience des écosystèmes.

Ceci favorise le développement de maladies et la création de conditions favorables pour des espèces envahissantes, alors que dans un écosystème naturel, les déchets, les organismes morts, etc., sont dégradés et recyclés en matière minérale à nouveau consommée par les végétaux, ce cycle de la matière est modifié par les intrants et les exportations.

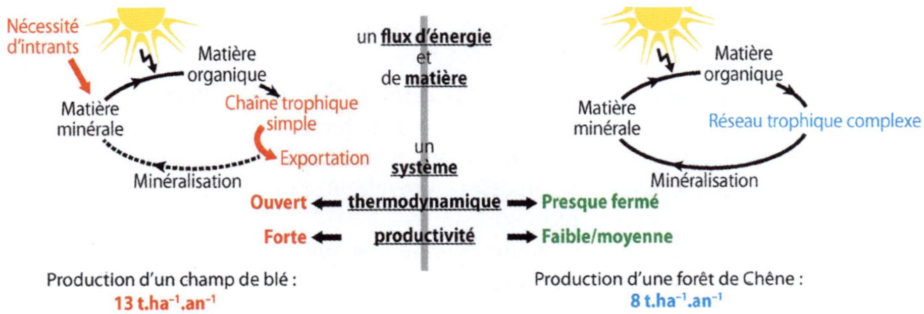

► **Figure 6.12.** Comparaison du fonctionnement d'un agrosystème et d'un écosystème naturel.

3.2. Les services écosystémiques

L'humanité tire de nombreux bénéfices des écosystèmes appelés services écosystémiques. Ces services sont variés et ne concernent pas uniquement les ressources des agrosystèmes.

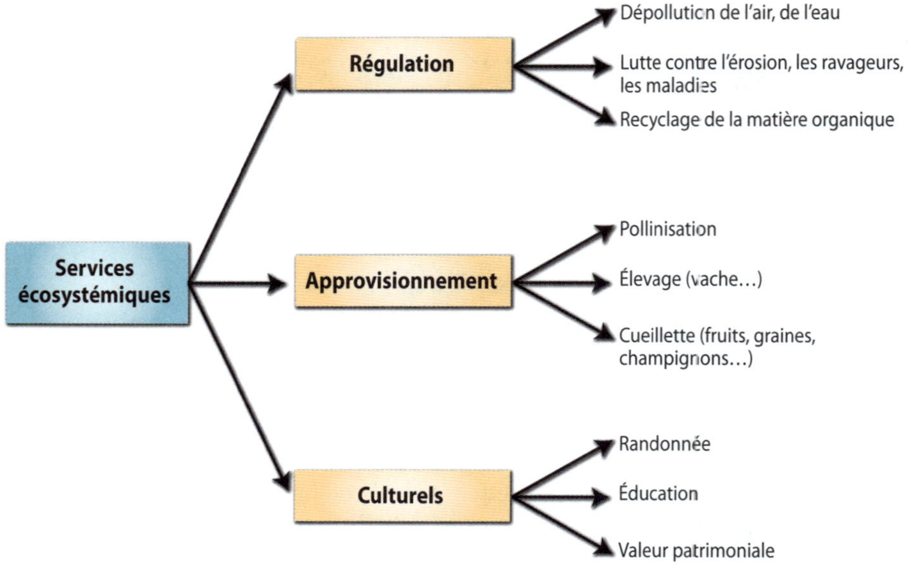

► **Figure 6.12.** Les services écosystémiques.

L'exploitation des ressources doit permettre l'approvisionnement de l'espèce humaine ainsi que son activité économique. Cette exploitation doit être durable et maintenir l'écosystème dans un fonctionnement optimal.

3.3. Écosystèmes et changement climatique

L'activité humaine modifie la composition de l'atmosphère en émettant des gaz à effet de serre (GES). Cela entraîne une augmentation de la température, d'environ 1°C en un siècle, mais également une élévation du niveau moyen des océans et leur acidification, ainsi que des modifications climatiques. Ces changements auront un impact majeur sur les écosystèmes terrestres et marins.

L'ingénierie écologique est l'ensemble des techniques qui visent à manipuler, modifier, exploiter ou restaurer les écosystèmes afin d'en tirer durablement le maximum de bénéfices (conservation biologique, restauration ou compensation écologique, ...). Les humains vivent au sein des écosystèmes et leur santé dépend de celle des écosystèmes. La préservation des écosystèmes est un enjeu majeur pour les sociétés de demain.

Objectif prépa

Les perturbations anthropiques font évoluer le fonctionnement des écosystèmes et modifient les services écosystémiques. La gestion des écosystèmes est un enjeu important.

Conclusion

Les écosystèmes sont constitués d'une biocénose et d'un biotope en interaction. Les relations interspécifiques sont variées et déterminent le fonctionnement de l'écosystème. Les relations trophiques engendrent des flux de matière et d'énergie qui participent aux cycles de la matière. Un écosystème est plus ou moins résilient. L'espèce humaine modifie les écosystèmes : à l'échelle locale, en créant des agrosystèmes et en gérant les écosystèmes mais également à l'échelle globale, en modifiant le climat qui est un des paramètres du biotope.

EXERCICES D'APPLICATION

●○○
20 min.

EXERCICE 1 L'écosystème océanique

Le phytoplancton est majoritairement constitué d'algues unicellulaires. Le zooplancton comprend surtout des animaux filtreurs qui sont en majorité des copépodes, petits crustacés phytophages mais aussi des petites crevettes, les euphosia, ou krill, qui se nourrissent également de phytoplancton et de copépodes.
Les poissons ont des régimes variés : les anchois se nourrissent de phytoplancton ; les sardines et les harengs de phyto- et zoo-plancton ; les thons et les maquereaux sont des prédateurs de poissons.
Parmi les mammifères, le rorqual (une des plus grosses baleines) ne se nourrit que de krill. Les oiseaux, comme les fous et les cormorans, se nourrissent d'anchois. Les humains consomment des poissons et du krill.

1. Représentez le réseau trophique formé par les espèces citées. Citez les producteurs et les consommateurs de cet écosystème.

A un moment donné, dans 1 km³ d'eau de mer, on trouve environ :

- 10 t de phytoplancton renouvelé en totalité tous les 2 jours ;
- 18 t de zooplancton, herbivore, renouvelé tous les 60 jours ;
- 5,4 t de zooplancton carnivore renouvelé tous les 180 jours ;
- 1,8 t de poissons mangeurs de plancton renouvelés tous les 700 jours environ.

La production de biomasse s'exprime en tonnes par unité de volume, km³, et par unité de temps en année, soit en t/km³/an.

2. Construisez la pyramide des biomasses présentes à un instant t. En quoi diffère-t-elle des pyramides habituellement rencontrées ?

3. Calculez la production de biomasse en t/km³/an, pour les 4 groupes cités et construisez la pyramide correspondante. En quoi ces résultats permettent-ils d'interpréter la pyramide précédente ?

●○○
20 min.

EXERCICE 2 Flux de matière chez trois consommateurs

Document. Flux de matière chez trois consommateurs (en équivalent énergétique, soit en $kJ.m^{-2}.an^{-1}$)

Le flux de matière a pu être quantifié chez trois consommateurs d'un écosystème.
Les quantités de matière organique sont exprimées en équivalent énergétique, soit $kJ.m^{-2}.an^{-1}$. Les résultats sont les suivants :

Consommateur	M.I.	NA	R	Pn
Chenille	2408	2065	213	129
Musaraigne	29,6	2,9	26,3	0,4
Salamandre	4,43	0,84	1,42	2,17

La chenille se nourrit de feuilles, la musaraigne et la salamandre consomment des araignées, des insectes divers...
Seule la musaraigne est endotherme (elle a une température de 38°C).
M.I. = Matière organique ingérée ;
NA = Matière organiqu non assimilée, rejetée sous forme d'excréments ;
R = Matière organique dégradée au cours de la respiration ;
Pn = Accroissement de la quantité de matière organique du niveau trophique = croissance.

1. En se basant sur la figure 6.4 page 116., représentez le devenir de la matière ingérée par un consommateur.

2. Comparez les résultats obtenus pour les trois consommateurs et proposez des hypothèses explicatives.

●○○ 15 min.

EXERCICE 3 Relations interspécifiques entre deux espèces végétales

La chondrille à feuille de jonc et le trèfle souterrain sont deux espèces de plantes à fleurs de l'écosystème prairial. Aucune de ces deux espèces n'est une plante parasite. On réalise des cultures de chondrilles dans différentes conditions afin de comprendre les relations entre ces deux espèces. Les masses de chondrilles dans chaque pot sont identiques au début de l'expérience.

Document 1. Dispositifs de culture.

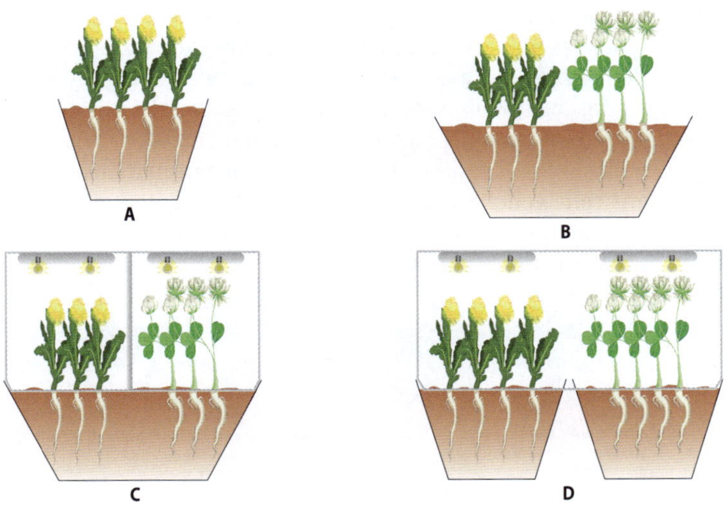

A. Culture de chondrilles. **B.** Les chondrilles sont cultivées avec des trèfles dans le même pot. **C.** Les parties aériennes des chondrilles et des trèfles sont séparées par une cloison et éclairées individuellement, mais les plantes sont cultivées dans le même pot. **D.** Les parties aériennes sont éclairées simultanément mais les chondrilles et les trèfles sont cultivées dans deux pots différents.

Après dix semaines de culture, les chondrilles sont prélevées, séchées puis pesées. On compare la quantité de matière sèche produite par celles-ci dans les différentes conditions.

Document 2. Pertes de matière sèche des chondrilles par rapport au lot A des différentes cultures.

Conditions de culture	A	B	C	D
Pertes de matière sèche par rapport au lot A	/	-69 %	- 35 %	-53 %

1. En comparant les résultats des cultures A et B, établissez la nature des relations entre chondrille et trèfle.

2. Analysez les résultats des cultures C et D afin de préciser la réponse à la question précédente.

●●○ 20 min.

EXERCICE 4 Biodiversité et fonctionnement des écosystèmes

La diversité des producteurs primaires influence le fonctionnement d'un écosystème. C'est ce que l'on veut montrer à l'aide du protocole suivant, mis en place en Allemagne en 2002 dans un champ découpé en parcelles.

- Des quantités identiques de graines sont plantées dans chaque parcelle. D'une parcelle à l'autre, le nombre d'espèces végétales différentes dont les graines sont semées varie de 1 à 60. Cela signifie que dans certaines parcelles, toutes les graines semées appartiennent à une seule et même espèce. Dans d'autres parcelles, les graines semées représentent jusqu'à 60 espèces différentes.
- Ces parcelles sont réparties aléatoirement dans le champ et cultivées de manière strictement identique (arrosage, tonte...) pendant 8 ans, de 2002 à 2010.
- En 2010, en plus des plantes semées, tous les autres individus vivant dans chaque parcelle sont dénombrés et classés selon différents critères (régime alimentaire des consommateurs, insectes pollinisateurs, plantes invasives). Le nombre d'espèces différentes recensées dans chaque parcelle est également établi.

Ces mesures sont réalisées au-dessus de la surface du sol, puis ramenées sur une échelle allant de 0 à 1. Dans cette échelle, un résultat proche de 0 signifie que l'abondance des individus ou la diversité des espèces est très faible. Un résultat proche de 1 signifie que l'abondance ou la diversité des espèces est très forte.

Document. Résultats des mesures des quantités d'individus et d'espèces différentes dans chaque type de parcelle en 2010 en fonction du nombre d'espèces différentes semées dans chaque parcelle en 2002.

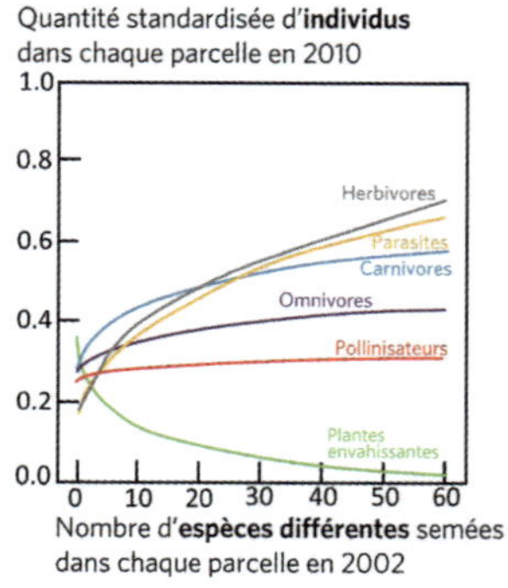

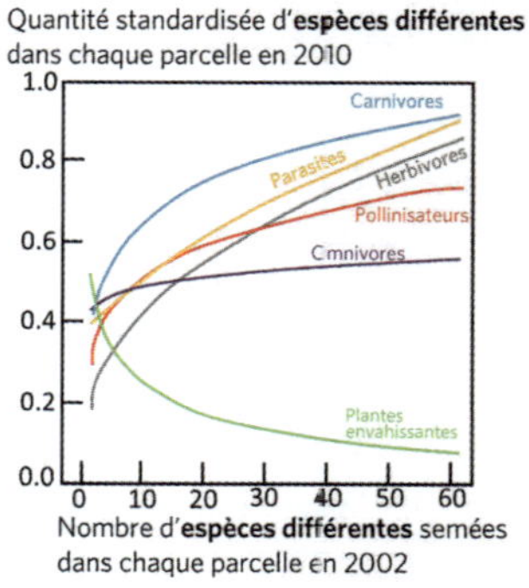

1. Après avoir rappelé ce qu'est un biotope, comparez celui des différentes parcelles? En quoi est-ce indispensable ici ?

2. Identifiez deux groupes d'organismes pour qui la biodiversité des producteurs primaires a un effet bénéfique particulièrement fort sur l'abondance des individus ou des espèces. Formulez une hypothèse expliquant cet effet fort et positif, pour chacun des deux groupes choisis.

3. Identifiez un groupe d'organismes pour qui la biodiversité des producteurs primaires a un effet néfaste sur l'abondance des individus ou des espèces. Formulez une hypothèse expliquant cet effet négatif.

+ D'EXERCICES OFFERTS EN LIGNE

lienmini.fr/40836-EXOS

→ **Retrouvez, offerts en ligne, des exercices supplémentaires pour perfectionner votre entraînement.**

●●● 15 min. EXERCICE **Biodiversité des prédateurs et dynamique des populations d'herbivores du Serengeti**

CORRIGÉS DÉTAILLÉS

QCM D'AUTO-ÉVALUATION

1. b et d — **2.** b — **3.** a et d — **4.** c et d — **5.** d — **6.** a et d — **7.** b et d — **8.** b et d.

EXERCICE 1

1.

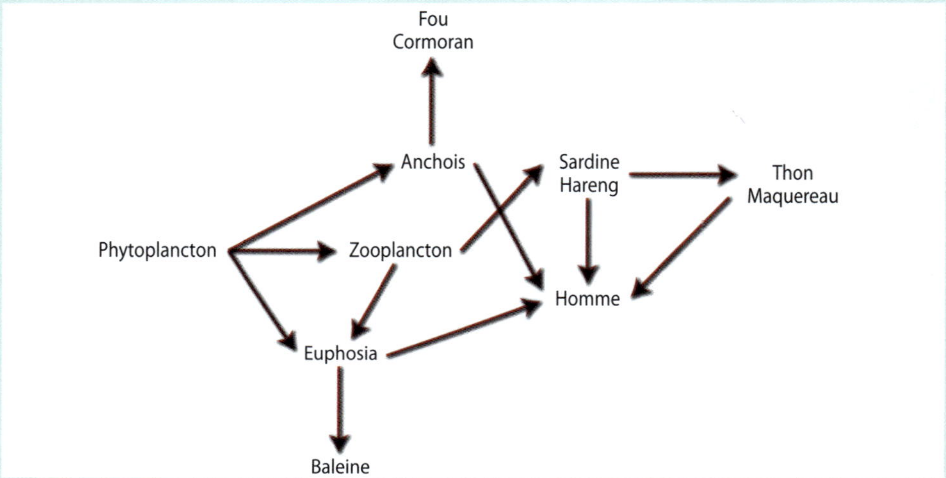

Réseau trophique de l'écosystème océanique.

2.

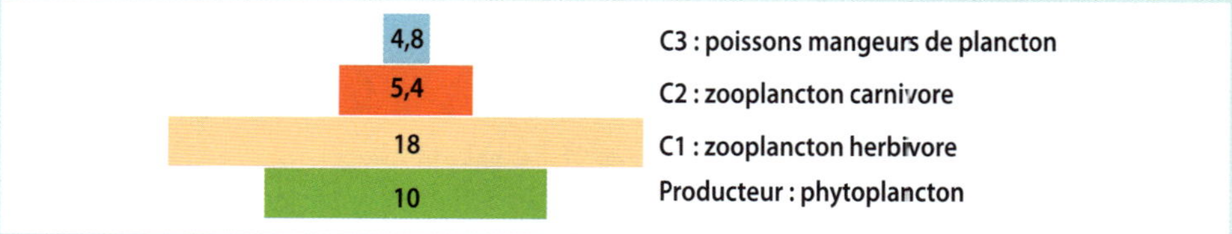

Pyramide des biomasses (en t/km^3) de l'écosystème océan.

Cette pyramide diffère des autres pyramides puisque le premier niveau correspondant aux producteurs a une biomasse inférieure au niveau suivant, celui des consommateurs primaires, correspondant au zooplancton herbivore.

3.

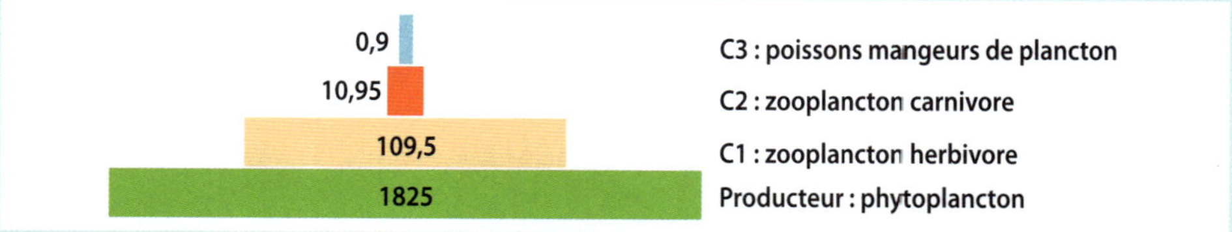

Pyramide des productions de biomasses (en t/km^3/an) de l'écosystème océan.

La production de biomasse annuelle est :
- pour le phytoplancton : 10 × (365/2) = 1825 t/km³/an ;
- pour le zooplancton herbivore : 18 × (365/60) = 109,5 t/km³/an ;
- pour le zooplancton carnivore : 5,4 × (365/180) = 10,95 t/km³/an ;
- pour les poissons : 1,8 × (365/700) = 0,9 t/km³/an.

Même si le phytoplancton présent à un instant *t* a une biomasse inférieure à celle du niveau supérieur correspondant au zooplancton herbivore, la quantité de matière qu'il produit par unité de temps et de volume est nettement supérieure à celle des consommateurs primaires. La majeure partie de la matière produite par les producteurs est donc immédiatement consommée par les consommateurs primaires. Ainsi, une pyramide des biomasses peut être « inversée » alors que ce n'est jamais le cas d'une pyramide des productions des biomasses.

EXERCICE 2

1.

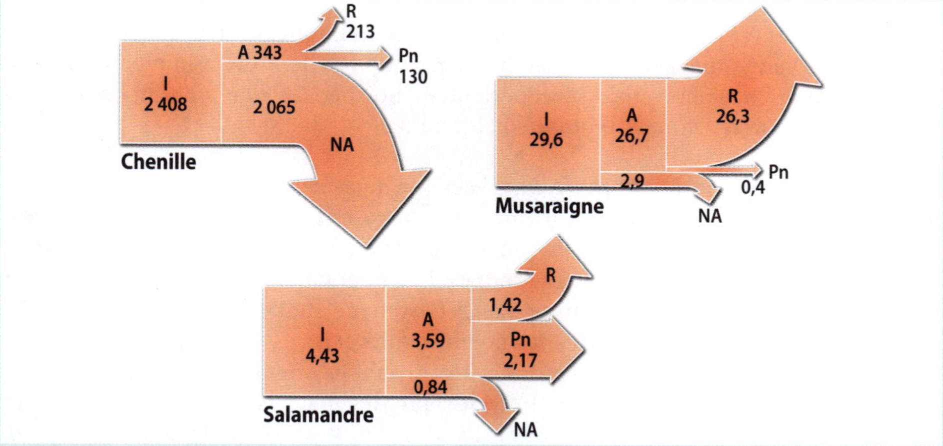

Flux de matière chez trois consommateurs.
Matière organique ingérée = I, matière non assimilée = NA, matière dégradée par la respiration = R, production nette = Pn, matière assimilée = A.

2. Tous les consommateurs dégradent une partie de la matière organique qu'ils consomment par respiration, en utilisent une partie pour leur croissance et en rejette une partie non assimilée.
On peut cependant constater que les proportions diffèrent de façon importante et proposer différentes explications :
- **le régime alimentaire** : la chenille, qui est herbivore, produit une quantité très importante de déchets ;
- **la recherche de nourriture** : la phytophagie ne nécessite pas de chasser ses proies et peut expliquer une part plus importante de la respiration (en lien avec le fonctionnement musculaire) chez les consommateurs secondaires qui chassent leurs proies ;
- **la température :** la musaraigne est endotherme, ce qui peut expliquer qu'une part importante des aliments consommés est dégradée afin de produire de l'énergie thermique.

EXERCICE 3

1. Lorsque les chondrilles sont cultivées en présence de trèfles, elles produisent 69 % de matière organique en moins. La présence de trèfles a un impact négatif sur leur croissance : les deux espèces sont en compétition.

2. Dans la culture C, les deux espèces ont accès aux mêmes ressources souterraines. On constate que la baisse de production de matière est de 35 %. Les deux espèces sont donc en compétition pour les ressources souterraines (eau et/ou matières minérales). Cependant, la perte de production étant plus faible, on en déduit que ce n'est pas le seul paramètre.
Dans la culture D, les deux espèces ont accès aux mêmes ressources aériennes. On constate que la baisse de production pour la chondrille est de 53 %. Les deux espèces sont donc également en compétition pour la lumière et cette compétition a un impact plus négatif sur la chondrille.

EXERCICE 4

1. Le biotope est l'ensemble des paramètres physico-chimiques d'un écosystème. Toutes les parcelles sont situées dans le même champ et possèdent donc le même biotope. Puisque l'expérience porte sur la biocénose, il est indispensable qu'il n'y ait pas d'autres paramètres variables et que le biotope soit identique.

2. On constate que plus le nombre d'espèces végétales semées est important, plus le nombre d'individus herbivores, carnivores et omnivores est important mais également le nombre d'espèces. Les abondances sont respectivement multipliées par 4 pour les herbivores et environ 2,3 pour les autres groupes. L'augmentation du nombre d'espèces de producteurs primaires différents au sein de l'écosystème étudié, a un impact particulièrement bénéfique sur les herbivores, les pollinisateurs et les carnivores.
L'augmentation de la diversité des producteurs primaires offre plus de ressources différentes pour les herbivores pouvant ainsi satisfaire des régimes alimentaires différents. De plus, cela limite la compétition pour les ressources. Il en va de même pour les pollinisateurs qui peuvent entretenir des relations mutualistes spécifiques avec des plantes à fleurs plus diversifiées. On observe une augmentation de l'effectif et de la diversité des carnivores pouvant s'expliquer par une diversification de leurs ressources alimentaires. Enfin, les parasites, souvent spécifiques, bénéficient de l'augmentation de l'ensemble des groupes et disposent de plus d'hôtes potentiels divers, animaux comme végétaux.

3. L'augmentation de la biodiversité des producteurs primaires a un effet néfaste sur le développement des plantes envahissantes. Les producteurs primaires diversifiés occupent davantage le biotope et exploitent plus efficacement les ressources, ce qui rend l'écosystème plus résilient.

CHAPITRE 7
La biodiversité et son évolution

Plan du chapitre

La biodiversité est la diversité du vivant aux différentes échelles et sa dynamique. Les données fossiles montrent que cette biodiversité change en permanence sous l'effet de forces évolutives avec des variations plus importantes lors de crises biologiques. Les activités humaines sont à l'origine actuellement de la 6e crise biologique.

Objectifs et compétences

Ce que j'ai vu au lycée	Ce que je vais apprendre en prépa
• **SECONDE** La biodiversité est la diversité du vivant et sa dynamique, qui regroupe la diversité des écosystèmes, des espèces et la diversité génétique des individus. Les mutations sont à l'origine de la diversité des allèles. La biodiversité a changé sous l'effet de la sélection naturelle et de la dérive génétique. • **TERMINALE SPÉ** Les structures anatomiques peuvent être le résultat de la sélection naturelle, du hasard et de l'héritage de l'histoire évolutive. Le modèle de Hardy-Weinberg permet de prédire la répartition d'allèles dans les populations et de comprendre les écarts à ce modèle. Des transferts horizontaux de gènes et des endosymbioses enrichissent les génomes des êtres vivants.	• La fréquence d'un trait de caractère face à une pression de sélection dépend de sa valeur sélective. • La dérive génétique dépend de l'effectif efficace d'une population. • Les populations coévoluent. • Les espèces et les populations ne sont pas pérennes car les individus varient. Elles peuvent également s'éteindre. • L'effectif d'une population varie sous l'effet de facteurs variés du milieu et de la densité de population. L'effet de certains paramètres peut-être modélisé, comme la capacité biotique du milieu ou des interactions avec un parasite ou un prédateur.

AUTO-ÉVALUATION

▶ ***Évaluez-vous en répondant à la série de questions ci-dessous. Plusieurs bonnes réponses sont possibles.***

QCM INTERACTIFS
lienmini.fr/40836-7

1. De nouveaux allèles peuvent apparaître et se transmettre dans une population :

☐ **a.** par mutation dans les cellules somatiques de l'individu ;
☐ **b.** par mutation dans les gamètes d'un individu ;
☐ **c.** par migration d'individus issus d'une autre population ;
☐ **d.** par sélection naturelle.

2. La sélection naturelle peut avoir pour pression de sélection :

☐ **a.** la modification d'un paramètre physico-chimique de l'environnement ;
☐ **b.** des relations avec d'autres espèces comme des prédateurs ou des parasites ;
☐ **c.** une compétition entre individus dans le choix d'un partenaire lors de la reproduction ;
☐ **d.** la chute d'une météorite à l'origine d'une crise biologique.

3. La dérive génétique :

☐ **a.** agit sur tous les allèles ;
☐ **b.** agit uniquement sur les traits neutres ;
☐ **c.** est d'autant plus forte que la population est de faible effectif ;
☐ **d.** est d'autant plus forte que la population est de grand effectif.

4. La spéciation :

☐ **a.** est une force évolutive ;
☐ **b.** est l'émergence d'une espèce par séparation d'une population en deux sous-populations ;
☐ **c.** se produit lorsqu'une population se retrouve génétiquement isolée d'une autre ;
☐ **d.** se produit dès qu'il y a une mutation.

5. Pour estimer la biodiversité dans un écosystème comme l'océan, le plus simple est :

☐ **a.** de compter dans un volume fixe chaque espèce visible ;
☐ **b.** de procéder par capture, marquage et recapture ;
☐ **c.** de procéder par une approche basée sur l'ADN comme le *métabarcoding* ;
☐ **d.** d'utiliser l'imagerie satellitaire.

6. La biodiversité comprend :

☐ **a.** la diversité des espèces ;
☐ **b.** la diversité génétique au sein des espèces ;
☐ **c.** la diversité des écosystèmes ;
☐ **d.** la diversité des interactions entre populations au sein d'un écosystème.

7. Les sources de diversifications des génomes sont :

☐ **a.** les mutations ;
☐ **b.** les transferts horizontaux de gènes ;
☐ **c.** les brassages génétiques au cours de la reproduction sexuée ;
☐ **d.** la sélection naturelle et la dérive génétique.

8. Dans le modèle de Hardy-Weinberg :

☐ **a.** la fréquence des individus homozygotes et hétérozygotes est stable au cours du temps ;
☐ **b.** une force évolutive agit sur une population si elle est à l'équilibre d'Hardy-Weinberg ;
☐ **c.** les populations sont supposées ne pas être soumises à des forces évolutives ;
☐ **d.** il y a une croissance exponentielle des effectifs au cours du temps.

▶ ***Corrigés p. 148***

SYNTHÈSE DE COURS

1 La biodiversité est estimée à partir de différents outils

1.1. Les échelles de la biodiversité

La biodiversité est la diversité du vivant dans son sens le plus large. Elle prend en compte l'ensemble des êtres vivants et les interactions que les organismes ont entre eux. Cette biodiversité prend en compte trois aspects :

- **la diversité génétique des individus,** chaque individu étant unique et possédant sa propre information génétique ;
- **la diversité des espèces,** avec toutes les difficultés qu'il peut y avoir parfois à identifier 2 espèces ;
- **la diversité des écosystèmes,** qui prend en compte toutes les espèces qui vivent et interagissent en un même lieu, mais aussi le nombre d'individus d'une population, car son abondance et les interactions que celle-ci développe avec les autres espèces peut modifier un écosystème.

Étudier la biodiversité implique d'identifier des espèces, de quantifier ou d'estimer la taille d'une population et d'estimer la diversité génétique pour chaque allèle au sein de cette population.

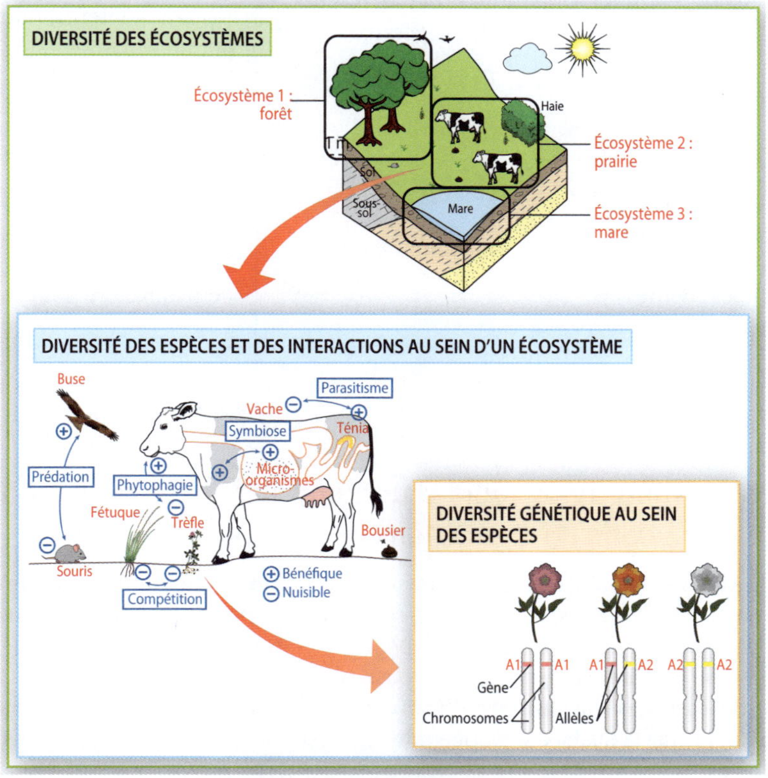

► **Figure 7.1.** Les échelles de la biodiversité.

1.2. La notion d'espèce pour quantifier la biodiversité

La description de la biodiversité passe dans un premier temps par le regroupement d'individus en espèces, ce qui permet d'estimer la biodiversité d'un écosystème donné.
Le concept d'espèce est un outil de description du vivant qui ne recouvre qu'en partie une réalité biologique. Le plus souvent, une espèce est, dans son sens biologique, définie comme un ensemble d'individus isolés génétiquement des autres, c'est-à-dire qu'il ne peut y avoir de reproduction sexuée entre individus d'espèces différentes.
Cette définition fonctionne bien avec les populations animales, les hybrides étant généralement stériles rapidement, voire dès la première génération. Elle s'applique plus difficilement chez les végétaux pour lesquels il existe de nombreuses populations hybrides, notamment dans les plantes d'intérêt agronomique, ce qui rend difficile l'application de la définition biologique de l'espèce.
Ceci est encore plus difficile chez les micro-organismes, comme les bactéries, qui n'ont pas de reproduction sexuée et chez lesquels il existe de nombreux mécanismes permettant des transferts de gènes entre individus, indépendamment des espèces. Quant aux fossiles, il est impossible de savoir quels individus étaient capables de se reproduire avec quels individus et la définition d'espèce s'appuie dans ce cas sur des ressemblances phénotypiques.

Définition	Domaine du vivant ou domaine scientifique où la définition est utilisée	Limites à cette définition
Biologique : ensemble d'individus isolés génétiquement des autres	Animaux et une partie des végétaux	Nombreux hybrides chez les plantes à fleurs, inutilisable pour les fossiles et les bactéries
Phénotypique : ensemble d'individus qui se ressemblent	Fossiles	Peu opérationnel ailleurs avec souvent un dimorphisme sexuel entre mâles et femelles
Écologique : ensemble d'individus qui vivent dans le même milieu et exploitent les mêmes ressources	Identification de micro-organismes en microbiologie	Peu opérationnel par rapport à la définition biologique lorsque cette dernière peut s'appliquer

► **Figure 7.2.** Quelques exemples de définitions possibles pour les espèces avec les champs d'applications et les limites.

1.3. L'estimation de la taille d'une population et de l'abondance d'une espèce dans un écosystème

L'étude de la biodiversité d'un écosystème comprend une estimation du nombre d'individus appartenant à une espèce donnée, sachant qu'il est généralement impossible de compter chaque individu d'une même espèce.
L'estimation de la taille d'une population passe donc par un échantillonnage :

- soit en **comptant le nombre d'individus** par unité de surface et en multipliant cette valeur par la surface occupée par l'écosystème, par exemple pour des espèces végétales ;

- soit en **capturant et en marquant des individus** puis en déterminant la proportion d'organismes marqués et recapturés lors d'un deuxième épisode de capture, par exemple pour des animaux volants.

Pour des milieux riches en micro-organismes comme les océans, la découverte de nouvelles espèces et l'estimation de leur abondance est permise par le séquençage de molécules d'ADN prélevées dans le milieu et la comparaison avec une banque d'ADN des espèces connues. Toute nouvelle séquence permet d'identifier une nouvelle espèce et la fréquence avec laquelle cet ADN est retrouvé permet d'estimer son abondance (de manière relative) dans le milieu.

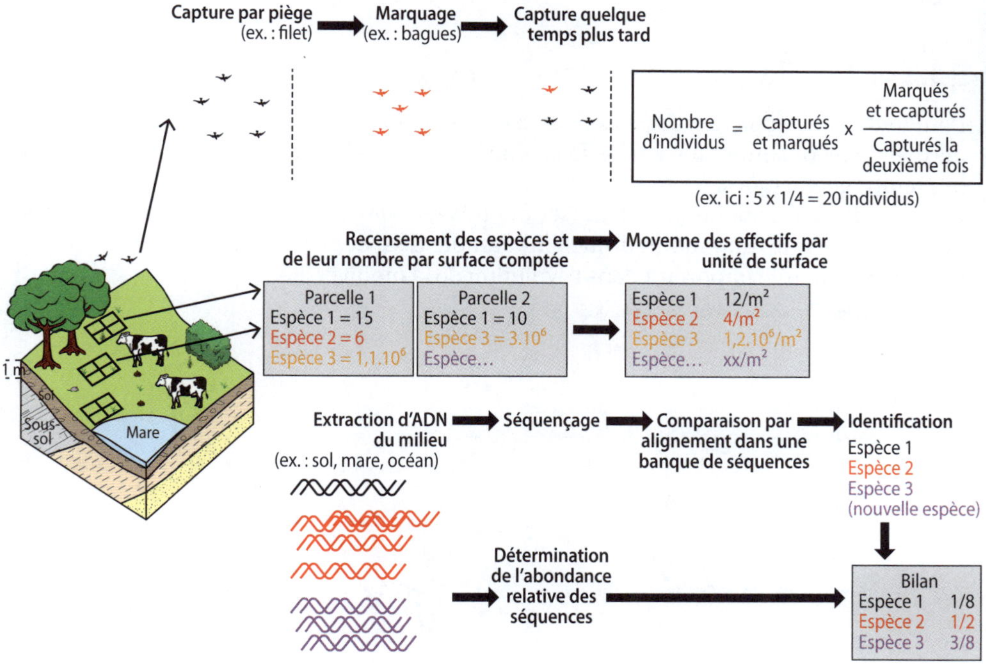

► **Figure 7.3.** Différentes approches pour estimer la biodiversité.

1.4. L'estimation de la diversité génétique d'une population et la modélisation de son maintien

Le séquençage de l'ADN ou les connaissances en génétique sur les relations entre le génotype (c'est-à-dire les allèles portés par un individu pour un trait de caractère donné) et son phénotype, permettent d'identifier la diversité des allèles existant pour un même gène dans une population.

Pour comprendre les modifications de la biodiversité, il ne faut pas simplement connaître la diversité des allèles existants, mais aussi la fréquence de ces différents allèles dans les populations étudiées. Cette estimation passe par des approches comparables à ce qui a été expliqué pour estimer les effectifs d'une population.

À retenir

La biodiversité actuelle comprend la diversité des écosystèmes, des espèces et la diversité génétique au sein des espèces. Seule une faible proportion de cette biodiversité est actuellement connue et elle est estimée par diverses approches scientifiques. La mise en place d'outils comme le concept d'espèce a été nécessaire pour décrire cette biodiversité.

2 La biodiversité se modifie au cours du temps

2.1. Les fossiles et la biodiversité passée

L'étude de la diversité des fossiles et de leur abondance dans les roches sédimentaires permet de reconstituer une partie de la biodiversité passée et de ses variations au cours des temps géologiques.
Ces variations des abondances relatives ont mis en évidence des crises biologiques, des périodes avec une diminution brutale du nombre d'espèces. Ces crises montrent que le hasard joue un rôle important dans l'évolution de la biodiversité.

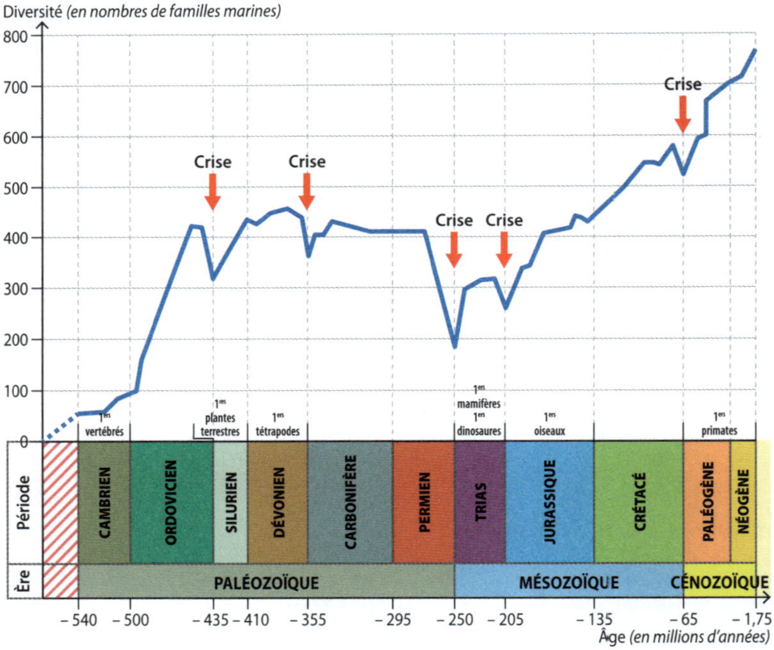

► **Figure 7.4.** Les variations de la diversité des espèces fossiles marines au cours des temps géologiques.

2.2. Des modélisations des variations futures de la biodiversité

Les données actuelles montrent une baisse importante de la biodiversité actuelle liée aux activités humaines. Afin de mettre fin à cette sixième crise biologique ou de réduire les impacts des activités humaines, un suivi des populations est essentiel. Ce suivi des

populations comprend à la fois un suivi des effectifs, mais aussi de la diversité génétique au sein de ces populations.
Des modèles construits permettent de prédire les variations d'une population à condition qu'elle valide les hypothèses incluses dans le modèle :

- **un modèle linéaire** suppose que le nombre d'individus produit chaque année est constant, indépendamment de la taille de la population de l'année d'étude. Ce modèle, qui aboutit à une croissance linéaire, n'est que rarement observé et pour des durées inférieures à celle d'une génération (temps mis depuis sa naissance pour un animal ou germination d'une plante pour acquérir la maturité sexuelle) ;
- **un modèle exponentiel** est fondé sur un taux d'accroissement r (différence entre le nombre de naissance et le nombre de décès) constant, mais avec une croissance qui sera d'autant plus rapide que la population est grande. Ce modèle, valable pour des temps courts lorsque les conditions environnementales sont favorables, ne prend pas en compte les limites des ressources du milieu.

Ces modèles permettent certaines prédictions, mais ne peuvent pas prendre en compte les événements imprévisibles comme des catastrophes naturelles ou la survenue d'une épidémie.

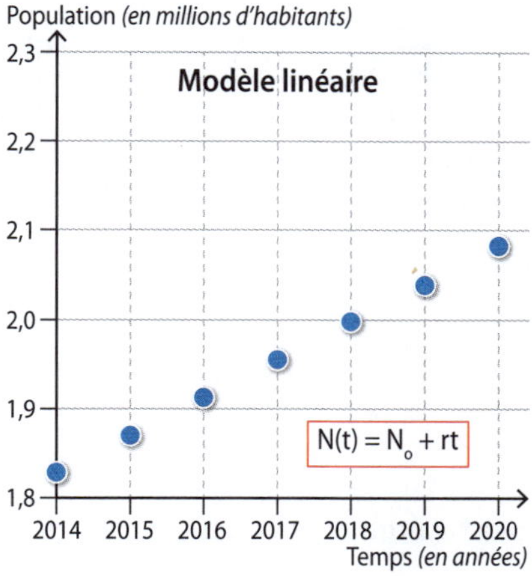

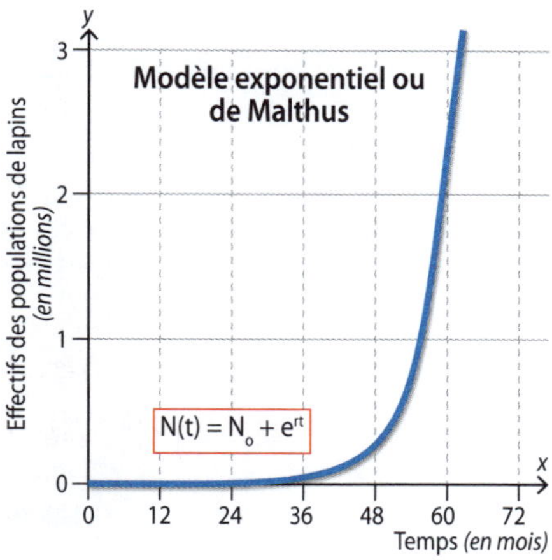

N(t) = nombre d'individus à l'instant t.
N_0= nombre d'individus au départ.
r = taux d'accroissement (nombre de naissance - nombre de décès).
t = temps écoulé depuis le début de l'observation.

► **Figure 7.5.** Des modèles de dynamique des populations.

Objectif prépa

Il existe de nombreux autres modèles dont le modèle de la croissance logistique (modèle de Verhulst), qui tient compte des capacités limitées du milieu en ressources (ou capacité biotique du milieu) et le modèle de Lotka-Volterra, qui permet de prendre en compte les interactions entre une proie et un prédateur ou entre un parasite et son hôte.

La répartition des fréquences alléliques a aussi son importance dans le suivi et l'évolution d'une population.
Le modèle de Hardy-Weinberg prédit une stabilité génétique de la population pour le gène étudié, c'est-à-dire une proportion constante des individus homozygotes et hétérozygotes, d'une génération à la suivante sous réserve que les hypothèses suivantes soient validées :

- il n'y a pas de mutation à l'origine d'un nouvel allèle pour le gène considéré ;
- le trait de caractère n'est pas soumis à sélection naturelle ;
- la taille de la population est suffisamment grande pour négliger une dérive génétique ;
- il n'y pas de migration qui modifierait la proportion des allèles ;
- on considère que tous les individus sont capables de se reproduire et que les partenaires sont choisis au hasard.

Ainsi, l'équilibre de Hardy-Weinberg est réalisé dans une population qui n'est soumis à aucune force évolutive. Tout écart à ce modèle permet de mettre en évidence qu'au moins une des hypothèses n'est pas validée pour la population étudiée et donc d'étudier les causes des variations des fréquences alléliques dans celle-ci.

À retenir

Les outils mathématiques aident à modéliser des variations d'effectifs ou de fréquences des allèles dans une population, ce qui permet de comprendre des variations passées de la biodiversité ou de formuler des hypothèses prédictives sur l'évolution future de populations.

3 Les mécanismes de l'évolution expliquent les changements de la biodiversité

Les populations sont soumises à des forces évolutives qui les font changer en permanence.

3.1. Les mutations et les transferts horizontaux de gènes à la base de nouveaux allèles et gènes

Les mutations, aléatoires et spontanées, sont à l'origine de nouveaux allèles dans la population. Elles sont la conséquence d'erreurs lors de la réplication de l'ADN. Le taux d'apparition de mutation, donc d'un nouvel allèle, est faible dans une population car :

- les erreurs sont corrigées la plupart du temps par des enzymes d'un système de réparation de l'ADN ;
- les erreurs affectent des cellules, chez les organismes pluricellulaires, qui ne sont ni des gamètes, impliquées dans la reproduction sexuée, ni des cellules participant à la reproduction asexuée chez les organismes capables de le faire ;
- les mutations peuvent être mortelles pour les cellules qui les portent ou empêcher le développement d'un nouvel individu.

Attention !

Une mutation n'entraîne pas forcément l'apparition d'un nouvel allèle.
Une grande partie de l'ADN chez les eucaryotes contient des séquences qui ne sont pas transcrites ou qui contrôlent la transcription. Dans ce cas, la mutation est bien transmise mais il n'y a pas formation d'un nouvel allèle.

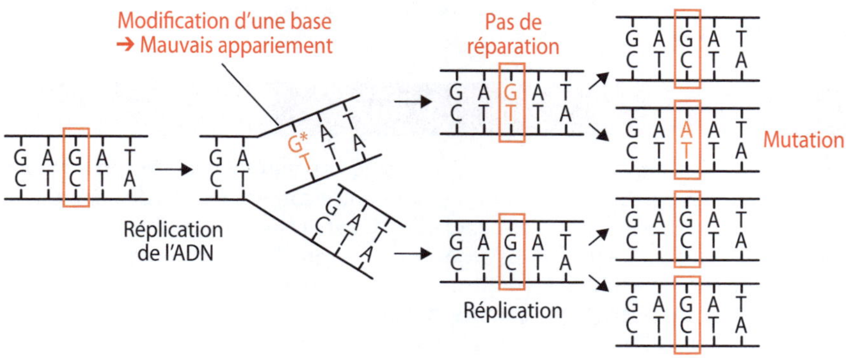

► **Figure 7.6.** L'apparition d'une mutation.

Dans certains cas, la mutation n'affecte pas seulement quelques bases mais un fragment de chromosomes. Cela peut se produire par exemple lors de la méiose, en cas de crossing-over inégal, une chromatide perd un fragment d'ADN tandis que la chromatide du chromosome homologue gagne un fragment d'ADN. C'est ce mécanisme qui est à l'origine de la duplication de gènes.

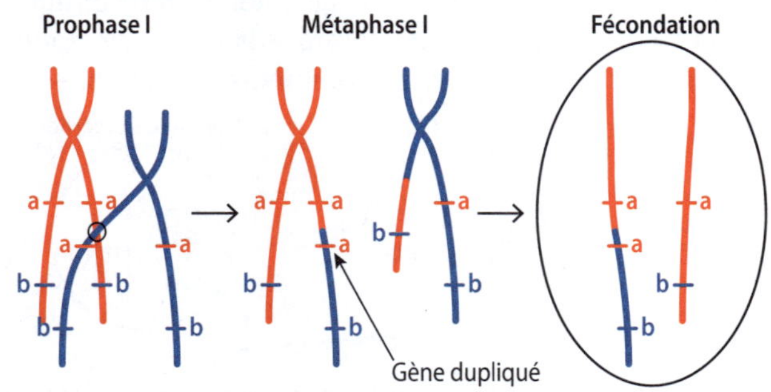

► **Figure 7.7.** Les crossing-overs inégaux et la duplication de gènes.

Il existe des mécanismes en dehors de la reproduction sexuée qui permettent des transferts de matériel génétique, il s'agit de transferts horizontaux de gènes. Ce procédé, très fréquent chez les bactéries, peut se faire par prélèvements d'ADN dans l'environnement, par des vecteurs comme les virus, ou par des processus spécialisés comme la conjugaison bactérienne. Dans tous les cas, la cellule reçoit une nouvelle séquence d'ADN ce qui lui permet d'acquérir un ou plusieurs gènes et donc d'enrichir son génome.

Parfois, ce transfert de gène(s) est précédé d'une endosymbiose, qui a permis l'acquisition d'un nouvel organite et donc d'un nouveau caractère. Ainsi, la phagocytose, par des cellules eucaryotes de cyanobactéries, est à l'origine de l'acquisition de chloroplastes par certains groupes d'eucaryotes et donc de la capacité à réaliser la photosynthèse. Les chloroplastes et les mitochondries sont des organites semi-autonomes : ils possèdent leur propre molécule d'ADN, mais une partie des protéines qu'ils utilisent est codée par des gènes qui se trouvent maintenant dans le noyau des cellules eucaryotes, conséquence d'un transfert horizontal des gènes mitochondriaux ou chloroplastiques vers le noyau.

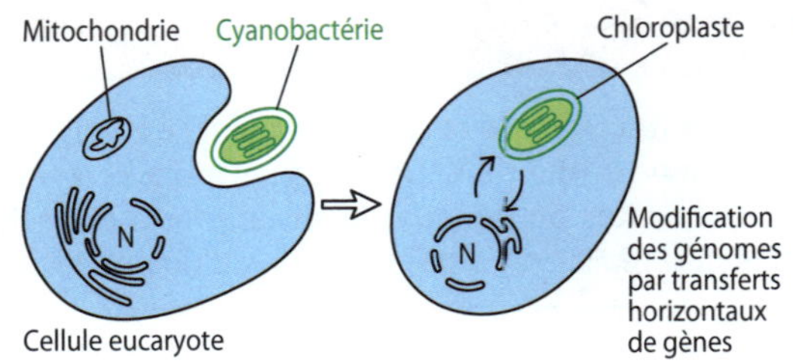

▸ **Figure 7.8.** Endosymbiose et transfert horizontal de gènes.

> **Attention !**
>
> Le phénotype d'un organisme dépend à la fois de son génotype et de son environnement. Il existe des caractères qui sont transmis entre contemporains de génération en génération et qui ne sont pas portés par l'ADN. C'est le cas par exemple du chant chez de nombreux oiseaux. De même, les associations symbiotiques, comme celle que nous formons avec notre microbiote, sont transmis par la mère et sont indispensables à la réalisation de notre phénotype (comme la capacité à digérer certains aliments) mais ne sont pas liés à l'ADN de l'individu. On parle de phénotype étendu.

3.2. Les brassages génétiques à l'origine de nouvelles combinaisons alléliques

La méiose et la fécondation sont sources de brassages génétiques (*cf.* chapitre 2) :

- **la méiose** induit des brassages intrachromosomiques par crossing-over en prophase I de méiose et par brassage interchromosomique lors des anaphases ;
- **la fécondation** est la rencontre et la fusion aléatoire de deux gamètes, ce qui augmente encore le nombre de combinaisons possibles.

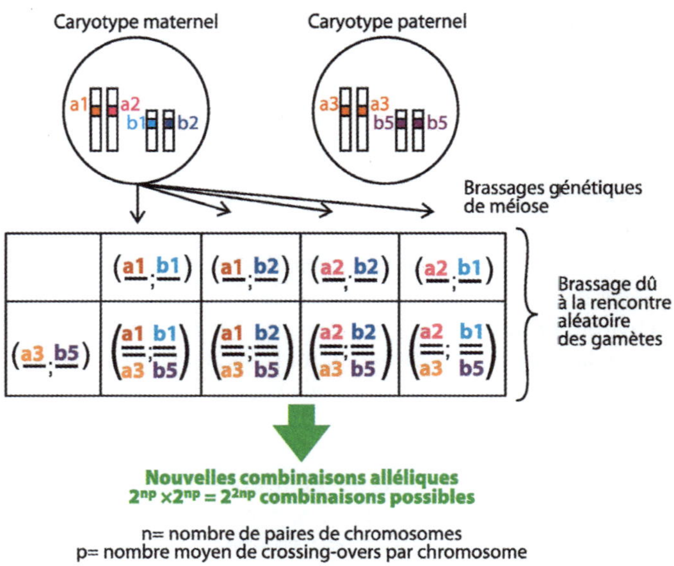

▸ **Figure 7.9.** Échiquier de croisement montrant la diversité des combinaisons alléliques possibles dans le cas de deux gènes indépendants.

3.3. La sélection naturelle et la dérive génétique à l'origine d'un tri des combinaisons alléliques

Les mutations, les migrations entre populations et les transferts horizontaux de gènes sont à l'origine d'une diversité génétique des individus au sein d'une population et d'une diversité de traits de caractères. Certains de ces traits de caractères sont avantageux pour les individus qui les portent car :

- **ils améliorent leur survie dans leur environnement** (ex : camouflage qui permet d'échapper à un prédateur, résistance à un antibiotique) ;
- **ils améliorent leur chance de se reproduire,** par exemple en favorisant la sélection d'un mâle par une femelle (ex : la sélection sexuelle chez le paon qui favorise un long plumage sur la queue et une parade nuptiale).

Ces traits de caractères permettent donc aux individus qui les portent de se reproduire davantage que les autres individus de leur espèce, ce qui augmente la probabilité de transmettre les allèles à l'origine de ces traits. La fréquence de ces allèles va donc augmenter au cours du temps dans la population.

La sélection naturelle exerce donc un tri dans les allèles en favorisant certains phénotypes dans un environnement donné et en éliminant d'autres allèles à l'origine de traits de caractères défavorables dans un environnement donné. Cette sélection résulte de la pression du milieu et des interactions entre les organismes, qu'ils soient ou non de la même espèce.

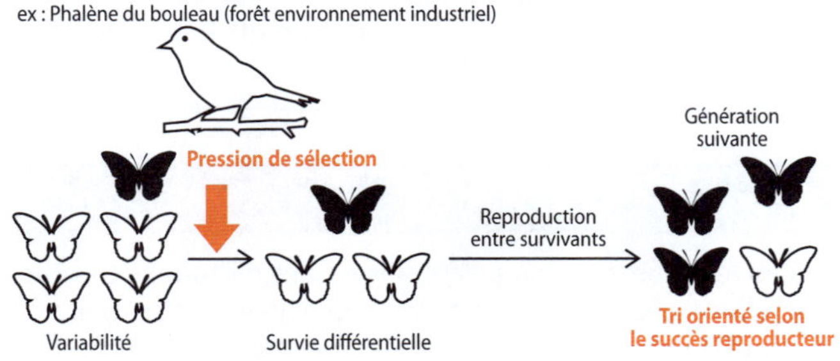

► **Figure 7.10.** Un exemple de la modification de la biodiversité sous l'effet de la sélection naturelle dans le cas de la Phalène du bouleau.

D'autres allèles sont à l'origine de traits de caractères qui ne confèrent ni avantage, ni inconvénients à l'organisme, comme les groupes sanguins dans l'espèce humaine. Les allèles sont donc transmis de manière aléatoire sous l'effet du hasard des reproductions. Il en résulte une modification aléatoire des fréquences alléliques au sein d'une population au cours des générations : c'est la dérive génétique. Cette dérive génétique peut conduire à la disparition de certains allèles, parfois jusqu'au maintien d'un seul allèle pour le gène considéré. Cette dérive génétique est d'autant plus rapide que l'effectif de la population est faible.

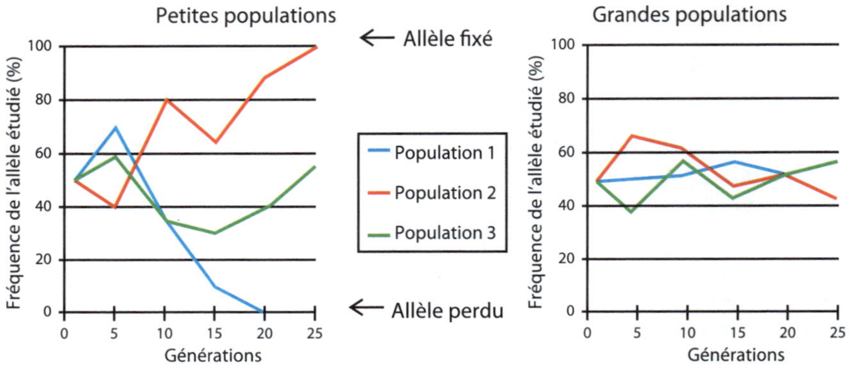

► **Figure 7.11.** Modélisation de la dérive génétique pour la fréquence d'un allèle selon la population étudiée et la taille de celle-ci.

La dérive génétique exerce donc un tri dans la diversité génétique, mais celui-ci est aléatoire et non orienté comme dans le cas de la sélection naturelle.

Attention !

La dérive génétique agit sur tous les traits de caractères. L'effet aléatoire de la dérive génétique opère sur toutes les séquences d'ADN et donc sur tous les traits de caractères. Son effet ne se voit pratiquement que sur les traits neutres car la sélection naturelle se surimpose à la dérive génétique sur les traits de caractères conférant un avantage ou un inconvénient dans le milieu de vie.

À retenir

Les mutations sont les sources de nouveaux allèles. Les mutations chromosomiques et les transferts horizontaux de gènes sont à l'origine d'un enrichissement des génomes. Les brassages génétiques, renforcés par les flux migratoires, créent à chaque génération des combinaisons alléliques uniques à l'origine de l'unicité des individus. La sélection naturelle et la dérive génétique exercent un tri dans cette diversité génétique.

3.4. La spéciation ou l'extinction comme conséquences des forces évolutives

Sous l'effet des forces évolutives et des modifications de l'environnement, les populations peuvent se retrouver séparées, soit par une barrière géographique (ex : mise en place d'un cours d'eau), soit parce qu'une mutation empêche des individus de se reproduire avec certains autres (ex : augmentation du nombre de chromosomes chez les végétaux ou polyploïdisation). Ces séparations sont à l'origine de l'émergence de nouvelles espèces ou spéciation.

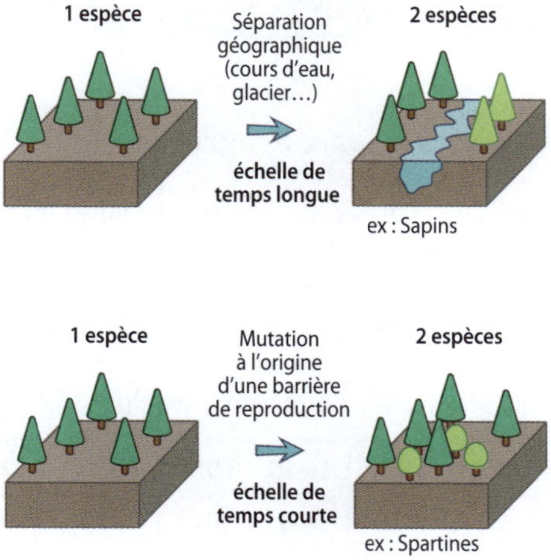

► **Figure 7.12.** Les mécanismes de la spéciation.

Objectif prépa

Les connaissances sur les mécanismes évolutifs et les comparaisons des caractères et des séquences d'ADN portés par les organismes d'espèces différentes permettent de construire un arbre du vivant et donc de reconstituer l'histoire évolutive de la biodiversité, notamment en déterminant les liens de parenté entre les espèces.

Conclusion

La biodiversité évolue en permanence depuis l'apparition de la vie sur Terre. L'ADN, support universel de l'information génétique est différent entre chaque individu, quelle que soit l'espèce. L'information génétique évolue sous l'effet des mutations, des brassages génétiques et des transferts horizontaux de gènes.

EXERCICES D'APPLICATION

●○○
15 min.

EXERCICE 1 Les éléphants du parc Kruger

L'éléphant africain de la savane (*Loxodonta africana*) a vu sa population se réduire car il a été chassé pendant des décennies pour l'exploitation de l'ivoire de ses défenses, mais aussi pour acquérir des territoires destinées à l'agriculture. Afin de préserver l'espèce, un parc a été créé au début du XXe siècle. La population a été suivie tout au long du siècle.

Document. Taille de la population d'éléphant dans le parc Kruger entre 1905 et 2000.

t	1905	1923	1930	1939	1945	1950	1960	1970	1980	1990	2000
$N^{obs}(t)$	10	13	29	450	980	3010	5800	6500	7400	7200	7310

1. Représentez sous la forme d'un graphique le nombre d'éléphants dans le parc au cours du temps.

2. En appliquant un modèle exponentiel de Malthus $N(t) = N_0e^{rt}$ avec un taux d'accroissement r valant 0,15 et pour temps de départ l'année 1905 (pour $t = 0$), calculez le nombre théorique d'éléphant pour les différentes dates fournies dans le tableau.

3. Comparez les résultats et proposez une explication.

●○○
10 min.

EXERCICE 2 La fréquence des allèles des groupes sanguins dans les populations humaines

Le gène ABO code les enzymes à l'origine de marqueurs à la surface des groupes sanguins. Les individus porteurs de l'allèle A ont un marqueur A sur leurs globules rouges, les individus porteurs de l'allèle B portent le marqueur B sur leurs globules rouges et l'allèle O ne permet pas la synthèse d'un marqueur A ou B à la surface des globules rouges. Il n'y a pas de différence d'espérance de vie au sein d'une même population, quel que soit le groupe sanguin de l'individu considéré (A, B, O ou AB).
La fréquence des allèles A, B et O a été déterminée dans différentes populations humaines.

Document. Fréquence des allèles A, B et O dans quelques populations humaines.

	Française	Indienne	Chinoise	Sénégalaise	Amérindienne (Argentine)	Aborigène (Australie)
A	27,6	14,9	22	14,9	0,7	30,6
B	8,8	29,1	20,1	18,9	0	0
O	63,2	56	58	66,1	99,3	69,4

Comparez ces fréquences alléliques et proposez une hypothèse explicative.

●●○ 20 min.

EXERCICE 3 La fréquence de l'allèle Lap⁹⁴ chez les moules des côtes américaines

Le volume des cellules chez les moules (*Mytilus edulis*), comme pour de nombreux autres mollusques, est régulé en fonction de la salinité du milieu. Ce phénomène dépend d'une enzyme, une aminopeptidase, codé par le gène Lap et pour lequel il existe de nombreux allèles.

L'allèle Lap^{94} code une aminopeptidase à forte activité, ce qui entraîne une forte concentration en acides aminés dans le cytoplasme des cellules, permettant alors de survivre dans un milieu à haute salinité. Cependant, cela constitue un inconvénient aux plus faibles salinités, l'eau ayant tendance à entrer dans les cellules en trop grande quantité, causant leur mort. L'aminopeptidase est produite chez les adultes et non chez les larves.

La fréquence de l'allèle Lap^{94} a été déterminée dans la baie de Long Island, qui reçoit des eaux douces continentales et qui est donc moins salée que l'Océan Atlantique.

Document 1. Fréquence de l'allèle Lap^{94} dans différentes populations de moules de la région de Long Island.

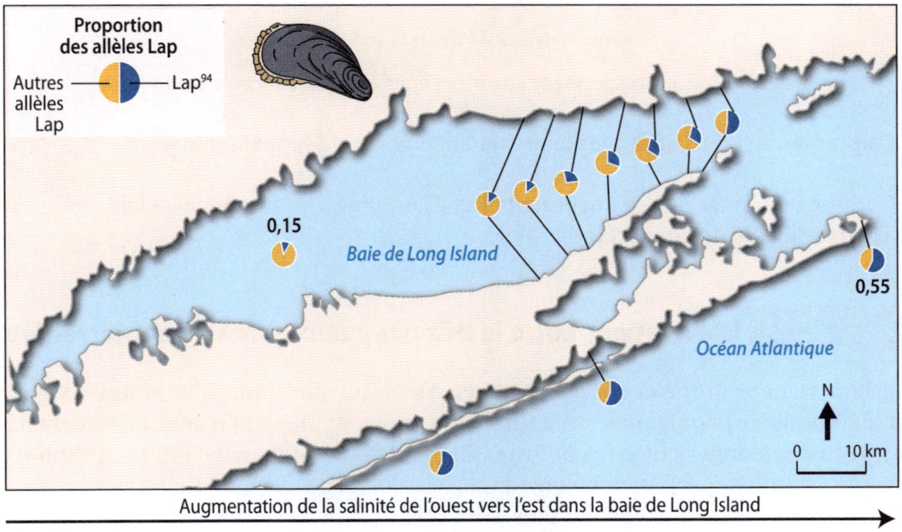

1. Décrivez la répartition de l'allèle Lap^{94} dans les différentes populations de moules étudiées et proposez une explication aux fréquences observées.

2. Formulez des hypothèses sur le fait que l'allèle Lap^{94} ne soit pas présent à une fréquence de 100 % dans les populations de moules vivant sur la côte Atlantique.

Au cours de leur cycle de vie, les moules passent par un stade larvaire qui flotte au gré des courants. Lorsqu'elles atterissent sur des rochers, elles s'y accrochent et poursuivent leur développement jusqu'à la forme adulte. La fréquence des allèles des individus natifs dans une zone de la baie de Long Island ou de moules issues de la migration de larves a été déterminée en 1978 dans la baie de Long Island.

Document 2. Fréquence de l'allèle Lap^{94} dans les populations de moules ayant migré (trait violet) et dans les populations adultes résidentes (trait vert) selon la distance à l'intérieur de la baie de Long Island.

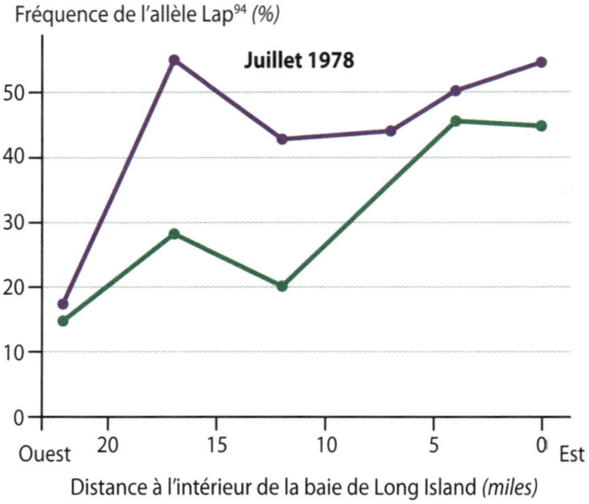

Les résultats correspondent aux moyennes des fréquences déterminées.

3. D'après les résultats, indiquez la provenance des moules ayant migré.

4. Déduisez de l'analyse des documents 1 et 2 l'origine de la fréquence allélique de Lap^{94} au fond de la baie de Long Island.

●●● 20 min.

EXERCICE 4 Les relations entre le triton rugueux et le serpent-jarretière

Le triton rugueux (*Taricha granulosa*) vit en Amérique du Nord. Sa renommée vient du fait que certaines populations de ce triton, qui émettent une odeur âcre, possèdent dans leur peau des glandes cutanées pouvant libérer de la tétrodotoxine (TTX). Il s'agit d'un puissant neurotoxique potentiellement mortel selon la dose ingérée.
Ce triton n'a qu'un seul prédateur dans certaines régions, le serpent-jarretière (*Thamnophis sirtalis*). On étudie alors la résistance des serpents-jarretière à des doses croissantes de tétrodotoxine en fonction de leur région d'origine et de la présence, ou non, de tritons rugueux produisant cette toxine.

Document. Résistance à la tétrodotoxine du serpent-jarretière pour différentes régions.

triton rugueux et serpent-jarretière

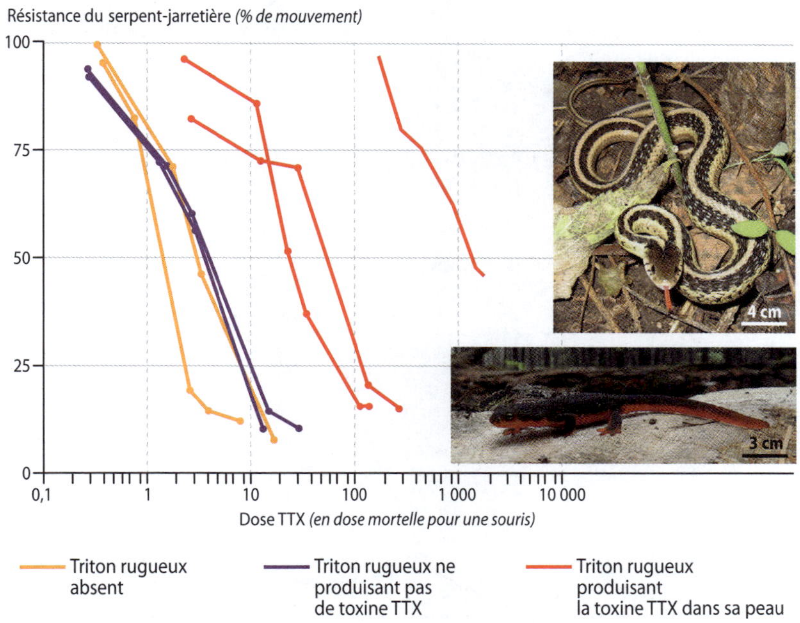

1. Interprétez les résultats obtenus.

2. Présentez, sous la forme d'un schéma, l'enchaînement des innovations évolutives qui pourraient expliquer les traits de caractères présents chez les deux espèces étudiées.

+ D'EXERCICES OFFERTS EN LIGNE

lienmini.fr/40836-EXOS

→ **Retrouvez, offerts en ligne, des exercices supplémentaires pour perfectionner votre entraînement.**

●●○ 30 min. EXERCICE **Le fanon gulaire chez les lézards du genre *Anolis***

CORRIGÉS DÉTAILLÉS

QCM D'AUTO-ÉVALUATION

1. b et c — **2.** a, b et c — **3.** a et c — **4.** b et c — **5.** c — **6.** a, b et c — **7.** a et b — **8.** a et c.

EXERCICE 1

1. Variation du nombre d'éléphants dans le parc Kruger depuis 1905 :

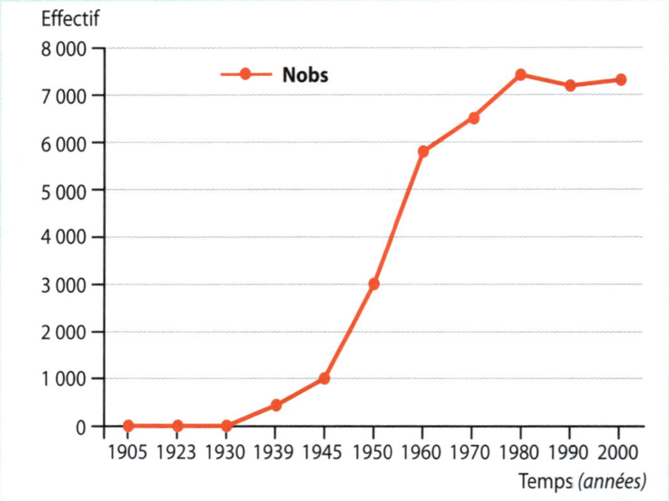

2.

t	1905	1923	1930	1939	1945	1950	1960	1970	1980	1990	2000
N^{obs}	10	13	29	450	980	3010	5800	6500	7400	7200	7310
N^{exp}	10	148	425	1640	4034	8540	38276	171542	768799	3445518	15441744

3. Le modèle exponentiel prédit très rapidement un nombre d'éléphants très supérieur aux valeurs observés (dès 1923). Ce modèle n'est donc pas réaliste car il néglige la quantité de ressources limitées du milieu qui a limité la prolifération des éléphants.

EXERCICE 2

La fréquence des allèles A, B et O diffère selon les populations étudiées, les populations aborigènes ayant totalement perdu l'allèle B et les populations amérindiennes ayant totalement perdu l'allèle B et pratiquement l'allèle A, qui représente moins de 1 % des allèles présents pour les groupes sanguins.
Comme il n'y a pas de modifications de l'espérance de vie selon les groupes sanguins (et qu'on peut supposer que cela ne modifie pas la fertilité des individus), les variations des fréquences ne peuvent pas s'expliquer pas sélection naturelle. Les résultats font plu-

tôt penser à une dérive génétique, les populations aborigènes et amérindiennes étant plus réduites que les autres populations étudiées et ne se reproduisant probablement qu'entre individus de la même population, la fréquence des allèles a évolué au hasard, mais a entraîné la perte de certaines formes alléliques du fait de la dérive génétique.

EXERCICE 3

1. L'allèle Lap^{94} est fréquent dans plus de 55 % des populations de moules sur la côte Atlantique et diminue à mesure que l'on s'enfonce dans la baie de Long Island.
Cet allèle permet de survivre dans un milieu très salé, sa prédominance se comprend sur la côte Atlantique car cela améliore la survie des moules qui le possèdent et qui, en se reproduisant, transmettent cet allèle à leur descendance.
La baie de Long Island reçoit des eaux douces continentales, l'eau de cette région est moins salée à l'intérieur de la baie qu'à la sortie de celle-ci. Les individus qui portent l'allèle Lap^{94} sont désavantagés car ils meurent plus facilement par l'entrée d'eau dans leurs cellules. Ils ont donc moins de temps et donc moins de chance de se reproduire que les moules qui ne possèdent pas cet allèle.

2. La fréquence de Lap^{94} n'est pas de 100 % sur la côte Atlantique et n'est pas nulle à l'intérieur de la baie, il doit donc y avoir d'autres paramètres en jeu. On peut supposer par exemple que les moules sur la côte Atlantique qui portent cet allèle se développent bien et sont donc plus grosses, devenant ainsi des proies privilégiées de prédateurs comme des crabes ou des étoiles de mer. Cet allèle avantageux pour la survie en milieu salé pourrait être un inconvénient dans la survie face à des prédateurs.

3. La fréquence de l'allèle Lap^{94} est systématiquement plus élevée dans les populations ayant migré que dans les populations d'origine. Or, la fréquence de l'allèle Lap^{94} augmente d'ouest en est. Les populations migrantes sont donc issues de larves de populations vivant plus à l'est dans la baie de Long Island et se trouvant entraînées vers l'ouest du fait de courants marins.

4. D'après le document 2, des moules avec une fréquence de l'allèle Lap^{94} plus élevée que la population de moule de départ migrent à l'intérieur de la baie. Ainsi, même si l'allèle confère un désavantage aux individus qui le portent, ce qui devrait se traduire par une fréquence nulle de l'allèle à l'intérieur de la baie, une migration venue de l'est apporte régulièrement des individus porteurs de cet allèle, ce qui maintient une fréquence faible, mais non nulle, de cet allèle dans les populations à l'intérieur de la baie.

EXERCICE 4

1. Les serpents-jarretière qui vivent dans des régions où le triton rugueux est absent sont sensibles au TTX car ils sont paralysés pour de faibles doses de TTX (10 à 20 fois nécessaires pour tuer une souris). Les résultats sont les mêmes pour les serpents-jarretière qui vivent dans des régions où demeurent des tritons rugueux qui ne produisent pas de TTX. En revanche, les serpents-jarretière qui vivent dans des régions où des tritons rugueux produisent du TTX sont 10 à 100 fois plus résistants à la toxine que les serpents des autres régions. Ceci montre que la présence du triton, proie du serpent-jarretière, a favorisé la survie d'individus possédant une résistance, apparue par mutation et transmise aux descendants.

Le fait que les serpents issus des autres régions soient sensibles montre bien que la production de TTX par le triton rugueux a joué le rôle de pression de sélection et a favorisé la survie d'individus ayant acquis de manière aléatoire une mutation à l'origine de cette résistance.
De même, l'existence de populations de tritons rugueux ne produisant pas de TTX montre que cette innovation évolutive est apparue elle aussi par mutation, et que cela a conféré un avantage aux individus possédant cette toxine. En effet, cela a amélioré leur survie en les protégeant de prédateurs. C'est donc la sélection naturelle qui explique la présence de tritons rugueux produisant de la tétrodotoxine et de serpents-jarretière résistants à cette toxine.

2. Coévolution entre les deux espèces par pression de sélection réciproque au cours du temps.

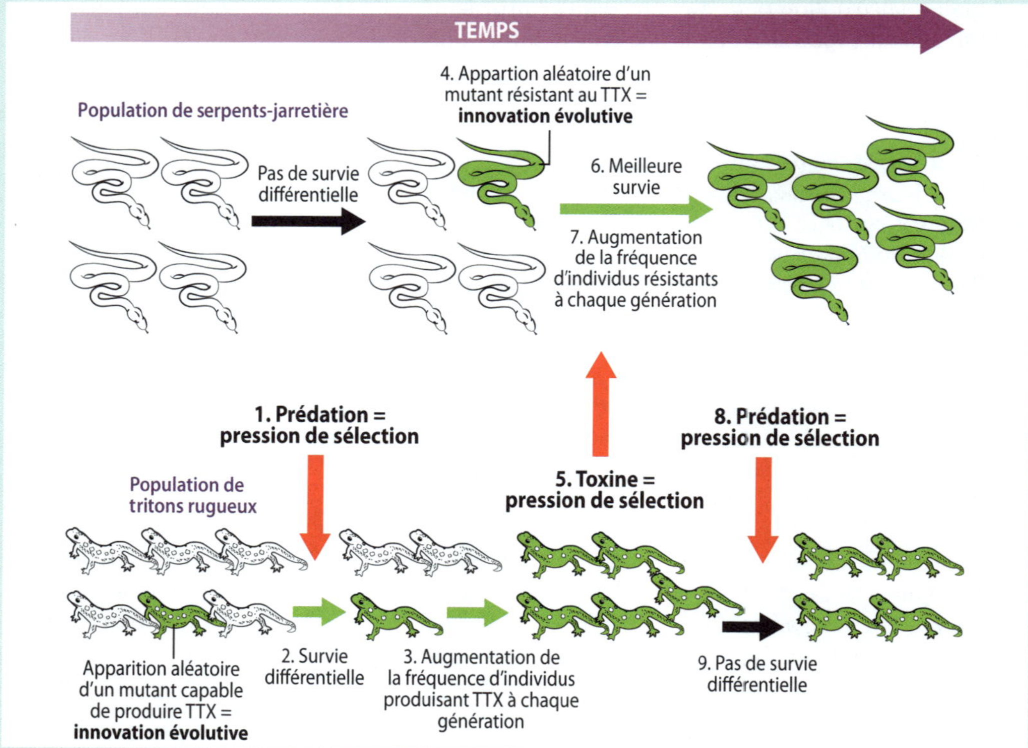

CHAPITRE 8
La communication intercellulaire

Plan du chapitre

Chez des êtres vivants pluricellulaires, comme les animaux ou les Angiospermes, des cellules éloignées peuvent communiquer entre elles et se transmettre des informations. Cette communication intercellulaire assure le fonctionnement coordonné des cellules d'un organisme et permettent des réponses à des signaux internes ou externes. Il existe différents types de communication qui présentent des caractéristiques propres.

Objectifs et compétences

Ce que j'ai vu au lycée	Ce que je vais apprendre en prépa
• SECONDE Les hormones et les neurohormones assurent la communication cellulaire lors de la reproduction. • PREMIÈRE Des molécules circulantes interviennent dans la communication entre cellules. • TERMINALE SPÉ Les neurones véhiculent des messages nerveux transmis aux cellules cibles par l'intermédiaire des synapses. Le message peut être électrique et codé en fréquence ou chimique et codé en concentration. Les hormones végétales contrôlent le développement des plantes à fleurs. Le maintien de la concentration du glucose est régulé par des hormones.	• Les différentes modalités de communications (nerveuse, endocrine, paracrine) sont complémentaires et en interaction. Elles assurent la coordination des fonctions de l'organisme. • La pression artérielle moyenne est maintenue dans une gamme de valeurs restreinte, variable selon les individus et les conditions, par des mécanismes de régulation qui font intervenir ces différents types de communication.

AUTO-ÉVALUATION

► Évaluez-vous en répondant à la série de questions ci-dessous. Plusieurs bonnes réponses sont possibles.

QCM INTERACTIFS
lienmini.fr/40836-8

1. Une hormone :

☐ **a.** est sécrétée par les cellules cibles ;
☐ **b.** déclenche des modifications de l'activité de toutes les cellules qui ont des récepteurs hormonaux ;
☐ **c.** provoque les mêmes réponses quelle que soit sa concentration plasmatique ;
☐ **d.** doit se fixer sur un récepteur pour agir sur une cellule cible.

2. Le message hormonal :

☐ **a.** est la présence ou l'absence d'une hormone dans le sang ;
☐ **b.** dépend de la sécrétion d'hormones dans le sang par des cellules endocrines ;
☐ **c.** est codé en variation de fréquence ;
☐ **d.** permet la communication entre des cellules éloignées dans l'organisme.

3. Le potentiel d'action :

☐ **a.** est de nature chimique ;
☐ **b.** est véhiculé par l'axone puis transmis à une autre cellule nerveuse ;
☐ **c.** a une amplitude variable en fonction de l'intensité de la stimulation ;
☐ **d.** est de fréquence variable, ce qui constitue un message.

4. L'intégration nerveuse :

☐ **a.** fait intervenir deux types de sommations : la sommation spatiale et la sommation temporelle ;
☐ **b.** fait intervenir successivement sommation spatiale puis sommation temporelle ;
☐ **c.** se réalise au niveau de la synapse ;
☐ **d.** détermine la fréquence de potentiels d'action véhiculée par l'axone.

5. La communication paracrine :

☐ **a.** se fait entre des cellules qui peuvent être éloignées dans l'organisme ;
☐ **b.** fait intervenir des récepteurs spécifiques localisés sur les cellules cibles ;
☐ **c.** met en jeu des potentiels d'action qui déclenchent la libération du facteur paracrine par les cellules émettrices ;
☐ **d.** permet une communication entre cellules proches.

6. Le codage du message nerveux est réalisé :

☐ **a.** uniquement en fréquence de potentiels d'action ;
☐ **b.** en amplitude des potentiels d'action et en concentration de neurotransmetteur dans la fente synaptique ;
☐ **c.** en fréquence de potentiels d'action sur l'axone et en concentration de neurotransmetteurs dans la fente synaptique ;
☐ **d.** en concentration de potentiels d'action et de neurotransmetteurs.

7. Un bouton synaptique :

☐ **a.** contient des vésicules de neurotransmetteurs ou de neurohormones ;
☐ **b.** libère des neurotransmetteurs ou des neurohormones en réponse à l'arrivée de potentiels d'action ;
☐ **c.** porte des récepteurs spécifiques à un neurotransmetteur ;
☐ **d.** peut être située sur une cellule endocrine.

► Corrigés p. 167

SYNTHÈSE DE COURS

1 La communication hormonale repose sur des substances transportées des cellules émettrices aux cellules cibles

Des cellules peuvent communiquer entre elles alors qu'elles sont éloignées dans l'organisme.

1.1. Les molécules circulantes, de leur émission à leur réception

Chez les animaux, certaines cellules sont capables de modifier le comportement d'autres cellules situées à distance par l'intermédiaire d'un message véhiculé par le sang.
Par exemple, les cellules responsables du flux de glucose assurent le maintien d'une glycémie stable chez l'être humain et sont contrôlées par des hormones pancréatiques :
- l'**insuline**, une hormone hypoglycémiante qui favorise la consommation de glucose par les cellules cibles ;
- le **glucagon**, une hormone hyperglycémiante qui favorise le relargage du glucose dans le sang par les cellules cibles.

Les sécrétions d'hormones par les cellules pancréatiques (α et β) des îlots de Langerhans varient en fonction des besoins de l'organisme. Lorsque la glycémie augmente, la sécrétion d'insuline par les cellules β augmente et celle de glucagon par les cellules α diminue. Les cellules cibles de ces hormones, les cellules hépatiques et les cellules musculaires, stockent du glucose sous forme de glycogène.

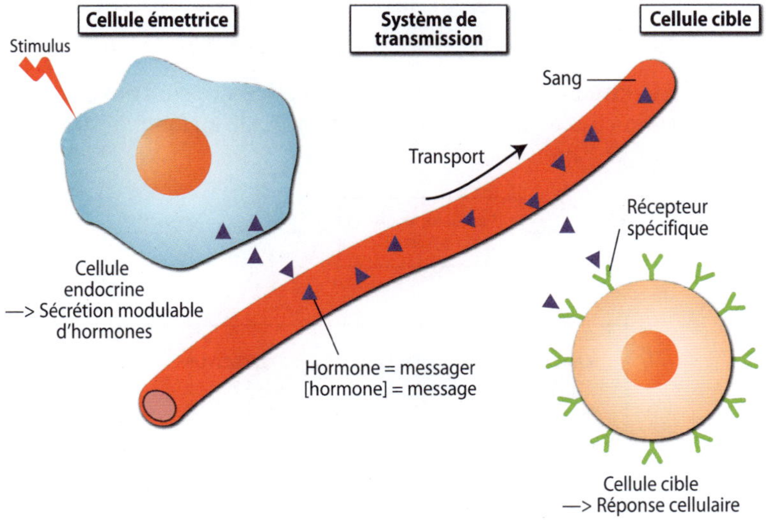

► **Figure 8.1.** Le message hormonal.

On retrouve dans cet exemple l'ensemble des caractéristiques de la communication hormonale entre cellules :

- le messager est l'hormone transportée par le sang dans le système circulatoire. C'est sa concentration à chaque instant qui constitue le message. Le message hormonal est donc codé en variation de concentration de messager hormonal ;
- les messagers sont produits par des cellules émettrices situées dans des glandes dites « endocrines » ;
- seules les cellules possédant des récepteurs capables de fixer l'hormone circulante sont des cellules cibles. Leur activité est modifiée en réponse à la fixation d'une quantité plus ou moins importante d'hormone.

Les récepteurs portés par les cellules cibles sont le plus souvent des protéines membranaires dont la forme est spécifique et complémentaire d'une hormone. La fixation de l'hormone modifie la forme du récepteur entraînant une modification d'activité de la cellule.

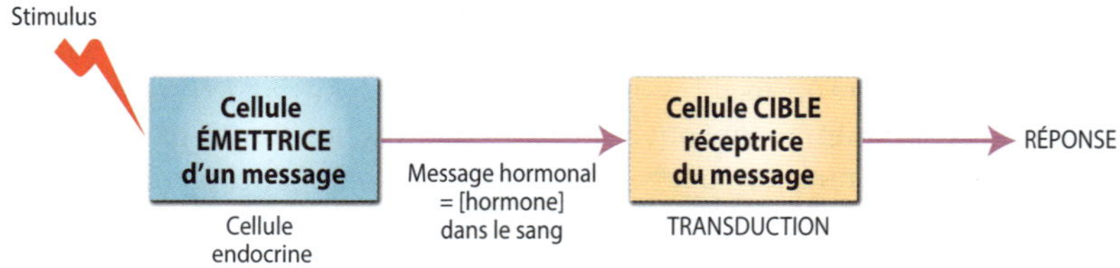

► **Figure 8.2.** Les étapes de la communication hormonale.

Objectif prépa

Les récepteurs sont membranaires si l'hormone est hydrophile, mais ils peuvent également être nucléaires pour des hormones hydrophobes (ex : hormones stéroïdes).

1.2. L'importance de la communication hormonale dans le fonctionnement de l'organisme : exemple d'une boucle de régulation

Différents paramètres du milieu intérieur, comme la glycémie, sont des paramètres régulés. La communication intercellulaire hormonale participe au fonctionnement cohérent de l'ensemble de l'organisme.

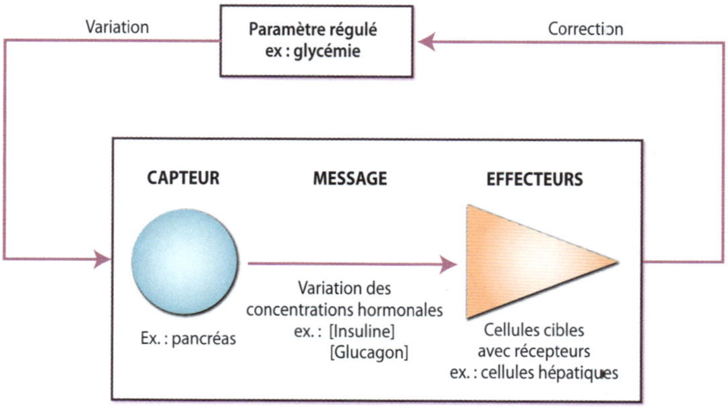

► **Figure 8.3.** Implication du message hormonal dans une boucle régulation.

1.3. Les hormones végétales et le développement des plantes à fleurs

Le développement des plantes à fleurs associe croissance (augmentation de taille) et différenciation d'organes à partir de méristèmes (*cf.* chapitre 4). Cette croissance est contrôlée par des hormones végétales, comme l'auxine. Ces hormones sont produites à un endroit du végétal et sont transportées à un autre emplacement. En se fixant sur des récepteurs spécifiques, elles modifient l'activité de cellules cibles et influencent la croissance.
L'environnement (lumière, gravité) peut modifier et orienter la croissance du végétal en modifiant la répartition des hormones végétales.

Attention !

Les hormones végétales, émises par des cellules agissent sur d'autres cellules à distance, mais elles ne sont pas systématiquement véhiculées par les sèves et possèdent des propriétés biochimiques différentes des hormones des animaux.

2 La communication nerveuse est une communication de cellule à cellule véhiculée par des cellules spécialisées

La transmission du message nerveux est réalisée par les neurones, cellules spécialisées de la communication nerveuse. Ils établissent des contacts étroits, nommés synapses, entre eux et avec des cellules cibles. On retrouve les étapes de la communication intercellulaire mais avec des caractéristiques différentes.

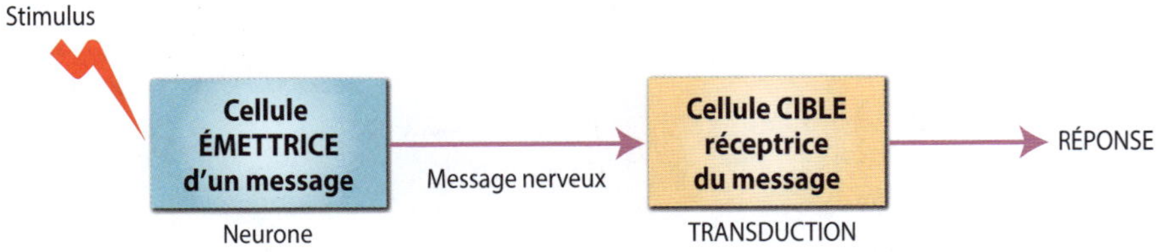

► **Figure 8.4.** Les étapes de la communication nerveuse.

2.1. La transmission d'un message d'un neurone à une cellule excitable

Le neurone est une cellule émettrice spécialisée qui communique avec d'autres cellules. Une cellule nerveuse possède un potentiel de membrane qui peut s'inverser puis revenir à sa valeur initiale en réponse à une stimulation. Cette dépolarisation/repolarisation, appelée potentiel d'action, est stéréotypée. C'est un message de nature électrique, toujours identique qui est véhiculé sans atténuation jusqu'aux zones de contact avec d'autres cellules, les synapses.

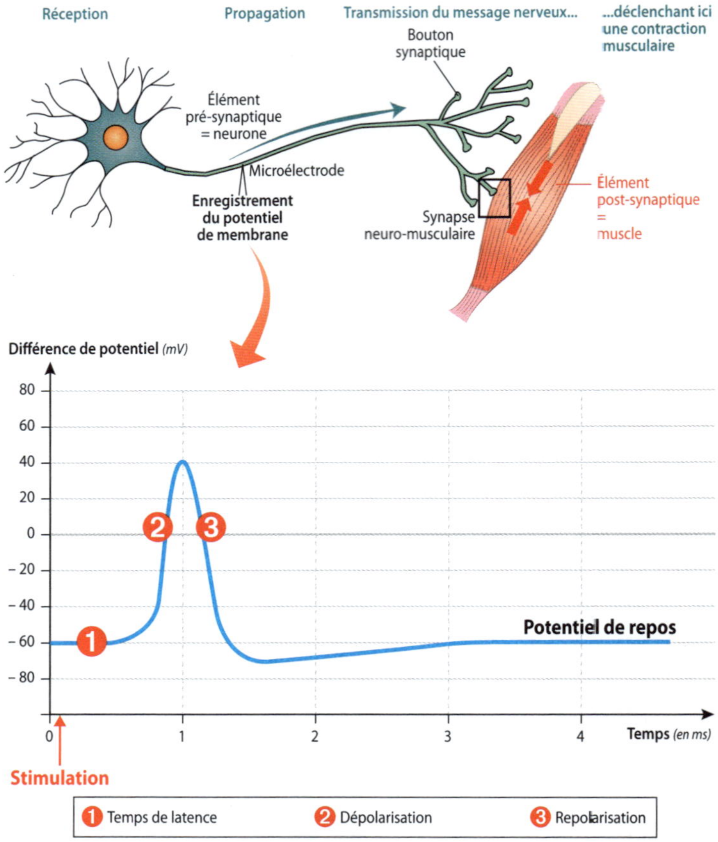

► **Figure 8.5.** Le potentiel d'action, messager nerveux véhiculé sur le neurone.

Si l'amplitude et la durée d'un potentiel d'action sont toujours les mêmes, leur fréquence peut varier en fonction des stimuli reçus par le neurone. Le potentiel d'action est le messager et c'est la fréquence de potentiels d'action qui constitue le message.

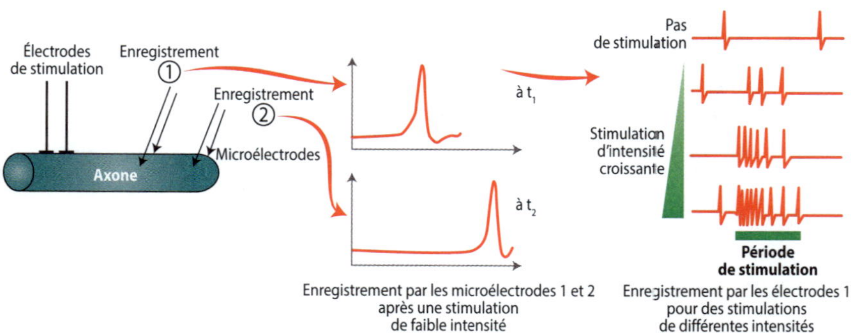

► **Figure 8.6.** Le potentiel d'action, messager stéréotypé de fréquence variable.

La zone de contact entre une cellule nerveuse et une autre cellule (nerveuse ou musculaire) est une synapse qui contient de nombreuses vésicules de neurotransmetteur. L'arrivée d'un potentiel d'action déclenche la fusion de vésicules avec la membrane et la libération de neurotransmetteur dans la fente synaptique. Celui-ci diffuse dans la fente

synaptique et se fixe sur les récepteurs membranaires de la cellule post-synaptique ce qui donne naissance à un nouveau message nerveux.
C'est la quantité de neurotransmetteur libéré dans la fente synaptique qui détermine l'intensité de la réponse de la cellule postsynaptique. Ainsi, au niveau d'une synapse, le messager est le neurotransmetteur et c'est sa concentration qui constitue le message.

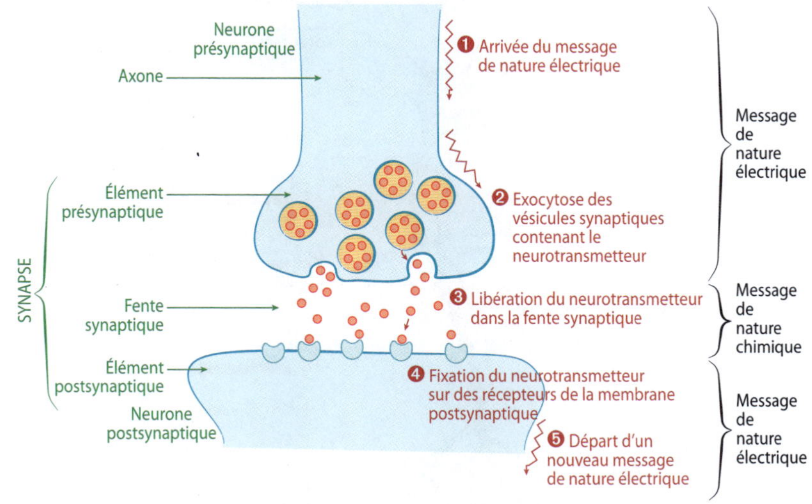

► **Figure 8.7.** Le fonctionnement d'une synapse.

2.2. L'intégration neuronale

Les neurones moteurs reçoivent simultanément des informations provenant de synapses différentes qui peuvent être inhibitrices (-) et diminuer l'activité du motoneurone, ou bien excitatrices (+) et avoir l'effet inverse. À partir de toutes les informations reçues, le motoneurone élabore un message unique par sommation des messages reçus : c'est l'intégration nerveuse. La sommation peut être :

- **spatiale,** lorsque des messages arrivent simultanément de synapses différentes ;
- **temporelle,** lorsque des messages arrivent de façon très rapprochée sur une même synapse.

C'est le résultat de la sommation à un instant t qui détermine la fréquence des potentiels d'action véhiculés par l'axone du neurone moteur.

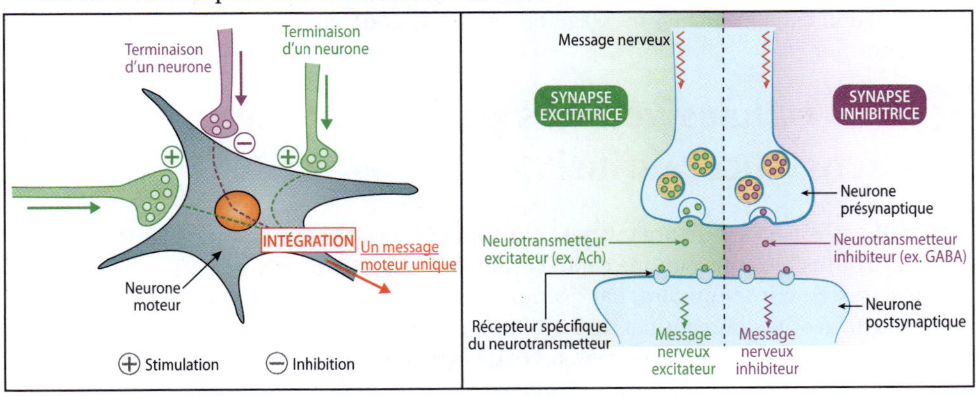

► **Figure 8.8.** L'intégration nerveuse.

Certaines substances exogènes, comme des drogues, modifient la propagation des messages nerveux.

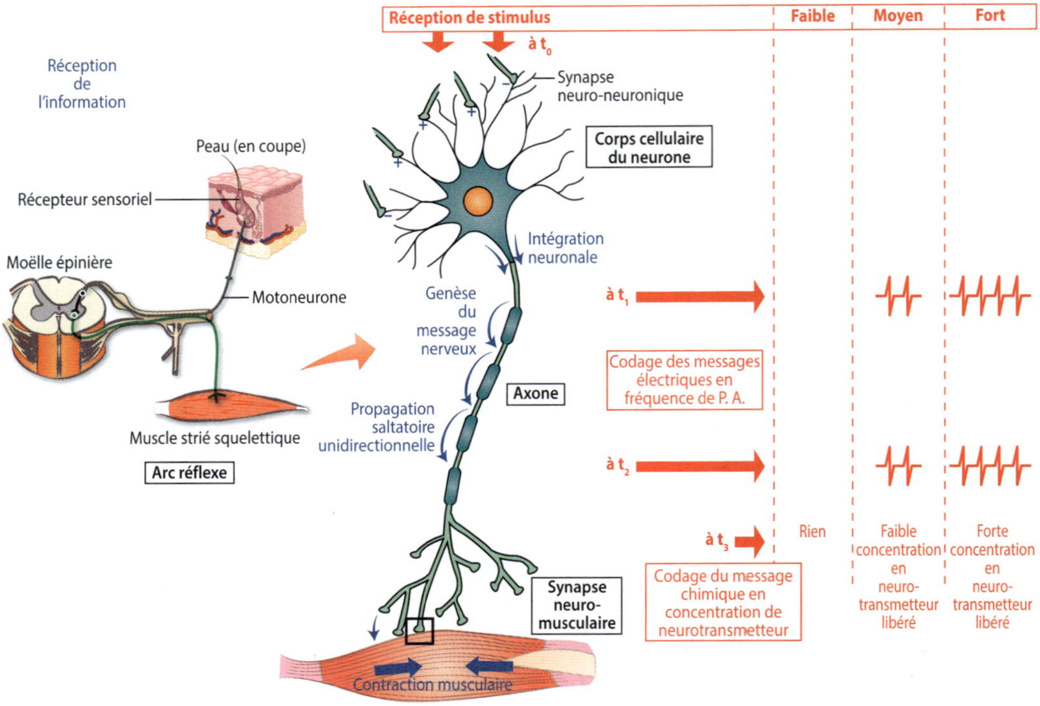

► **Figure 8.9.** Bilan, les neurones d'un arc réflexe avec la genèse et la propagation du message nerveux sur le motoneurone.

2.2. Les neurohormones

Les synapses de certains neurones, comme les neurones de l'hypothalamus dans le cerveau, libèrent les neurotransmetteurs dans le sang et non dans une fente synaptique. Ces neurotransmetteurs, appelés neurohormones (par exemple le CRH libéré par l'hypothalamus en situation de stress), sont capables d'agir à distance sur des cellules cibles qui portent les récepteurs correspondant. Un message nerveux codé en fréquence de potentiels d'action est converti en message biochimique codé en concentration sanguine de neurohormones.

3 Des cellules voisines peuvent communiquer par des substances diffusibles

Des cellules voisines d'un organisme animal peuvent communiquer par l'émission d'un message diffusible émis par une cellule et agissant à courte distance.
Dans le système immunitaire, par exemple, les cellules sentinelles peuvent libérer des interleukines après la reconnaissance d'un élément étranger comme une bactérie. Les interleukines diffusent entre les cellules et déclenchent la réaction inflammatoire en stimulant des cellules spécifiques.
Cette communication, *via* des facteurs diffusibles (messager) dont la concentration varie dans le milieu, est une communication paracrine.

Objectif prépa

La communication paracrine joue un rôle important dans le développement embryonnaire.

4 Les systèmes de communications sont interconnectés. Un exemple, la réponse au stress

Les différents systèmes de communication sont interconnectés et participent à des réponses adaptatives à une perturbation.
Ainsi, la réponse d'un organisme à un stress biologique met en jeu la coopération des différents systèmes biologiques : endocrinien, nerveux et immunitaire.

- **Une réponse à court terme, immédiate et rapide à un agent stresseur :** la détection de l'agent stresseur stimule le système limbique (ce système regroupe différentes régions du cerveau impliqué dans les émotions). Celui-ci envoie un message nerveux aux glandes surrénales qui libèrent une hormone, l'adrénaline, qui augmente les fréquences cardiaque et ventilatoire ainsi que la libération de glucose dans le sang.
- **Une réponse à plus long terme :** l'hypothalamus libère une neurohormone, la CRH, qui stimule la sécrétion d'une hormone, l'ACTH par l'hypophyse. Cette dernière stimule la libération d'une autre hormone, le cortisol, par les corticosurrénales. Celui-ci exerce un rétrocontrôle en inhibant l'hypothalamus et l'hypophyse et stimule la libération de glucose dans le sang.

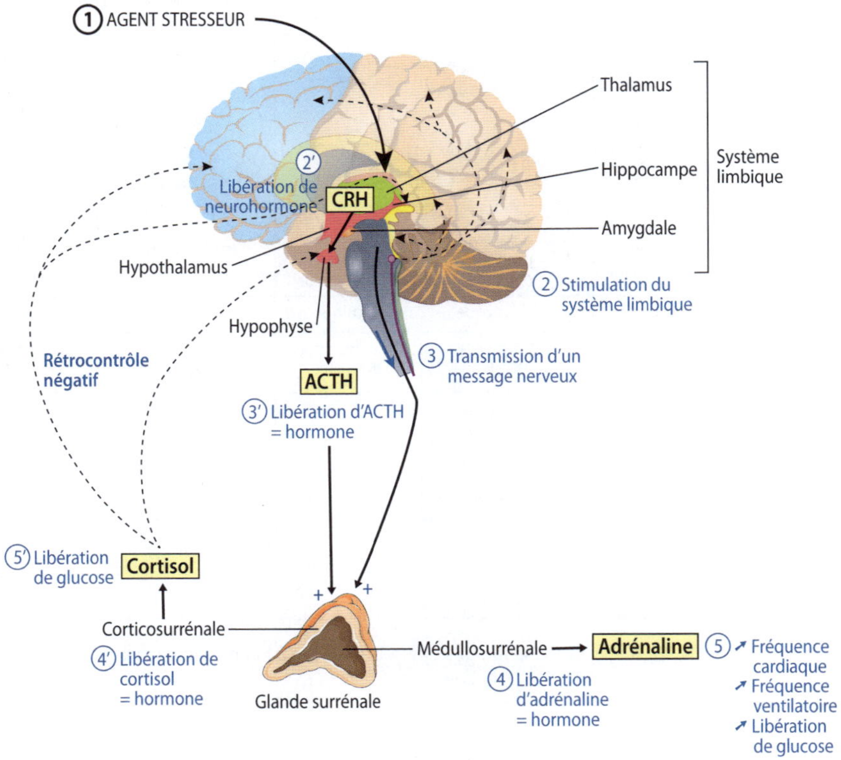

▶ **Figure 8.10.** La réponse à un agent stresseur.

À retenir

La communication intercellulaire implique une succession d'étapes :
- l'élaboration et l'émission d'un message par une cellule émettrice ;
- un éventuel transport ;
- la réception d'un message par une cellule réceptrice et son interprétation par cette cellule ;
- la réponse cellulaire et l'inactivation du messager.

Communication	hormonale	nerveuse	neuro-hormonale	paracrine

Cellule émettrice

Système de transmission

Cellule cible → récepteurs spécifiques

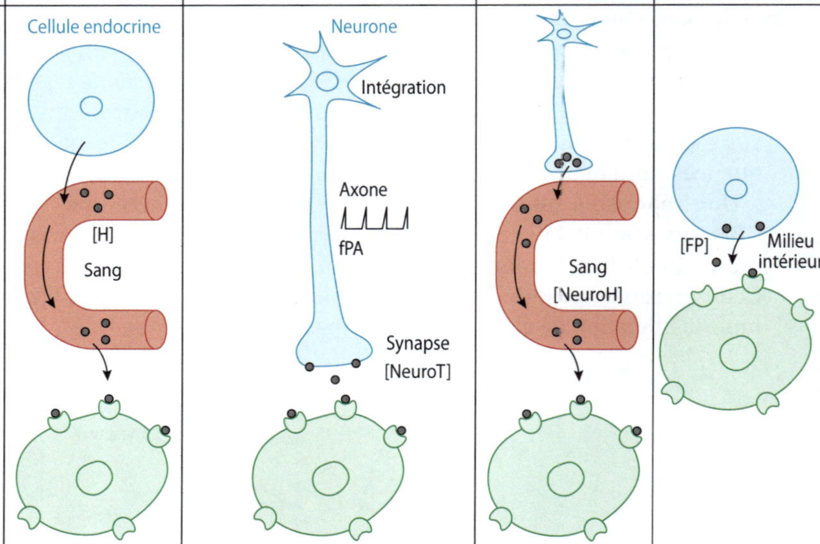

Communication	hormonale	nerveuse		neuro-hormonale	paracrine
		Axone	Synapse		
Messager	Hormone	potentiel d'action	Neuro-transmetteur	Neurohormone	Facteur paracrine
Nature	chimique	électrique	chimique	chimique	chimique
Message	Concentration [H]	fréquence fPA	Concentration [NeuroT]	Concentration [NeuroH]	Concentration [FP]
Vitesse de propagation du message	Vitesse de la circulation du sang	Quelques mètres par seconde. Jusqu'à 100 mètres par seconde.			
Exemples	Insuline Adrénaline Testostérone FSH		Acétylcholine	CRH GnRH	Interleukine

► **Figure 8.11.** Comparaison des différents modes de communication.

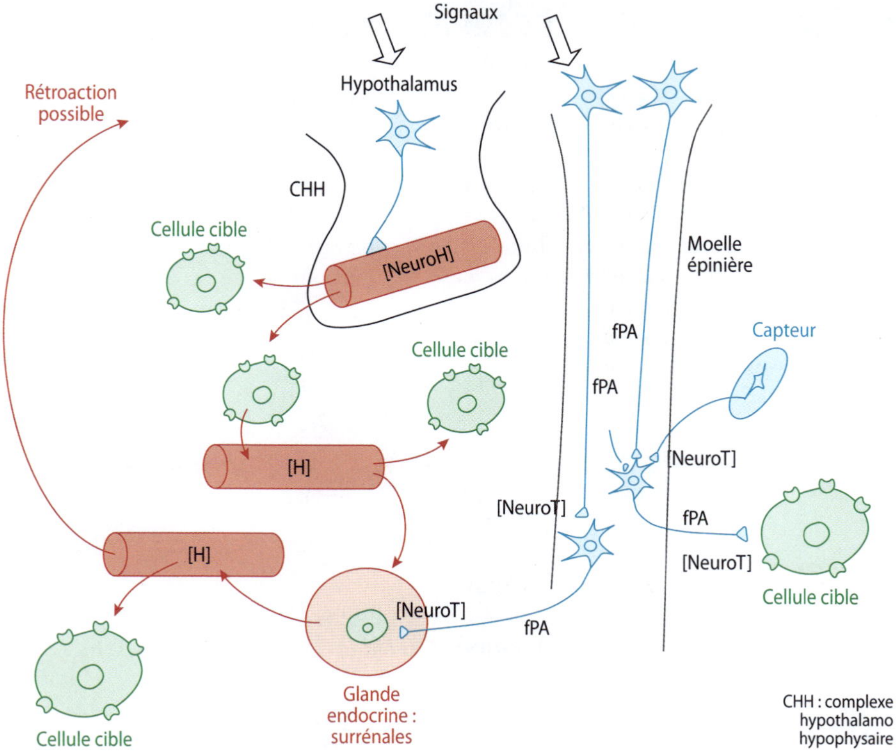

► **Figure 8.12.** Des modes de communication interconnectés.

Conclusion

Il existe différents modes de communication (nerveuse, endocrine, paracrine) qui sont complémentaires.

Chaque mode de communication est caractérisé par la nature des messagers, le codage du message, les voies de transfert de l'information, la vitesse de transfert et le décodage.

Tous les modes de communication coopèrent dans des boucles de régulation qui assurent le maintien de paramètres physiologiques fondamentaux.

EXERCICES D'APPLICATION

●○○ 5 min.

EXERCICE 1 Le potentiel d'action

On enregistre en laboratoire l'activité d'une fibre nerveuse. Des stimulations de même durée et d'intensité variable sont appliquées à cette fibre. Les deux premiers signaux enregistrés sur la fibre, R1 et R2, correspondent aux stimulations S1 et S2 et ne se propagent pas.

Donnez les caractéristiques du potentiel d'action et de sa genèse.

Document. Réponse de la fibre nerveuse à des stimulations de plus en plus fortes : S1 < S2 < S3 < S4.

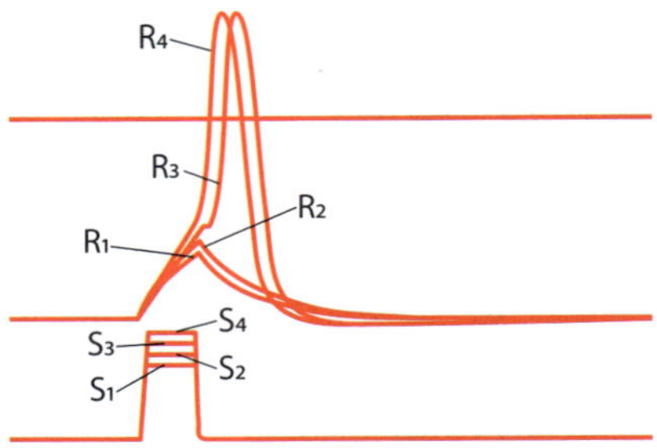

●○○ 10 min.

EXERCICE 2 L'intégration nerveuse

Trois synapses, A, B et C, sont en contact avec un motoneurone. On peut appliquer séparément une stimulation sur les neurones A, B et C. Chaque stimulation engendre un seul potentiel d'action sur l'axone du neurone stimulé. On enregistre le message nerveux sur l'axone du motoneurone en réponse à différentes stimulations.

Document 1. Motoneurone et synapses associées.

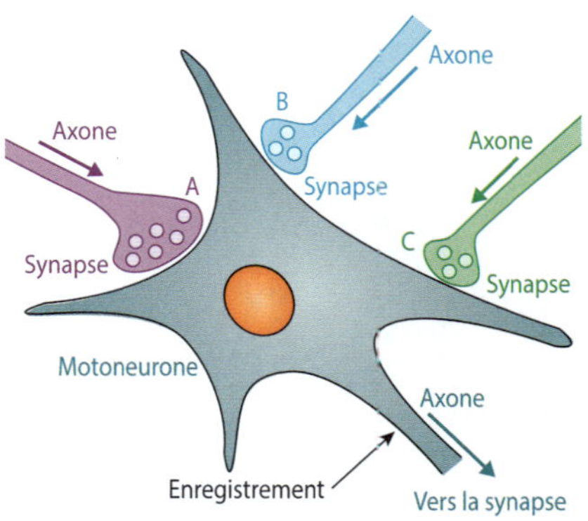

Document 2. Enregistrements obtenus après différentes stimulations des neurones A, B et C.

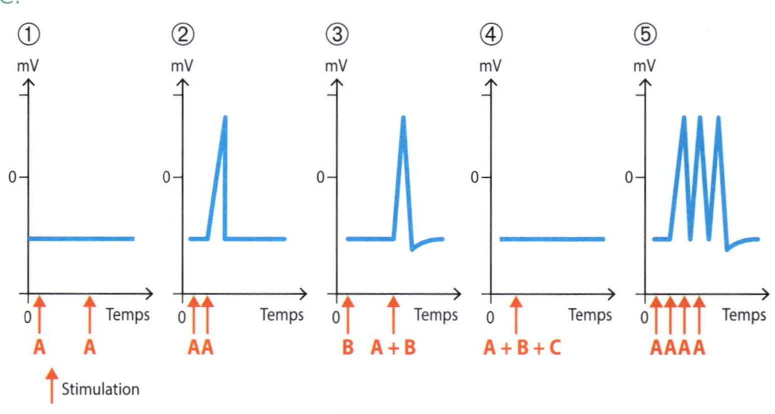

1. Expliquez les enregistrements 1, 2 et 3.

2. À partir des enregistrements 1 à 4, déterminez pour chacune des synapses, A, B et C s'il s'agit d'une synapse excitatrice ou inhibitrice.

3. À partir de l'enregistrement 5, expliquez le codage du message nerveux sur l'axone.

●●● 20 min.

EXERCICE 3 La communication au cours du développement embryonnaire

Toutes les cellules d'un organisme possèdent la même information génétique car elles sont issues de la même cellule-œuf par mitose. Or, il existe de nombreux types cellulaires différents selon l'organisme étudié. Des études ont été réalisées chez une espèce d'Amphibien, le Xénope pour mieux comprendre les mécanismes qui déclenche la détermination des cellules.
L'ectoderme est un tissu embryonnaire à l'origine notamment de l'épiderme et du système nerveux. Le mésoderme est à l'origine de nombreux tissus internes comme les os, les muscles, l'appareil circulatoire ou le système rénal. L'endoderme est à l'origine des appareils digestif et respiratoire. Le mésoderme se forme à partir de l'ectoderme et des communications entre cellules sont indispensables.

Document 1. Expérience de marquage, séparation et réassociation de fragments d'embryons.

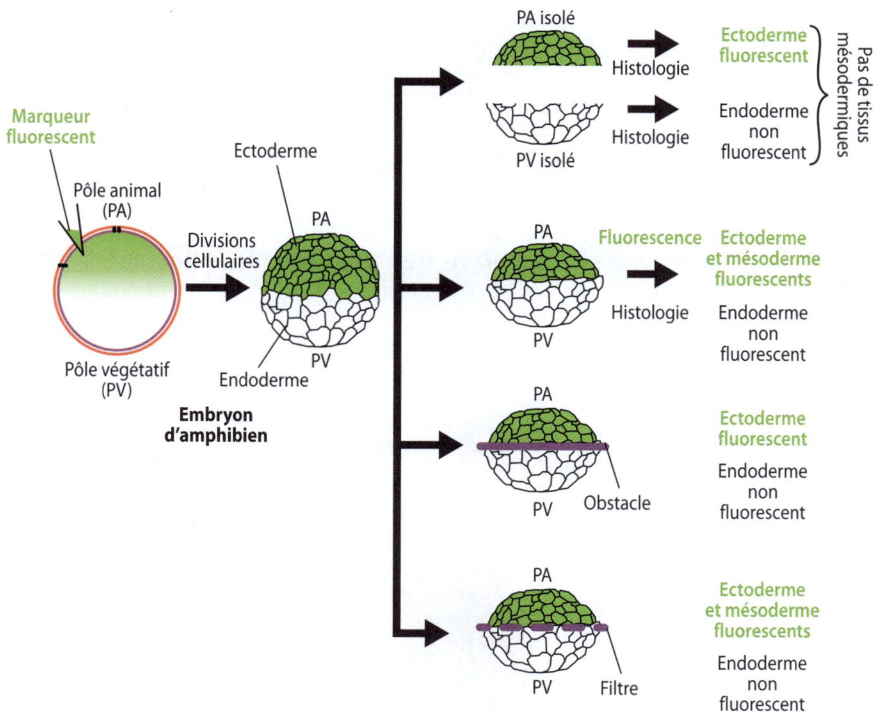

1. Analysez les résultats fournis et justifiez qu'ils indiquent l'existence d'une communication entre cellules pour la mise en place du mésoderme.

Des fragments de l'ectoderme d'embryons de Xénope sont cultivés in vitro en présence de différentes molécules potentiellement sécrétées par des cellules de l'embryon au cours du développement embryonnaire. Le devenir de ce fragment de calotte animal est alors observé.

Document 2. Devenir de cellules de la calotte animale en fonction de la concentration en différentes molécules dans le milieu de culture.

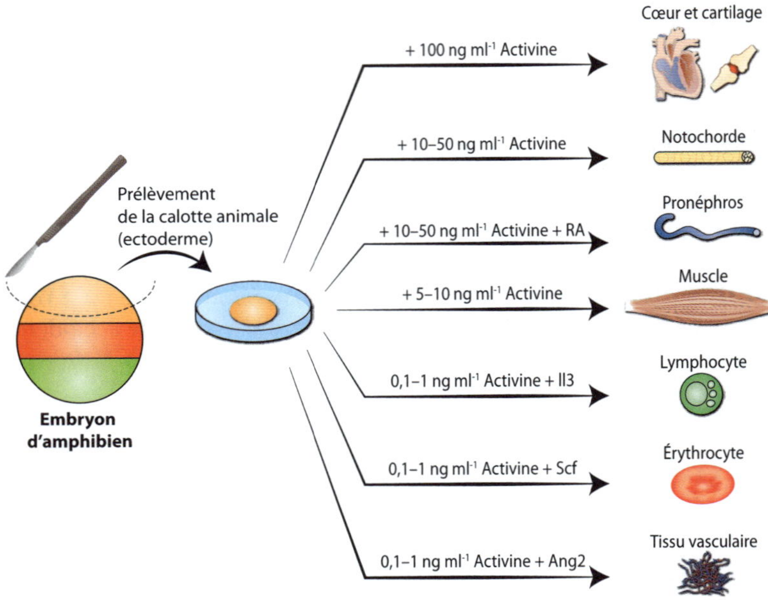

2. Déterminez les facteurs à l'origine de la différenciation d'une cellule de l'embryon en cellule spécialisée.

●●○ 20 min.

EXERCICE 4 La réponse immédiate des glandes médullosurrénales à un stress

Lors d'un stress, le système limbique est activé ce qui déclenche la transmission de messages nerveux à différents organes dont les glandes médullosurrénales *via* les nerfs splanchniques. (voir Figure 8.12. Des modes de communication interconnectés).

Document 1. Schéma d'une glande médullosurrénale.

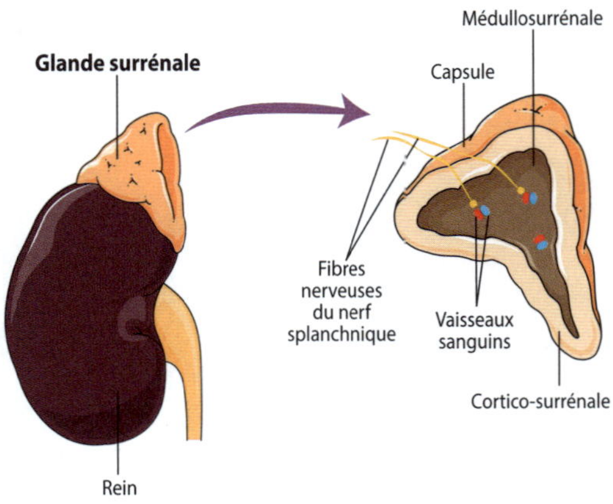

Document 2. Variation de la concentration sanguine d'adrénaline et de la glycémie suite à la stimulation des fibres nerveuses innervant les cellules de la glande médullo-surrénale.

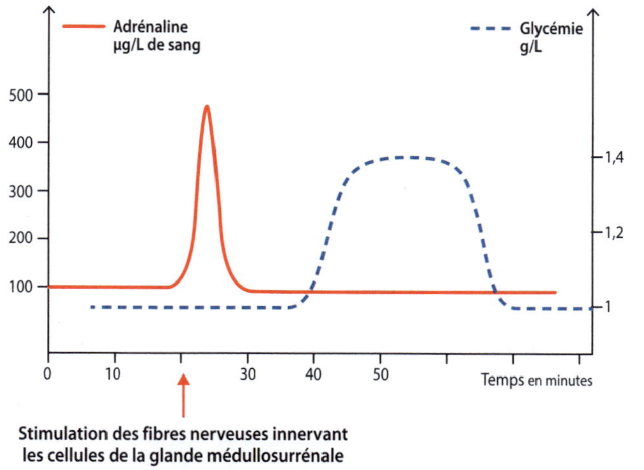

Document 3. Schéma d'une électronographie de cellule de la glande surrénale.

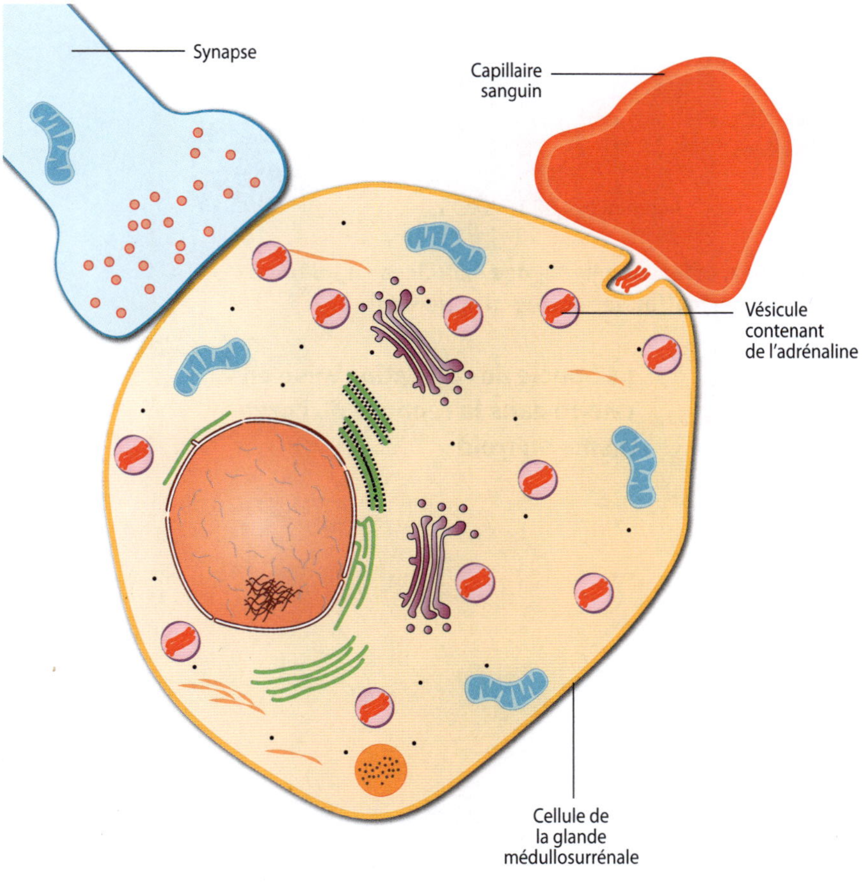

EXERCICES D'APPLICATION

Suite à une injection de 10 µg d'adrénaline à des rats, on prélève des cellules de foie et on détecte la localisation de la radioactivité : elle est située sur les membranes plasmiques des cellules hépatiques. On mesure également la glycémie de rats suite à l'injection de différentes doses d'adrénaline.

Document 4. Glycémie de rats après une injection d'adrénaline à différentes concentrations.

Concentration d'adrénaline injectée (µg/100g d'individu)	0	5	20	40	80
Glycémie (g/L)	1,33 +/- 0,04	1,78 +/- 0,25	2,1 +/-0,1	2,2 +/-0,22	3,81 +/-0,23

1. Expliquez la succession des événements aboutissant à la libération d'adrénaline par les cellules des glandes surrénales et reportez ces événements sur le document 3.

2. À partir de l'analyse des résultats expérimentaux des figures 2 et 4, identifiez les effets de l'adrénaline et dégagez les caractéristiques de son mode d'action.

+ D'EXERCICES OFFERTS EN LIGNE

lienmini.fr/40836-EXOS

→ **Retrouvez, offerts en ligne, des exercices supplémentaires pour perfectionner votre entraînement.**

●●● 30 min. EXERCICE **La boucle de régulation mise en œuvre dans la réponse de l'organisme au froid**

CORRIGÉS DÉTAILLÉS

QCM D'AUTO-ÉVALUATION

1. d — 2. b et d — 3. d — 4. a et d— 5. b et d— 6. c— 7. a, b et d.

EXERCICE 1

Le potentiel d'action apparaît lorsque la stimulation est suffisante et dépasse un certain seuil. Lorsque le seuil n'est pas atteint, le potentiel d'action n'apparaît pas et lorsque le seuil est atteint, le potentiel d'action a d'emblée une amplitude maximale invariable.
Le potentiel d'action dure environ 2 ms, il correspond à une variation brutale du potentiel de membrane de 100 mV. Il est constitué d'une dépolarisation suivie d'une repolarisation.

EXERCICE 2

1. La stimulation de l'axone A ne génère pas de potentiel d'action sur l'axone du motoneurone. Par contre deux stimulations rapprochées de l'axone A déclenchent la naissance d'un potentiel d'action : l'effet de la deuxième stimulation s'ajoute à celui de la première, il y a sommation temporelle.
La stimulation de l'axone B ne génère pas de potentiel d'action sur l'axone du motoneurone. En revanche, deux stimulations simultanées des axones A et B donnent naissance à un potentiel d'action sur l'axone du motoneurone : il y a sommation spatiale.
La sommation spatiale et la sommation temporelle permettent au neurone d'élaborer un message unique qui dépend des différents messages reçus : c'est l'intégration.

2. D'après la question 1, les synapses A et B sont des synapses excitatrices. Cependant, lorsqu'on stimule l'axone C en plus des axones A et B, il n'y a plus de naissance de potentiel d'action sur l'axone du neurone moteur : la synapse C est une synapse inhibitrice.

3. Lorsqu'on stimule plusieurs fois l'axone A, la fréquence des potentiels d'action émis par le motoneurone augmente : le message nerveux véhiculé par un axone est codé en fréquence de potentiels d'action.

EXERCICE 3

1. La culture de la calotte animale seule est à l'origine d'ectoderme et la culture du pôle végétatif seul est à l'origine d'endoderme. La coculture des deux parties est à l'origine du mésoderme fluorescent. Comme seule la calotte animale a reçu un marqueur fluorescent, on en déduit que le pôle végétatif induit (déclenche) la formation de tissu mésodermique à partir de cellules de la calotte animale. Cette détermination n'a pas lieu si un obstacle est placé entre les deux parties de l'embryon, ce qui implique soit un contact, soit un transfert de molécule de l'endoderme vers l'ectoderme. En revanche, le mésoderme se forme si un filtre est placé entre l'endoderme et l'ectoderme, ce qui montre que l'endoderme déclenche la formation de mésoderme à partir d'ectoderme grâce à une molécule capable de diffuser. Il existe donc une communication entre les cellules au cours du développement embryonnaire.

2. Selon la concentration d'activine, le devenir cellulaire change. Une faible concentration d'activine permet la différenciation des cellules en muscle, alors qu'une concentration dix fois supérieure permet la formation de notochorde et qu'une concentration encore dix fois supérieure permet la formation de cœur ou de cartilage. Le message de différenciation est donc codé en concentration en molécules chimiques dans l'environnement de la cellule.
Pour une même concentration d'activine dans le milieu de culture, le devenir cellulaire est différent selon la présence d'IL-3, qui permet la formation de globules blancs, ou d'Ang2 qui permet la formation de vaisseaux sanguins. Ainsi, la cellule est capable d'intégration des messages chimiques qu'elle reçoit, puisque sa différenciation dépend non seulement de la concentration en activine dans son environnement, mais aussi de la présence d'autres molécules informatives comme IL-3, Scf ou Ang2.

EXERCICE 4

1. Suite à un stress, les fibres des nerfs splanchniques véhiculent des potentiels d'action. D'après le document 2, le message véhiculé par ces fibres stimule la libération d'adrénaline dans le sang. Les synapses des fibres du nerf splanchnique sont situées sur les cellules de la médullosurrénale. La libération du neurotransmetteur déclenche la libération d'adrénaline par ces cellules dans les capillaires adjacents.

2. On constate que la glycémie augmente suite au pic d'adrénaline. On peut formuler l'hypothèse que cette hormone agit sur des organes cibles capables de libérer du glucose dans le sang.
Lorsqu'on injecte de l'adrénaline à des concentrations de plus en plus fortes, la glycémie augmente de manière d'autant plus forte que la concentration d'adrénaline est importante. La réponse est dose-dépendante et la concentration d'adrénaline constitue un message.
L'adrénaline radioactive se fixe sur les cellules hépatiques qui sont donc les cellules cibles possédant des récepteurs spécifiques, capables d'hydrolyser du glycogène et de libérer du glucose dans le sang.

PARTIE 3

BIOGÉOSCIENCES

TOUT CE QU'IL FAUT SAVOIR POUR RÉUSSIR

Plan de la partie

CHAPITRE 9
Érosion, sédimentation et sols

Plan du chapitre

Le sol et les paysages se forment au cours du temps sous l'action des êtres vivants et des paramètres de l'environnement. Les besoins de l'humanité entraînent une exploitation des roches sédimentaires et des sols, ce qui modifie les écosystèmes. La préservation de l'environnement implique une gestion durable de ces ressources.

Objectifs et compétences

Ce que j'ai vu au lycée	Ce que je vais apprendre en prépa
• SECONDE Les paysages changent au cours du temps sous l'effet de l'érosion, dont l'agent principal est l'eau. Les roches sédimentaires détritiques se forment à partir du dépôt des produits d'érosion. Les activités humaines exploitent des roches sédimentaires et modifient l'érosion. Les agrosystèmes terrestres sont gérés afin de produire la biomasse nécessaire à l'humanité pour ses différents besoins (alimentaires, textiles, etc.) Selon les modèles agricoles, les agrosystèmes modifient la qualité des sols. L'un des enjeux environnementaux majeurs est de limiter ces impacts tout en couvrant les besoins de l'humanité. Les sols dépendent des interactions entre les roches et la biosphère. Les êtres vivants du sol recyclent la biomasse morte, assurant la fertilité des sols.	• Les roches sédimentaires résultent de la diversité des modalités d'altération des roches, de l'intensité de celle-ci et de la diversité des environnements de dépôts. • Les roches sédimentaires peuvent constituer une ressource ou en piéger. • Le sol est un système dynamique qui évolue au cours du temps en fonction des organismes qui le peuplent, de la végétation qui le recouvre et des climats. • Le sol contribue de manière significative au cycle court du carbone et au cycle de l'azote. • En modifiant le sol, les activités humaines contribuent au réchauffement climatique.

AUTO-ÉVALUATION

► ***Évaluez-vous en répondant à la série de questions ci-dessous. Plusieurs bonnes réponses sont possibles.***

QCM INTERACTIFS
lienmini.fr/40836-9

1. Le modelé d'un paysage est modifié au cours du temps par :
☐ **a.** la nature des roches qui le composent ;
☐ **b.** l'action d'agents d'érosion comme l'eau ;
☐ **c.** la formation de roches sédimentaires ;
☐ **d.** les activités humaines.

2. Cette vallée semble avoir été formée :

☐ **a.** grâce au cours d'eau qui circule au fond de celle-ci ;
☐ **b.** sous l'action d'un glacier ;
☐ **c.** par des activités humaines qui ont exploité des ressources de la région ;
☐ **d.** par les précipitations sur des roches facilement altérables.

3. La quantité de matière minérale présente dans un sol est augmentée par :
☐ **a.** l'abondance des précipitations ;
☐ **b.** l'action des micro-organismes du sol sur la matière organique ;
☐ **c.** l'apport d'intrants dans les agrosystèmes ;
☐ **d.** l'export de biomasse des agrosystèmes.

4. La transformation des sédiments en roches sédimentaires se produit :
☐ **a.** lors du transport des sédiments ;
☐ **b.** lors du dépôt des sédiments ;
☐ **c.** suite à l'enfoncement des sédiments ;
☐ **d.** lors du contact des sédiments avec l'air.

5. La décomposition de la matière organique dans un sol :
☐ **a.** est essentiellement due à des micro-organismes ;
☐ **b.** contribue à une minéralisation du sol ;
☐ **c.** dépend essentiellement de la hausse de température et de pression au cours de l'enfouissement ;
☐ **d.** est très rapide dans un agrosystème.

6. Cet échantillon correspond à :

☐ **a.** un sédiment d'origine détritique ;
☐ **b.** un grès ;
☐ **c.** un conglomérat ;
☐ **d.** une argilite.

► ***Corrigés p. 183***

SYNTHÈSE DE COURS

1 Érosion et sédimentation modèlent les paysages

1.1. L'eau, principal agent d'altération

Les reliefs observables à la surface de la Terre résultent de deux phénomènes :

- **la tectonique des plaques,** à l'origine de la mise en place de grandes structures comme les chaînes de montagnes, les édifices volcaniques, les rifts et les océans par exemple ;
- **l'érosion,** principalement causée par l'eau, à l'état solide ou liquide, qui modèle les paysages en donnant leurs formes aux montagnes, collines, vallées et plaines.

Tout relief est soumis à l'érosion qui entraîne une diminution de celui-ci. Cette modification des reliefs passe au préalable par une altération de la roche, c'est-à-dire une modification physique et chimique de celle-ci.
Deux mécanismes principaux interviennent :

- **la désagrégation mécanique :** des fragments de la roche sont arrachés, par exemple sous l'action des vagues, du ruissellement de l'eau, de l'alternance gel/dégel qui fracture les roches ou lorsque les précipitations sont très abondantes, entraînant des glissements de terrain ;
- **l'altération chimique :** en présence d'eau, certains minéraux peuvent se dissoudre ou participer à des réactions chimiques, nommées hydrolyse, qui les modifient et fragilisent les roches à laquelle ils appartiennent.

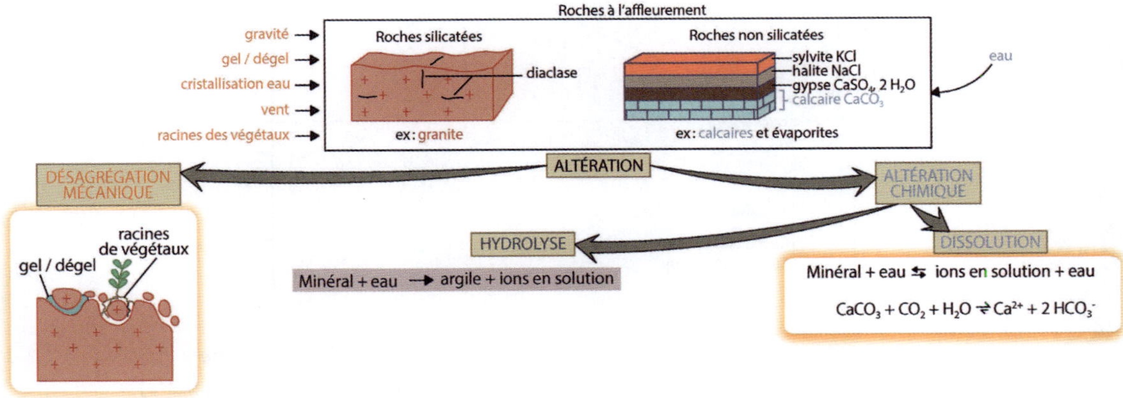

► **Figure 9.1.** L'altération selon les paramètres du milieu.

L'altération des roches dépend de la nature de la roche et peut entraîner la dissolution de certains minéraux, comme pour la calcite présente dans les calcaires. Cette dissolution forme alors des cavités dans la roche et un relief très accidenté, les karsts. L'altération peut transformer les minéraux par hydrolyse comme dans un granite. Il y aura alors formation dans le paysage de fragments de roches emballés dans un mélange de minéraux non transformés (sable) et d'argiles issues de l'hydrolyse.

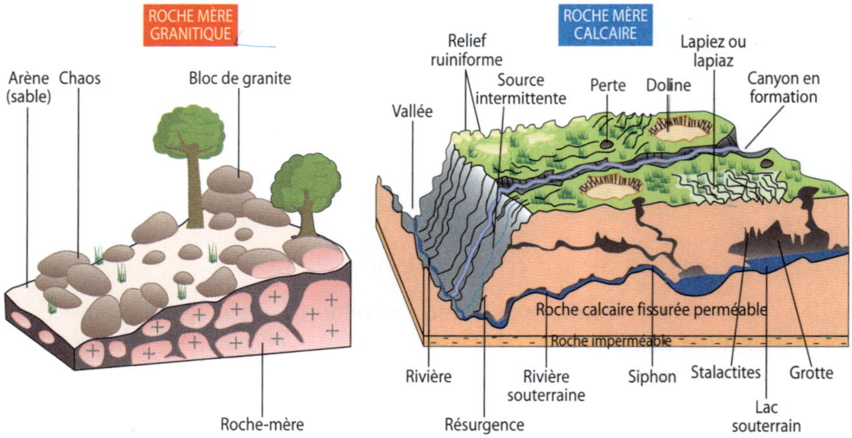

► **Figure 9.2.** Comparaison des paysages issus de l'altération d'un granite et d'un calcaire.

Cette altération dépend également du climat, les précipitations rendent possible l'altération et la température rend possible la réaction ou non, en l'accélérant. Ainsi, l'altération est plus intense à l'équateur que dans les zones tempérées.

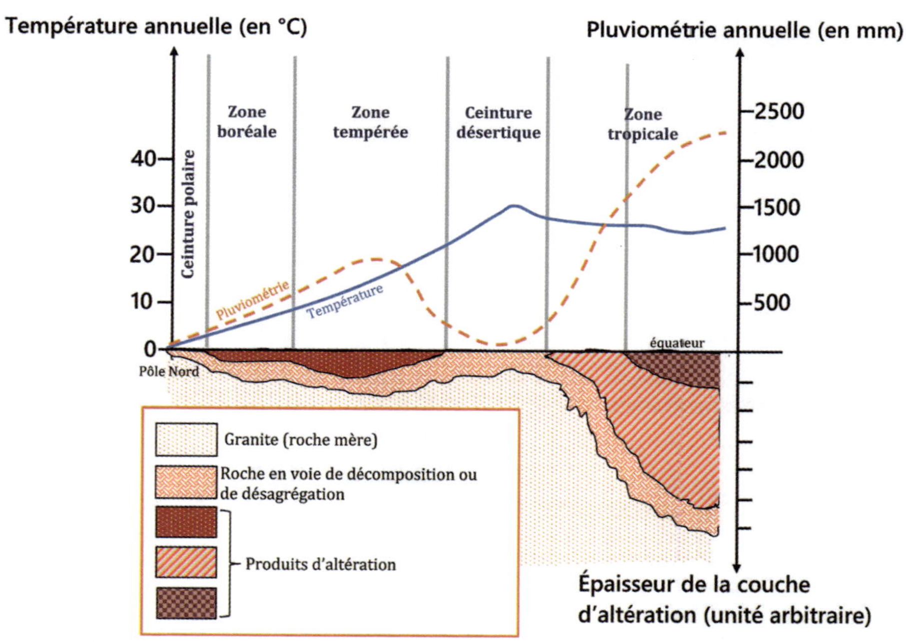

► **Figure 9.3.** L'intensité de l'érosion en fonction du climat.

La végétation modifie également l'altération. Si les sécrétions acides des racines favorisent l'altération chimique, les systèmes racinaires limitent le ruissellement des eaux et réduisent donc les glissements de terrain et l'érosion associée.

1.2. L'eau, agent de transport

Les produits d'altération, arrachés à la roche mère, sont des fragments solides et/ou sous la forme d'ions solubles dans l'eau. Selon la vitesse du courant, les particules sont transportées plus ou moins loin dans le cours d'eau et possiblement jusqu'à la mer ou à l'océan. Lorsque la particule en suspension n'est plus transportée, elle se dépose dans un milieu de sédimentation.

À l'issue de cette sédimentation, l'ajout de nouveaux sédiments entraîne un enfouissement progressif au cours du temps. L'augmentation de pression et de température au cours de cet enfouissement, sur quelques kilomètres, est à l'origine d'une compaction et d'une déshydratation des sédiments, ainsi que leur cimentation, transformant les sédiments en roches sédimentaires.

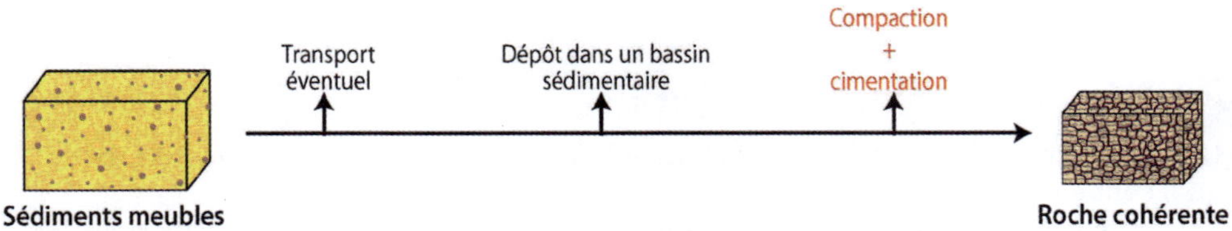

► **Figure 9.4.** Du sédiment à la roche sédimentaire.

Les roches sédimentaires formées à partir de particules solides issues de l'altération des roches sont des roches détritiques. Selon la taille des particules, on distingue :

- **les conglomérats,** formés de galets ou de fragments anguleux de plusieurs millimètres ou centimètres de large ;
- **les grès,** formés de particules de la taille de grains de sable, donc de l'ordre du millimètre ;
- **les pélites ou argilites,** formées de minéraux de l'ordre de quelques dizaines à quelques centaines de micromètres nommées argiles.

Taille des particules (en mm) : 0,063 — 2

	< 0,063	0,063 – 2	> 2
Particules sédimentaires	Argiles	Sables	Graviers ou blocs
Roches sédimentaires	Argilites	Grès	Conglomérats

► **Figure 9.5.** La diversité des roches sédimentaires détritiques.

Comme la nature des roches détritiques dépend des caractéristiques du milieu de sédimentation, les connaissances sur les milieux de sédimentation actuels permettent de reconstituer les milieux passés de sédimentation ou paléoenvironnements.

> **Objectif prépa**
>
> Les roches sédimentaires ne se limitent pas aux roches détritiques. La connaissance de leur diversité et des conditions de leur formation, permet, avec l'aide des fossiles que ces roches peuvent contenir, de reconstituer un paléoenvironnement mais aussi un paléoclimat.

À retenir

Tous les reliefs s'érodent par altération des roches qui les constituent, ce qui modifie le paysage au cours du temps. L'eau, principal agent d'altération, transporte les produits de cette altération sous la forme solide ou ionique. Le dépôt de ces éléments dans des milieux de sédimentation et leur transformation au cours de l'enfouissement est à l'origine de roches sédimentaires.

2 Le sol est une structure dynamique indispensable à la majorité des écosystèmes terrestres

2.1. Nature et composition d'un sol

Le sol correspond à la partie la plus superficielle de la croûte terrestre. Son analyse révèle qu'il contient :

- **une fraction solide** contenant des débris de roches plus ou moins altérés et de la matière organique ;
- **une fraction gazeuse,** car le sol est poreux et contient donc des poches de gaz atmosphériques ;
- **une fraction liquide** contenant de l'eau et des ions.

Une coupe de sol met en évidence une organisation en horizons plus ou moins épais :

- **une litière** contenant des débris végétaux récents ;
- **un horizon** riche en matière organique en décomposition, l'humus ;
- **une couche minérale** riche en fragments de roches plus ou moins altérés mélangés à de la matière organique en décomposition ;
- **un sous-sol** qui correspond à la roche-mère non altérée.

Les horizons varient en fonction de l'écosystème qui les recouvre, des roches sous-jacentes et du climat de la région.

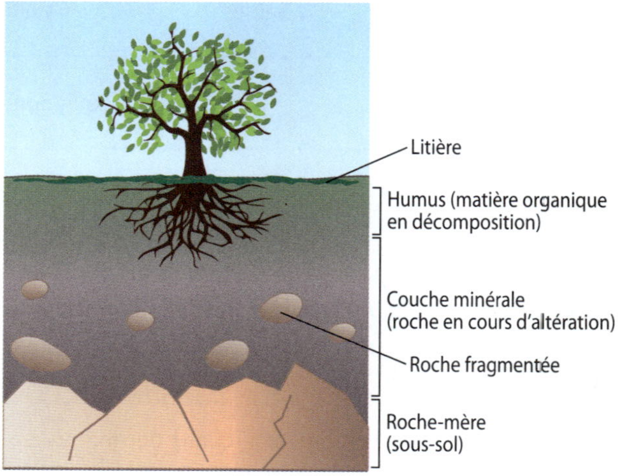

► **Figure 9.6.** Organisation et composition d'un sol.

Le sol contient de nombreux êtres vivants, il s'agit à la fois d'un support pour les écosystèmes terrestres, comme les prairies ou les forêts, mais également d'un écosystème à part entière.

2.2. Formation et flux de matière au sein d'un sol

La formation d'un sol dépend en premier lieu de l'altération de la roche-mère, les produits de cette altération étant à l'origine des particules minérales du sol. Les végétaux, par le biais de leurs racines notamment, contribuent à cette altération et donc à la formation d'un sol.
Pour les végétaux terrestres, le sol est le lieu de prélèvement de l'eau et des ions, ce qui permet la production de biomasse et donc la croissance des plantes. Les végétaux étant à la base des réseaux trophiques terrestres, l'eau et les ions du sol participent à la production de biomasse de l'ensemble des organismes des écosystèmes terrestres.
Cette matière organique produite retourne dans le sol, que ce soit sous la forme d'excréments, de débris végétaux ou à la mort des organismes. Cette biomasse est alors consommée localement par des décomposeurs : la macrofaune consomme une partie de cette biomasse morte et contribue à sa fragmentation. Cela facilite alors l'action des micro-organismes du sol qui recyclent cette matière organique, permettant finalement la restitution d'une partie de la matière minérale dans le sol. Les décomposeurs sont à la base d'un réseau trophique dans le sol qui contribue au recyclage de la matière organique et de sa transformation en matière minérale. Ils ont ainsi un rôle essentiel dans la fertilité d'un sol.

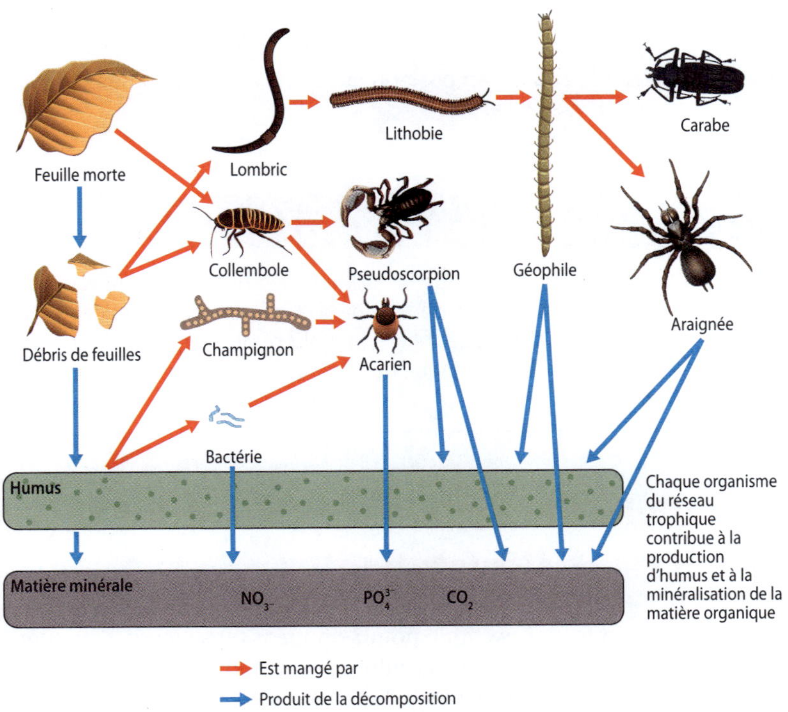

► **Figure 9.7.** Un exemple de réseau trophique du sol et le recyclage de la matière organique.

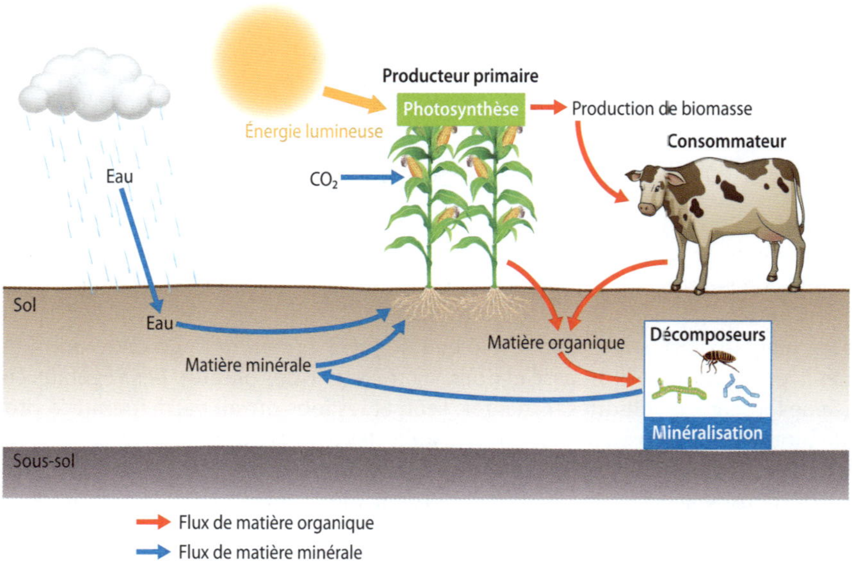

► **Figure 9.8.** Les flux de matière minérale dans un écosystème terrestre.

La formation d'un sol dépend donc de l'interaction entre les roches et la biosphère. Cette biosphère joue un rôle central dans la fertilité du sol et dans son organisation.

Objectif prépa

Ces flux de matières liés à la décomposition jouent un rôle central dans le cycle court du carbone et dans le cycle de l'azote.

À retenir

La formation d'un sol dépend à la fois de l'altération des roches, notamment sous l'effet de l'eau, de l'action des végétaux et de l'action des organismes et micro-organismes du sol, qui participent à la minéralisation de la matière organique et donc à la fertilité d'un sol. Il s'agit d'un système dynamique qui change constamment et est traversé par des flux de matière.

3 Les activités humaines exploitent les sols et les produits de la sédimentation

Les besoins de l'humanité, par exemple pour se nourrir ou se loger, s'appuient notamment sur l'exploitation des sols, pour de la culture et de l'élevage. Ils impliquent aussi une exploitation des sédiments et des roches sédimentaires.

3.1. L'exploitation des sédiments et des roches sédimentaires

Les sédiments, comme le sable, sont très couramment utilisés pour les besoins de l'humanité, que ce soit pour faire du ciment ou du verre ou des matériaux supraconducteurs pour les objets technologiques. Le gravier permet lorsqu'il est mélangé au ciment, de fabriquer du béton.
Les roches sédimentaires, comme les calcaires, sont elles aussi très couramment utilisées en construction, aussi bien en tant que matériau brut, comme c'est le cas dans des bâtiments anciens, que sous forme de chaux après chauffage.
L'utilisation de ces matériaux représente l'équivalent de plusieurs centaines de kilogrammes par être humain chaque année.

3.2. La modification des sols selon les pratiques agricoles

L'agriculture permet la production d'une biomasse directement exploitable par les êtres humains. L'utilisation de cette biomasse, qui puise de la matière minérale dans le sol, implique son exportation en dehors de la zone de culture. Cette biomasse exportée ne peut donc pas être utilisée par les décomposeurs. Il en résulte un appauvrissement du sol en matière minérale au cours du temps. Dans la plupart des pratiques agricoles, cette production de biomasse implique donc l'apport d'intrants pour fertiliser les sols et compenser ainsi la matière prélevée.

Objectif prépa

Selon les pratiques agricoles, la mise à nu des sols entraîne leur érosion, ce qui rend impossible leur exploitation si l'érosion devient durablement supérieure à la formation du sol.

3.3. La nécessité d'une gestion durable des ressources

La compréhension de la dynamique des sols et de la formation des sédiments et roches sédimentaires permet de mesurer les impacts des activités humaines sur l'environnement. Face à l'apport d'intrants et aux risques de pollution des cours d'eau associés ou à la baisse de la biodiversité, des pratiques culturales plus respectueuses de l'environnement sont mises en place. Ces pratiques sont basées sur nos connaissances des réseaux trophiques. Elles permettent la mise en place d'une lutte biologique contre les ravageurs, ou la culture de plusieurs espèces afin de limiter la propagation des virus et micro-organismes pathogènes ou encore l'arrêt du désherbage des sols afin de limiter le ruissellement et l'érosion des sols.

Conclusion

L'eau modèle les paysages en érodant les reliefs, en déposant des sédiments dans des bassins et en contribuant à la formation des sols. Les organismes jouent un rôle essentiel dans la mise en place et le fonctionnement des sols, dont la fertilité conditionne la présence de producteurs primaires sur les continents. Les êtres humains et leurs activités dépendent de l'existence et du fonctionnement de ces sols dont l'utilisation doit être raisonnée.

EXERCICES D'APPLICATION

●○○ 15 min.

EXERCICE 1 Étude d'un réseau trophique souterrain

Un échantillon de sol forestier a été prélevé afin d'en caractériser la biodiversité.

Document. Résultat partiel de l'échantillonnage de la pédofaune d'un sol forestier.

Organisme	Régime alimentaire
Protistes	Décomposeurs détritivores
Acariens	Détritivores pour certains, « carnivores » pour d'autres (unicellulaires, collemboles, etc.)
Araignées	Carnivores (insectes, myriapodes, etc.)
Collemboles	Détritivores, débris végétaux ou petits animaux selon l'espèce
Iules (myriapodes)	Carnivores (vers, collemboles, acariens, etc.)
Géophiles (myriapodes)	Carnivores (acariens, insectes, etc.)

Des exemples d'organismes consommés sont indiqués entre parenthèses.

Représentez le réseau trophique de ce sol à partir des données fournies.

●○○ 10 min.

EXERCICE 2 L'effet du pâturage sur la qualité des sols

Le ruissellement, ou écoulement, des eaux à la surface des sols est très surveillé. Des caractéristiques physiques ont été mesurées sur des parcelles de sols non pâturées et avec un pâturage intensif.

Document. Comparaison de paramètres physiques des sols selon l'intensité de pâturage.

Parcelle	Non pâturée	Pâturée de manière intensive
Coefficient de ruissellement (%)	8,3	43
Érosion (g/m^2)	7	90
Masse volumique (g/cm^3)	1,31	1,38
Conductivité hydraulique (mm/h)	28,8	12,6

La conductivité hydraulique est la vitesse d'écoulement de l'eau à l'intérieur du sol.

1. Comparez et interprétez les résultats.

2. Proposez des mesures qui permettraient de préserver les sols tout en maintenant des élevages.

●●○ 15 min.

EXERCICE 3 La rétention d'eau et d'ions dans les sols

Le purin est produit à partir des déchets liquides des animaux d'élevage et peut servir d'engrais. Il contient notamment des ions NH_4^+ à l'origine d'une odeur forte d'ammoniac. Afin de comprendre comment le purin peut fertiliser les sols, les expériences suivantes sont réalisées :

Document 1. Comparaison de la filtration d'une solution de purin ou de KCl à travers un sol argileux ou sableux.

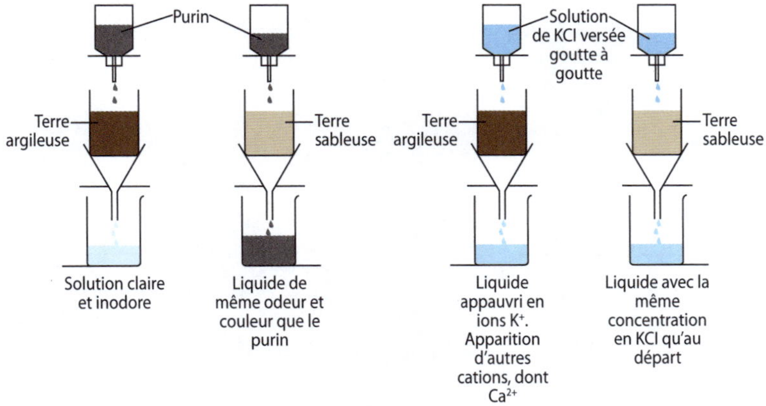

1. Interprétez les résultats obtenus et expliquez pourquoi le purin peut être utilisé pour fertiliser certains sols.

Une plante qui n'a pas suffisamment d'eau fane. La quantité d'eau exploitable par une plante dans un sol a été étudiée selon la nature du sol. Le potentiel hydrique est une grandeur physique qui permet de déterminer si des flux d'eau sont possibles. L'eau se déplace dans le sens des potentiels hydriques décroissants. Une plante peut abaisser son potentiel hydrique jusqu'à -1,5 MPa. Si le potentiel hydrique d'un sol est inférieur à -1,5 MPa, une plante ne peut donc pas s'y développer et meurt.

2. Comparez la capacité des différents sols à retenir l'eau, donc à permettre la croissance d'un végétal, et formulez des hypothèses expliquant ces différences.

Document 2. Capacité d'une plante à prélever l'eau en fonction de l'humidité et de la nature du sol.

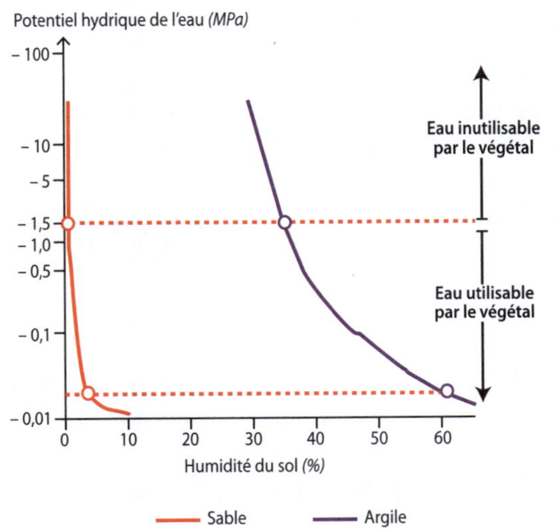

EXERCICES D'APPLICATION

●●○ 20 min.

EXERCICE 4 L'utilisation d'engrais

L'organisation des Nations Unies pour l'alimentation et l'agriculture publie régulièrement des rapports sur l'état de l'agriculture et les perspectives à envisager pour les années qui suivent. Un rapport du début du XXIe siècle dressait le bilan de l'utilisation des engrais sur la production mondiale.

Document 1. Production mondiale agricole entre 1960 et 2000.

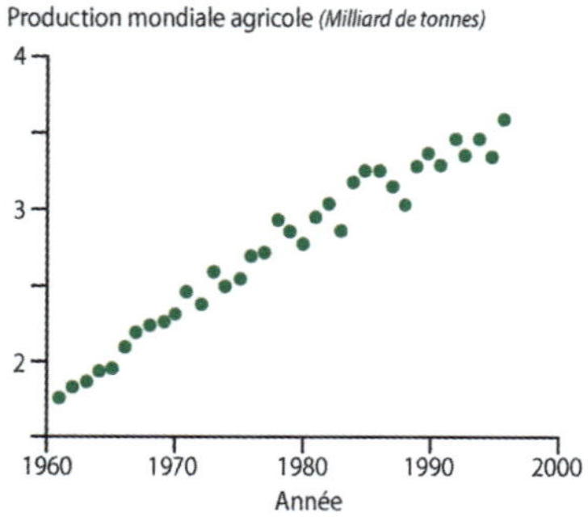

Document 2. Consommation mondiale d'engrais azotés entre 1960 et 2000.

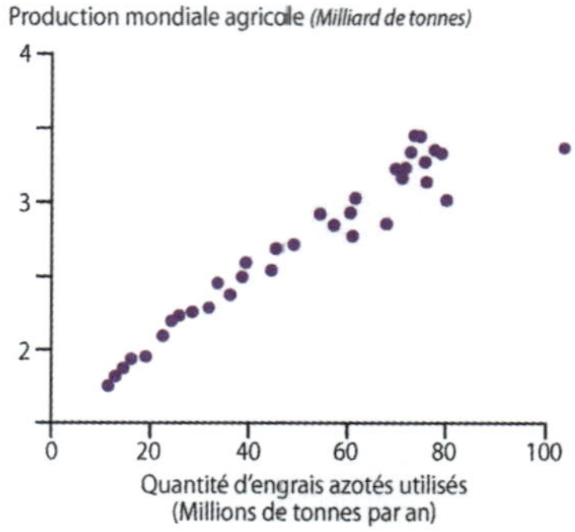

Document 3. Rendement moyen des cultures céréalières entre 1960 et 2000.

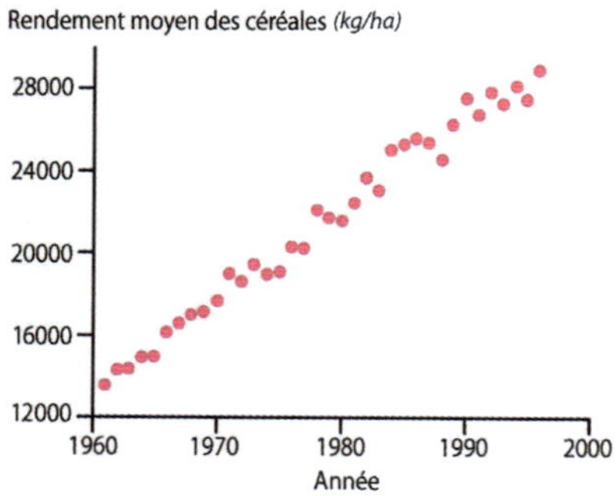

Document 4. Efficacité du prélèvement d'azote dans le sol par les céréales entre 1960 et 2000.

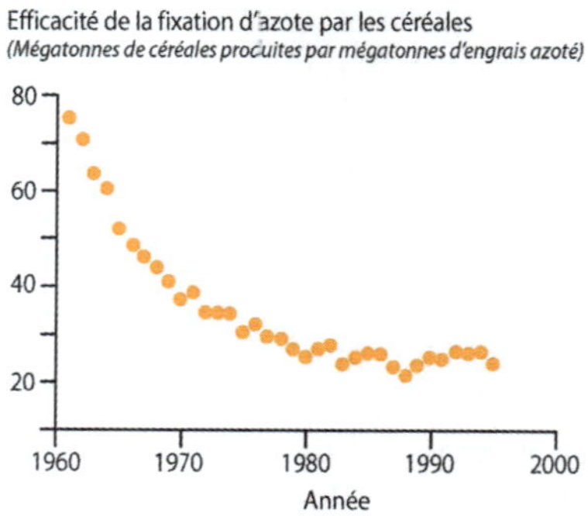

À partir des 4 documents, expliquez en quoi l'agriculture mondiale céréalière est devenue dépendante des engrais azotés et quel serait le risque d'un changement immédiat de pratiques agricoles au niveau mondial.

+ D'EXERCICES OFFERTS EN LIGNE

lienmini.fr/40836-EXOS

→ Retrouvez, offerts en ligne, des exercices supplémentaires pour perfectionner votre entraînement.

●●● 30 min. **EXERCICE Les engrais verts**

CORRIGÉS DÉTAILLÉS

QCM D'AUTO-ÉVALUATION

1. b et d — **2.** b — **3.** b et c — **4.** c — **5.** a et b — **6.** a et c.

EXERCICE 1

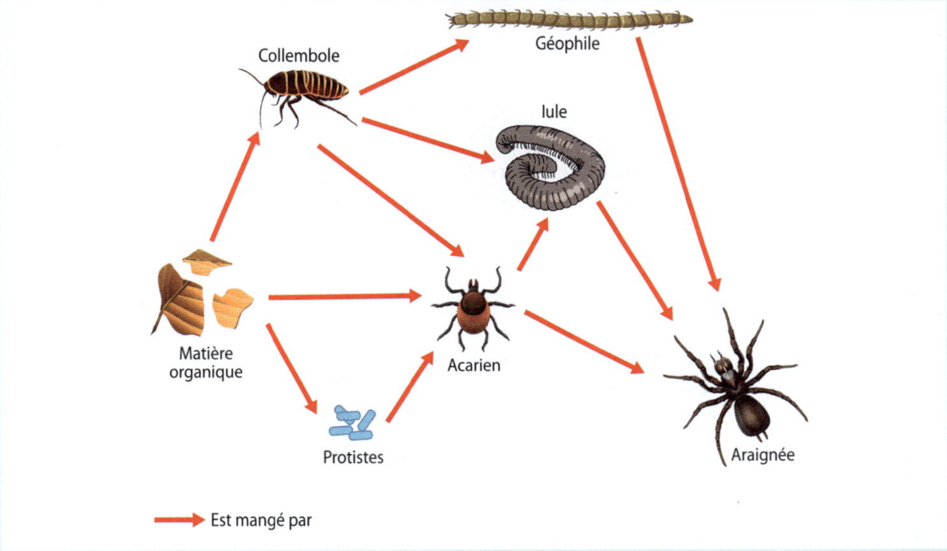

EXERCICE 2

1. Les parcelles pâturées ont un coefficient de ruissellement 5 fois supérieur à une parcelle non pâturée avec une érosion 12 fois plus élevée, une masse volumique apparente plus faible et une conductivité hydraulique deux fois plus faible. Le pâturage entraîne ainsi un tassement du sol, ce qui augmente sa masse volumique apparente. L'eau peut ainsi s'infiltrer plus difficilement dans le sol et ruisselle donc en surface, entraînant une partie du sol et favorisant son érosion. Ainsi, un pâturage intensif favorise l'érosion des sols.

2. Un pâturage plus modéré permettrait de réduire cet effet, ce qui implique des troupeaux de moins grande taille ou de plus grandes surfaces de pâturage. Une autre piste serait de privilégier des animaux plus petits et donc de changer de type d'élevage afin de réduire l'impact des élevages sur l'érosion des sols.

EXERCICE 3

1. La solution filtrée à travers un sol argileux est incolore et inodore alors que le purin reste de même couleur et a conservé son odeur après filtration à travers une terre sableuse. Les argiles présentes dans le sol sont donc capables de retenir des éléments du purin au contraire des particules sableuses.
La filtration d'une solution de KCl par une terre argileuse donne une solution appauvrie en ion potassium, mais enrichie en autres cations, alors que la concentration en KCl ne

change pas après filtration sur sable. L'argile est donc capable de retenir les ions K^+ dans le sol. Cette rétention s'accompagne d'un échange d'ions, ce qui explique l'enrichissement en cations de la solution après filtration. Le purin contient notamment des ions ammoniums qui sont des cations. Leur utilisation dans des sols argileux permet donc d'enrichir le sol en ions azotés, ce qui fertilise le sol. Le purin ne semble cependant pas être une solution pour tous les sols, puisque les terres sableuses ne retiennent pas les cations du purin.

2. Un sol sableux peut contenir au maximum 10 % d'eau, d'après le graphique, alors qu'un sol argileux peut en contenir jusqu'à 60 % lorsqu'il est saturé. La nature du sol permet donc de retenir une plus ou moins grande quantité d'eau dans le sol. Cependant, les plantes ne pouvant pas se développer si le potentiel hydrique est inférieure à -1,5 MPa, elles ne peuvent pas se développer dans un sol argileux si sa teneur en eau est inférieure à 35 %. Cette valeur est dix fois plus faible pour un sol sableux. Ainsi, un sol argileux retient mieux l'eau qu'un sol sableux, cette eau n'est cependant pas facilement accessible pour un organisme végétal. Dans un sol sableux, l'eau s'écoule facilement et se trouve en faible quantité, mais est plus facilement récupérable par une plante.

EXERCICE 4

La production agricole mondiale a doublé en 40 ans tandis que l'utilisation d'engrais azotés a été multipliée presque par 7 sur la même période. Dans le même temps, la production céréalière par hectare a également doublé, ce qui montre que la production mondiale en 40 ans résulte d'une augmentation de la production de biomasse par hectare et non d'une augmentation des surfaces agricoles sur la période. Comme l'agriculture et l'exportation de la biomasse produite implique une compensation par l'apport d'engrais, notamment azotés, qui favorise la croissance des plantes, on en déduit que la production mondiale a été augmentée en 40 ans grâce à une utilisation croissante d'engrais azotés. Cependant, la capacité des céréales à prélever de l'azote dans le sol a été divisée par 4 en 20 ans et s'est stabilisée à cette valeur 4 fois plus faible depuis 1980. Ainsi, il faut 4 fois plus d'engrais dans le sol pour obtenir le même rendement céréalier qu'il y a 40 ans. L'agriculture céréalière est donc devenue dépendante des engrais, car il faut plus d'engrais dans les sols avec les céréales cultivées actuellement que par le passé. Ainsi, si les pratiques agricoles changeaient au niveau mondial à très court terme en éliminant simplement les engrais azotés, la baisse de production serait très élevée, ce qui ne permettrait probablement pas de nourrir l'humanité. Les intrants étant source de pollution des eaux et des écosystèmes en général, un changement de pratique agricole est nécessaire, mais demande une réflexion plus globale, également sur les espèces cultivées, afin de pouvoir continuer à nourrir l'humanité.

CHAPITRE 10
Les climats de la Terre

Plan du chapitre

Les mobilisations citoyennes le montrent : le climat terrestre constitue un enjeu contemporain fondamental et un sujet d'étude majeur. La climatologie permet, en étudiant les climats du passé et en constituant des modèles climatiques, de comprendre le fonctionnement complexe du système climatique terrestre et d'anticiper le climat du futur.

Objectifs et compétences

Ce que j'ai vu au lycée	Ce que je vais apprendre en prépa
• PREMIÈRE La Terre reçoit le rayonnement solaire et émet elle-même un rayonnement infrarouge. La température moyenne de surface de la Terre est due à un effet de serre qui dépend de la composition de l'atmosphère. • TERMINALE SPÉ La composition de l'atmosphère terrestre a évolué au cours de l'histoire de la Terre. Le système climatique et son évolution dans le temps résultent de plusieurs facteurs naturels et d'interactions entre océans, atmosphère, biosphère, lithosphère et cryosphère. Des méthodes variées permettent la reconstitution des variations climatiques passées.	• Il existe une inégale répartition de l'énergie solaire dans l'espace et dans le temps qui conduit à sa redistribution par une circulation atmosphérique et océanique. • Les variations climatiques à l'échelle des temps géologiques sont pilotées par des facteurs géologiques, biologiques, et physico-chimiques. • Le changement climatique est un facteur de vulnérabilité pour la biodiversité, contribuant à l'érosion de la biodiversité.

AUTO-ÉVALUATION

► ***Évaluez-vous en répondant à la série de questions ci-dessous. Plusieurs bonnes réponses sont possibles.***

QCM INTERACTIFS
lienmini.fr/40836-10

1. L'atmosphère primitive terrestre :

☐ **a.** était particulièrement riche en O_2 ;
☐ **b.** avait une composition identique à celle des gaz dégagés par chauffage des météorites ;
☐ **c.** est semblable à l'atmosphère actuelle ;
☐ **d.** ne contenait pas d'eau.

2. L'apparition de la vie sur Terre :

☐ **a.** est à l'origine d'une grande oxygénation de l'atmosphère ;
☐ **b.** est attestée par des indices géologiques ;
☐ **c.** s'est d'abord faite sur les terres émergées ;
☐ **d.** correspond à des formes de vie pluricellulaires.

3. Le concept de thermomètre isotopique à $\delta^{18}O$:

☐ **a.** repose sur le fractionnement isotopique du dioxygène ;
☐ **b.** ne permet pas de reconstituer les paléoclimats ;
☐ **c.** se base sur des mesures pouvant être faites dans les glaces ;
☐ **d.** s'appuie sur des rapports isotopiques.

4. Entre les variations de la concentration en CO_2 et celle de la température :

☐ **a.** il existe un lien de corrélation ;
☐ **b.** il existe un lien de causalité ;
☐ **c.** le rapport montre que l'effet de serre joue un rôle important ;
☐ **d.** on peut parler de forçage radiatif négatif.

5. La construction d'un modèle climatique requiert :

☐ **a.** des mesures réalisées *in situ* ;
☐ **b.** l'utilisation de supercalculateurs ;
☐ **c.** des mises en équations ;
☐ **d.** l'utilisation de calculatrices comme celles employées au lycée.

6. La photographie ci-dessous :

☐ **a.** correspond à un stromatolithe ;
☐ **b.** montre des oxydes de fer ;
☐ **c.** témoigne de l'oxygénation de l'océan ;
☐ **d.** montre des oxydes de cuivre.

7. Le climat terrestre en 2100 :

☐ **a.** peut être décrit par différents scénarios ;
☐ **b.** dépend des choix réalisés en termes de transition écologique ;
☐ **c.** sera identique même avec des mesures d'atténuation ;
☐ **d.** sera beaucoup plus froid qu'aujourd'hui sans perturbation majeure.

► ***Corrigés p. 201***

SYNTHÈSE DE COURS

1 La paléoclimatologie est l'étude du passé climatique terrestre

Le climat est défini comme la moyenne des paramètres atmosphériques (température, pluviométrie, nébulosité...) observés sur une période donnée, dans une région donnée. Les climats du passé peuvent être reconstitués grâce à une variété d'outils et d'archives. Les données ainsi collectées sont précieuses pour comprendre le fonctionnement du système climatique, mais aussi pour anticiper l'évolution future du climat terrestre.

1.1. Évolution de l'atmosphère terrestre

Peu après la formation par accrétion de la planète Terre, il y a 4,56 Ga, une atmosphère primitive s'est mise en place par dégazage. La composition de cette atmosphère (principalement H_2O, CO_2 et N_2) correspond à celle des gaz libérés lors du chauffage d'une météorite de type chondrite (contenant des chondres) ou encore aux gaz dégagés par certains volcans. Elle diffère fortement de la composition actuelle (N_2, O_2 et gaz traces comme H_2O, CO_2, CH_4 et NO_2).

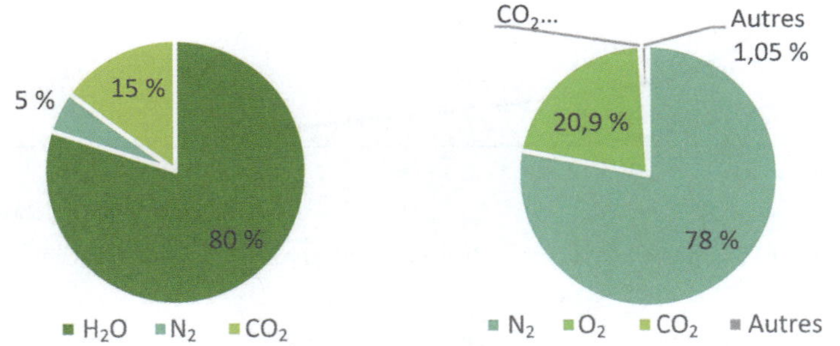

► **Figure 10.1.** Comparaison des compositions des atmosphère primitive (à -4,6 Ga, à gauche) et actuelle (à droite).

Les formations de fers rubanés (ou BIF pour *Banded Iron Formations*) témoignent d'un début d'oxygénation des océans dès - 3,8 Ga. Les stromatolithes sont, quant à eux, des formations de bactéries photosynthétiques, datées de 3,5 Ga pour les plus anciennes. Le dioxygène formé par l'activité photosynthétique dans les océans a d'abord entraîné une oxydation dans les océans avant de s'accumuler dans l'atmosphère.

► **Figure 10.2.** Photographie de fers rubanés (ou BIF, à gauche) et de Stromatolithes actuels (à droite).

L'évolution au fil des milliards d'années de la composition atmosphérique se caractérise principalement par quatre tendances :

- **la diminution du taux de H_2O par liquéfaction de l'eau**, due au refroidissement de la Terre primitive, qui a contribué à former les océans (l'autre origine des océans est cosmique) ;
- **la diminution progressive de la teneur en CO_2**, qui se retrouve sous d'autres formes, comme les roches carbonées et carbonatées ;
- **l'augmentation de la teneur en dioxygène**, à partir de -2,4 Ga, permise par la photosynthèse de cyanobactéries marines, qui a enrichi l'atmosphère terrestre en O_2.
- **l'augmentation relative du taux de diazote (N_2)**, due à la diminution de la pression totale et donc à l'augmentation relative de sa pression partielle.

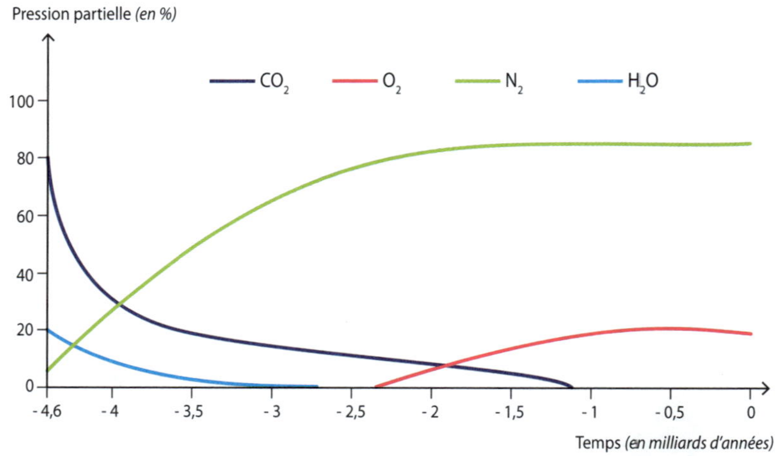

► **Figure 10.3.** Évolution de la composition atmosphérique au cours des temps géologiques.

À retenir

La composition de l'atmosphère de la Terre a changé depuis sa formation, avec notamment une augmentation de la teneur en dioxygène liée à l'apparition de la vie et une diminution des teneurs en eau et en dioxyde de carbone.

Lorsque la teneur en dioxygène atmosphérique a atteint 1 %, celui-ci a pu réagir avec les rayons UV du Soleil pour former de l'ozone (O_3), à l'origine d'une couche dont la concentration maximale se situe entre 25 et 30 km d'altitude.
La couche d'ozone a permis l'apparition et le maintien de la vie sur Terre en absorbant une grande partie des rayons UV solaires, qui ont un effet mutagène sur l'ADN des êtres vivants.

1.2. Archives climatiques et outils de paléoclimatologie

La paléoclimatologie regroupe l'ensemble des outils et méthodes permettant de reconstituer les climats du passé. Par exemple, la palynologie est l'étude des pollens afin de déterminer des paléoclimats locaux. En effet, les différentes essences (espèces) d'arbres

se développent dans différents climats selon leur physiologie. Par exemple, retrouver du pollen de Bouleau indique un climat plus chaud que lorsque l'on découvre du pollen de Sapin.
Une archive climatique est une structure dont sont extraites des informations sur les paléoclimats qui se sont succédés. Il peut s'agir, par exemple, de tourbe contenant du pollen ou d'une carotte de glace prélevée au niveau d'un glacier ou d'une calotte.
L'étude d'une carotte de glace peut révéler la constitution de l'atmosphère passée, car des petites bulles d'air, piégées dans la glace lors de sa formation, peuvent être analysées aujourd'hui.
De plus, une étude isotopique peut être effectuée sur la glace elle-même, en utilisant par exemple le $\delta\ ^{18}O$ qui permet de reconstituer des variations de température. En effet, les différents phénomènes impliqués dans le cycle de l'eau (évaporation, précipitations...) sont à l'origine d'un fractionnement isotopique, c'est-à-dire qu'ils amènent des variations des proportions des deux isotopes de l'oxygène (^{16}O et ^{18}O) dans les échantillons en fonction de la température.

Le $\delta\ ^{18}O$ se calcule selon la formule :

$$\delta\ ^{18}O = \frac{\left(\frac{^{18}O}{^{16}O}\right)_{\text{échantillon}} - \left(\frac{^{18}O}{^{16}O}\right)_{\text{référence}}}{\left(\frac{^{18}O}{^{16}O}\right)_{\text{référence}}}$$

La référence pour les océans correspond au rapport isotopique moyen dans les océans actuels (SMOW pour *Standard Mean Ocean Water*). Ainsi, le $\delta\ ^{18}O$ constitue un paléothermomètre :

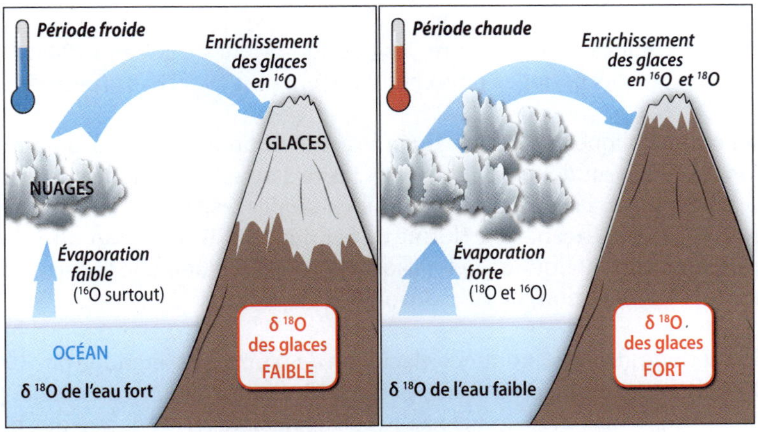

▸ **Figure 10.4.** Principe du fractionnement isotopique avec l'exemple du $\delta\ ^{18}O$.

Le $\delta\ ^{18}O$ mesuré dans les glaces reflète donc directement les conditions de température en présence à l'époque de formation de la glace. Si le $\delta\ ^{18}O$ est faible dans les glaces et fort dans les océans, cela témoigne d'une période plus froide.

À retenir

Le δ ^{18}O est un outil très efficace pour reconstituer les paléoclimats. Son principe repose sur le fractionnement isotopique de l'oxygène. D'autres approches existent comme la palynologie ou l'étude des dépôts glaciaires.

1.3. Un aperçu de l'histoire climatique terrestre

L'analyse de carottes de glaces (notamment celles de la base antarctique de Vostok) a permis de reconstituer les variations climatiques depuis 800 000 ans.

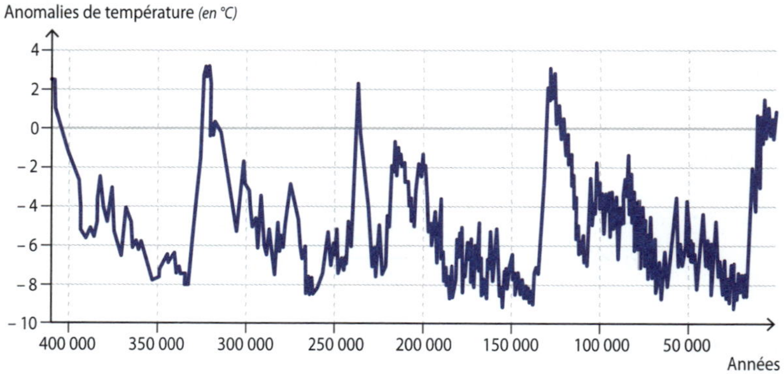

► **Figure 10.5.** Reconstitution des variations de température sur les derniers 400 000 ans à partir de carottes de glace prélevées en Antarctique

On note une alternance cyclique entre des périodes froides d'environ 100 000 ans (périodes glaciaires) et des périodes plus chaudes d'environ 10 000 ans (périodes interglaciaires).

Ces variations s'expliquent par une théorie astronomique, énoncée notamment par Milutin Milankovitch au début du XXe siècle, dans laquelle trois paramètres cycliques contrôlent le climat par la conjugaison de leurs périodes respectives :

- les variations de l'excentricité (forme de l'orbite de la Terre autour du Soleil) ;
- les variations de l'obliquité (inclinaison) de l'axe de rotation de la Terre ;
- la précession (direction) de l'axe de rotation de la Terre.

La dernière période glaciaire, nommée glaciation de Würm, s'est étendue de -120 000 ans à -11 000 ans. Cette période est attestée par une diversité d'indices comme la présence de moraines (sédiments d'érosion glaciaire), les paléorivages, l'analyse des pollens ou encore les peintures rupestres reflétant la faune locale.

À retenir

Les paramètres de Milankovitch expliquent l'alternance des périodes glaciaires et interglaciaires attestées par des indices paléoclimatiques.

À une grande échelle de temps, des variations paléoclimatiques terrestres peuvent également être décrites :

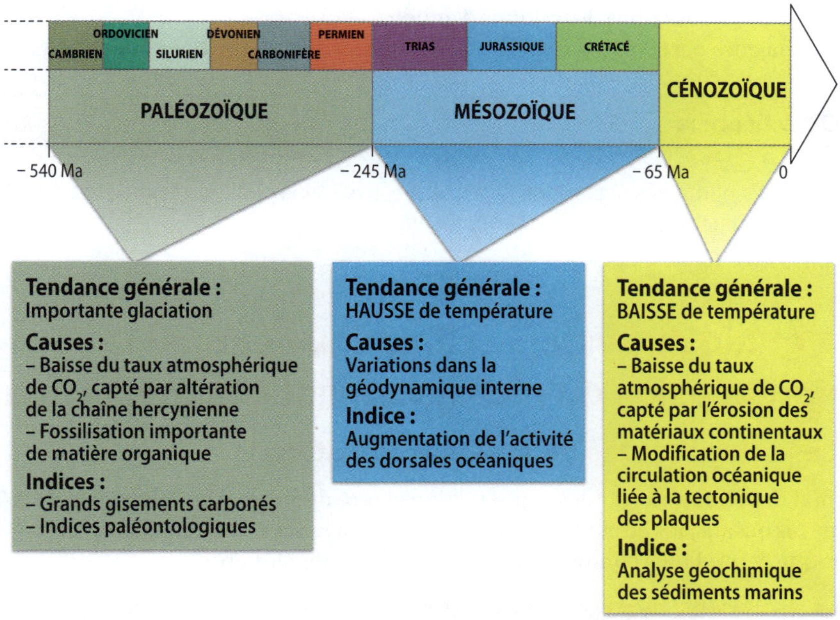

► **Figure 10.6.** Quelques variations paléoclimatiques au cours des temps géologiques.

1.4. Le cycle du carbone terrestre et les combustibles fossiles

Le carbone est un élément clé des variations climatiques car il entre dans la composition des gaz à effet de serre. L'ensemble des réservoirs de carbone (sous ses différentes formes) ainsi que les flux entre ces réservoirs constituent le cycle biogéochimique du carbone terrestre.

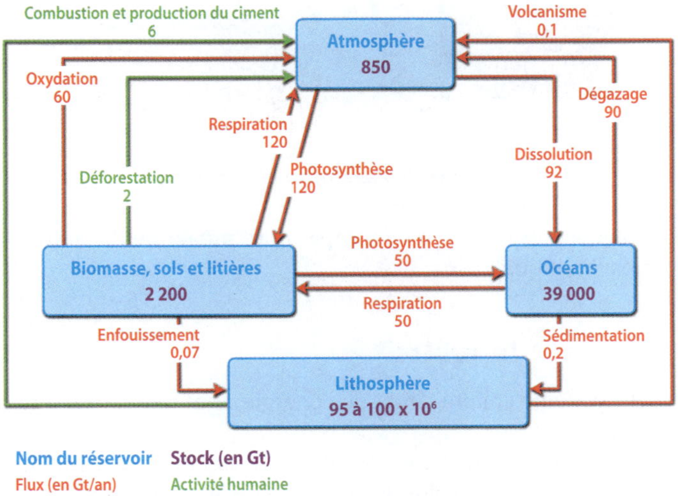

► **Figure 10.7.** Représentation simplifiée du cycle du carbone terrestre.

Une partie du carbone de la géosphère se trouve sous la forme de combustibles fossiles (pétrole, charbon, gaz naturel). Ces matières se forment très lentement, pendant plusieurs dizaines à centaines de millions d'années.
Ainsi, la majeure partie du charbon terrestre s'est formée au Carbonifère.

Objectif prépa

Les activités humaines, y compris l'agriculture, à l'origine de l'émission des gaz à effets de serre modifient les cycles du carbone et de l'azote.

2 L'étude du système climatique permet la compréhension du réchauffement climatique actuel

2.1. Les composantes du système climatique

Le climat dépend de nombreuses interactions entre différentes composantes de la Terre comme les océans, les êtres vivants ou encore les roches. Cet ensemble forme le système climatique et rend plus complexe la compréhension du climat.

Attention !

Ne pas confondre météo et climat ! La climatologie étudie les variations du climat, à de grandes échelles temporelles (années, siècles, millénaires...) tandis que la météorologie étudie les mêmes phénomènes atmosphériques, mais à plus court terme (jours, semaines).

Le système climatique terrestre est constitué de différentes composantes et peut subir des forçages radiatifs :

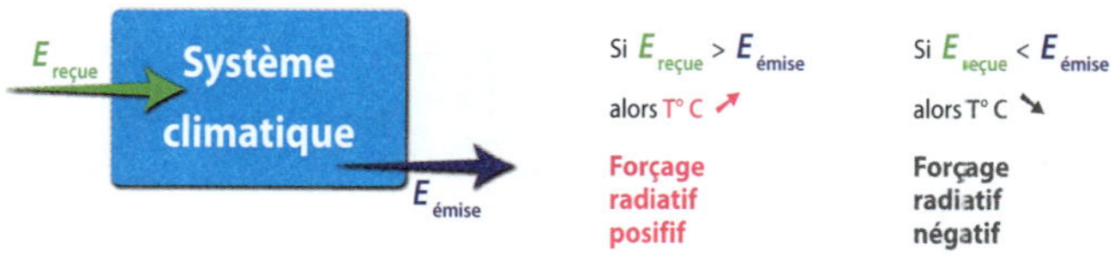

► **Figure 10.8.** Les forçages radiatifs.

On appelle « forçage » une variation de température moyenne dans l'une des composantes du système climatique.

2.2. Le bilan radiatif terrestre

Le Soleil, étoile du système solaire, émet de l'énergie dont une partie atteint la planète Terre et la réchauffe.
La Terre reçoit à sa surface en moyenne 342 W.m^{-2} d'énergie solaire incidente. Une partie de cette énergie est réfléchie (selon l'albédo), le reste est absorbé par les océans, les continents ou l'atmosphère.

Le calcul du bilan radiatif terrestre nécessite de prendre en compte l'énergie réfléchie ainsi que l'énergie réémise par la Terre sous forme de rayonnement infrarouge.
Dans l'atmosphère, certains gaz sont capables d'absorber les rayonnements infrarouges émis par la Terre. L'échauffement de l'atmosphère entraîne l'émission de rayonnement infrarouge, notamment vers la surface terrestre. Ce mécanisme se nomme « effet de serre » et contribue à réchauffer l'atmosphère. Il est essentiel car, sans lui, la température moyenne à la surface de la Terre serait de -18°C et non 15°C.
Tous les gaz n'ont pas le même pouvoir d'effet de serre : H_2O, CO_2, N_2O et CH_4 sont les principaux gaz à effet de serre.
En prenant en compte l'effet de serre, la valeur totale de la puissance reçue par la surface terrestre est ainsi de 492 $W.m^{-2}$.

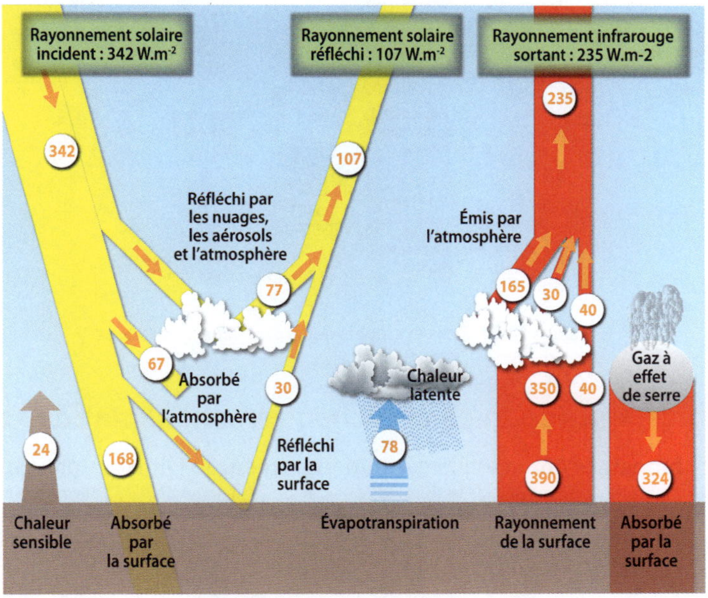

► **Figure 10.9.** Représentation des rayonnements reçus et émis par la surface terrestre.

L'énergie incidente est inégalement répartie à la surface de la planète. Elle est ainsi plus importante au niveau de l'équateur et moins importante au niveau des pôles, ce qui entraîne des températures plus élevées aux faibles latitudes.
Ce différentiel de température entraîne des transferts latéraux de chaleur par l'intermédiaire des enveloppes fluides (atmosphère et hydrosphère). Ainsi, c'est la redistribution de l'énergie solaire qui provoque les mouvements atmosphériques (vents) et océaniques (courants marins).
Les circulations atmosphérique et océanique générales sont à l'origine d'une zonation latitudinale des climats avec des variations qui dépendent de conditions géographiques locales (chaîne de montagnes, etc.).

À retenir

S'il y a équilibre dynamique entre les puissances reçue et émise par la surface terrestre, le bilan radiatif terrestre est nul, et la température reste constante. Sinon, une variation climatique se met en place.

2.3. Quelques exemples de boucles de rétroaction climatiques

Le fonctionnement du système climatique terrestre est complexe car il existe des rétroactions qui amplifient ou réduisent les effets du réchauffement climatique. On parle de rétroaction lorsque la conséquence d'un phénomène exerce en retour un effet accentuant ou diminuant sa cause.
Des boucles de rétroaction jouent un rôle majeur dans les entrées et les sorties de glaciations.

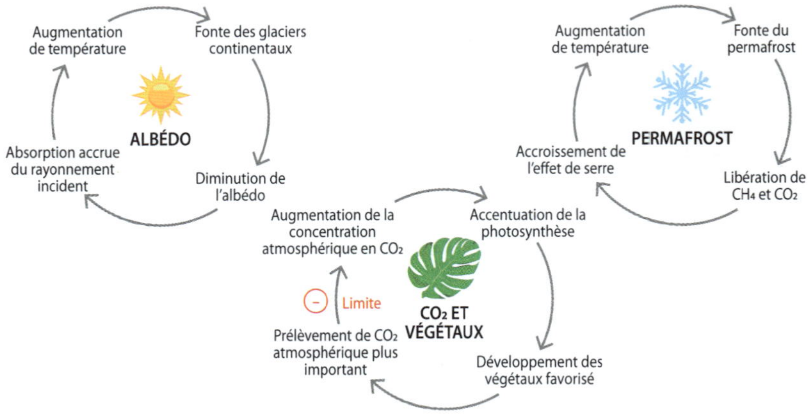

► **Figure 10.10.** Trois exemples de rétroactions climatiques.

2.4. Impacts anthropiques et réchauffement climatique actuel

Les activités humaines ont actuellement un impact sur le climat et provoquent un réchauffement.

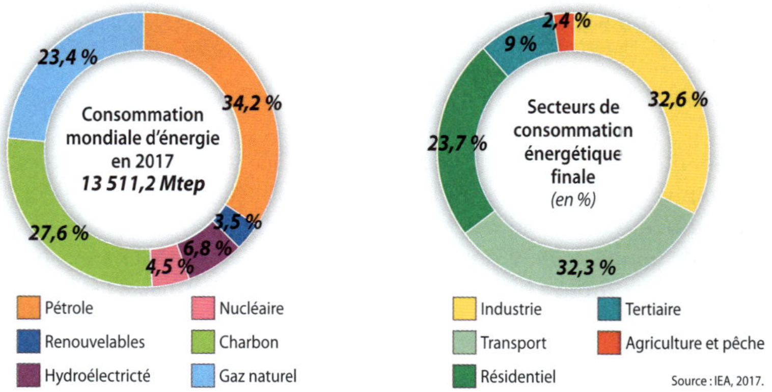

► **Figure 10.11.** Consommation énergétique mondiale selon la source primaire (à gauche) et le secteur d'utilisation (à droite).

Depuis la révolution industrielle, l'augmentation exponentielle de la population humaine entraîne une hausse constante de consommation d'énergie. Les ressources primaires utilisées pour produire l'énergie nécessaire sont principalement les combustibles fossiles (pétrole, charbon et gaz naturel). Ce sont des sources d'énergie non renouvelables car la lenteur de leur formation ne permet pas une reconstitution des stocks à échelle

humaine. Leur combustion provoque, par ailleurs, une forte libération de CO_2 et CH_4. D'autres sources de CO_2 et CH_4 sont liées aux activités humaines : production de ciment, fermentation dans les décharges ou dans la panse des bovins, etc.
En changeant de réservoir, le carbone libéré sous forme de CO_2 et CH_4 modifie le cycle du carbone. Ces gaz ont également un effet de serre important, et leur libération provoque donc une hausse de température, associée à un réchauffement climatique généralisé. L'origine anthropique de ce forçage est avérée, expliquée et quantifiée.
Depuis environ 150 ans, les activités anthropiques sont responsables d'une élévation de la température globale d'environ 1°C en lien avec la hausse rapide de la teneur atmosphérique en gaz à effet de serre.

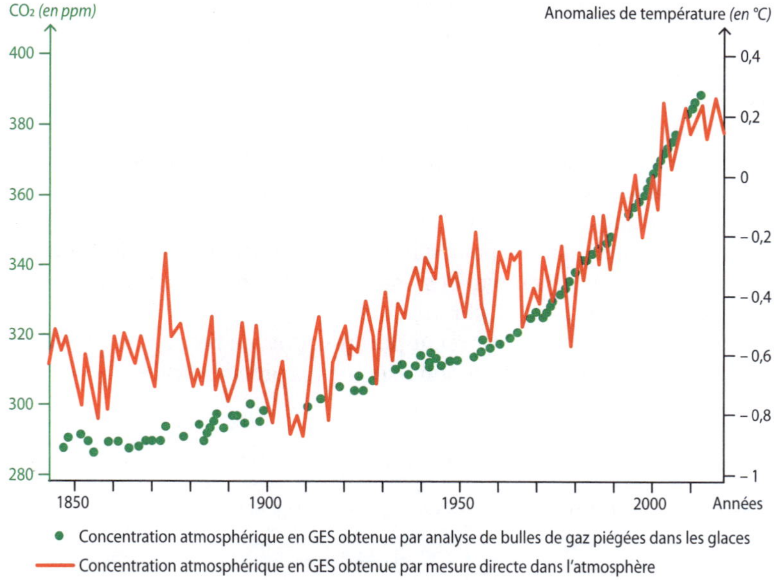

► **Figure 10.12.** Reconstitutions de l'évolution de la concentration de certains gaz atmosphériques et de l'évolution de l'anomalie de température moyenne de surface comparée à la moyenne 1961-1990.

Différents indicateurs permettent d'observer ce réchauffement climatique : recul de la surface des glaciers continentaux, avancée dans l'année de la date des vendanges, élévation du niveau marin ou encore recrudescence des épisodes caniculaires, etc.

À retenir

Il existe un lien de corrélation et de causalité entre l'augmentation des concentrations atmosphériques en gaz à effet de serre et l'augmentation de la température moyenne de 1°C depuis la révolution industrielle il y a 150 ans.

Objectif prépa

Les effets du changement climatique sur la biodiversité s'observent à l'échelle des individus, des populations, des espèces et des communautés.
Le changement climatique peut être à l'origine d'adaptations physiologiques des individus ou d'adaptations évolutives des populations.

3 Le réchauffement climatique a des incidences sur les climats du futur

L'anticipation des climats du futur est un enjeu contemporain essentiel, car de nombreux aspects des sociétés humaines sont vulnérables face à des aléas d'origine climatique.

3.1. Des modèles climatiques pour décrire le climat

Un modèle climatique est une représentation simplifiée du système climatique permettant de faire varier des paramètres sélectionnés et de simuler les variations climatiques qui en résultent. Il existe de nombreux modèles climatiques (ARPEGE, ALLADIN...), et leur construction requiert différentes étapes :

- division de la surface de la Terre et de son atmosphère ;
- observations directes de paramètres (mesures de terrain, par satellite, ...) ;
- analyse des données à l'aide d'équations des lois fondamentales ;
- codage des données et utilisation de supercalculateurs.

Les modèles climatiques sont ensuite testés sur leur capacité à simuler les conditions climatiques (par exemple sur les paléoclimats). Les premiers modèles utilisés dans les années 1980 avaient globalement fait des prédictions correctes dans leurs estimations de l'évolution du climat jusqu'à aujourd'hui.

Depuis quelques dizaines d'années, un important effort de recherche scientifique vise à élaborer le modèle climatique le plus solide et le plus précis possible.

3.2. Scénarios du GIEC et consensus scientifique

Le GIEC (Groupe Intergouvernemental sur l'Évolution du Climat) regroupe des scientifiques du monde entier qui compilent des données scientifiques afin de rédiger des rapports à l'intention des décideurs politiques.

Dans ses rapports, le GIEC envisage différents scénarios d'évolution de la température ou encore du niveau des mers, en fonction des efforts réalisés par les humains pour réduire les émissions de gaz à effet de serre. Ces scénarios se nomment RCP (*Representative Concentration Pattern*).

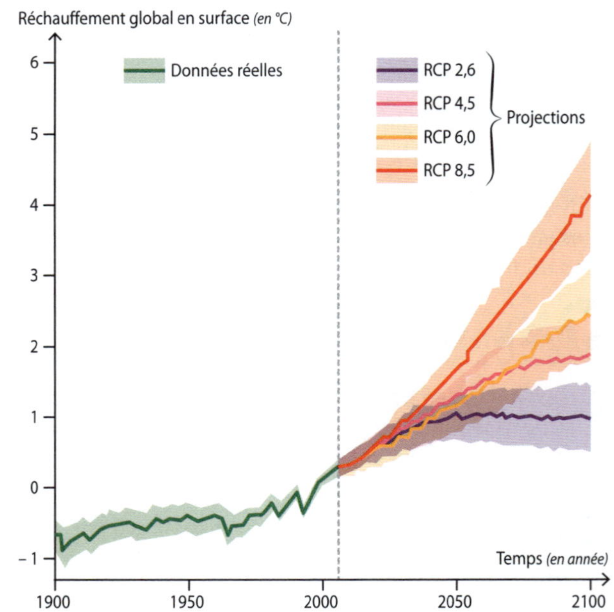

▶ **Figure 10.13.** Différents modèles de variations de la température selon les derniers rapports du GIEC. Les parties plus claires représentent les incertitudes par rapport à la valeur moyenne indiquée en trait plein.

Si quelques voix s'élèvent encore pour contester l'existence du réchauffement climatique, son ampleur, ou encore l'origine anthropique de ce dernier, l'immense majorité de la communauté des scientifiques considère ce réchauffement comme un fait. On peut parler de consensus scientifique.

3.3. Quelques conséquences du réchauffement climatique actuel

Les variations climatiques ont des impacts importants et déjà observables sur la météorologie, les sociétés humaines et la biodiversité. Les risques ainsi engendrés peuvent être évalués selon la formule :

RISQUE = ALÉA × VULNÉRABILITÉ

L'aléa représente la probabilité qu'un événement se produise. Par exemple « probabilité de 70 % d'avoir au moins un épisode caniculaire de deux semaines avec des températures supérieures à 37° C à Paris chaque été ».
La vulnérabilité représente les populations (humaines ou non) et/ou les infrastructures menacées par l'aléa considéré. Par exemple « la population d'euphorbes en bord de plage » ou « la population parisienne de plus de 65 ans ».
Un aléa peut ainsi se présenter ainsi : « probabilité de 70 % que la population parisienne de plus de 65 ans soit exposée, chaque été, à un épisode caniculaire de deux semaines avec des températures supérieures à 37° C ».

Les activités anthropiques peuvent nuire directement à la biodiversité (déplacements de populations...), mais également de façon indirecte du fait du réchauffement climatique. L'acidification des océans en constitue un bon exemple : le CO_2 atmosphérique, en passant en solution dans l'océan, en diminue le pH. Cette acidification complique la fabrication de squelettes calcaires par les organismes marins (mollusques à coquille, coraux, etc.) et limite leur développement.
Les populations humaines sont inégalement sensibles aux risques liés aux conséquences du réchauffement climatique. Ainsi, les populations pauvres vivant en zone côtières (vulnérabilité) sont plus exposées à l'aléa « élévation du niveau marin » et les populations plus âgées, plus sensibles aux aléas liés aux épisodes caniculaires.

Les effets sur la santé humaine sont à la fois directs (sur la répartition des populations par exemple) et indirects (en affectant les rendements agricoles par exemple). Certains services écosystémiques peuvent par ailleurs être mis en péril.
Le réchauffement climatique a également des conséquences épidémiologiques, par exemple en étendant l'aire de répartition du moustique tigre, vecteur de la dengue, ou en provoquant la libération de bactéries et virus congelés dans le permafrost.

3.4. Transition écologique et stratégies d'atténuation et d'adaptation

Afin de limiter les risques liés au changement climatique, l'effort de recherche scientifique se concentre aussi sur les actions pouvant être mises en place, de manière individuelle et collective.
Les stratégies d'atténuation visent à minimiser les aléas liés au réchauffement climatique en s'attaquant directement aux causes, c'est-à-dire les émissions de gaz à effet de serre.

Cela revient à viser un scénario du GIEC optimiste. Ces objectifs peuvent être atteints par réduction du recours aux énergies fossiles, de la quantité de viande consommée, etc.

Les stratégies d'adaptation, quant à elles, visent plutôt à réduire la vulnérabilité des populations et des écosystèmes afin de mieux faire face aux aléas, dans la mesure où certains sont désormais irréversibles.
La construction de digues permet ainsi de bloquer les inondations et la végétalisation des villes, de limiter l'îlot de chaleur urbain pour mieux supporter les épisodes caniculaires.
On appelle « transition écologique » l'ensemble des décisions prises pour réduire l'impact humain sur le système climatique. Le calcul de l'empreinte carbone d'un objet ou d'une action constitue un outil intéressant pour aider à la prise de décisions individuelles ou collectives.

À retenir

La transition écologique repose sur des stratégies d'atténuation (réduire le réchauffement climatique) et d'adaptation (supporter le réchauffement climatique).

Objectif prépa

Les sols sont pourvoyeurs de services écosystémiques, parmi lesquels des services de régulation liée au climat (stockage de carbone).

Conclusion

Le système climatique terrestre repose sur les interactions entre différentes composantes qui reçoivent de l'énergie du Soleil. La paléoclimatologie repose sur des méthodes comme la palynologie ou la glaciologie et permet de mieux comprendre le fonctionnement de ce système, ainsi que l'histoire climatique terrestre. L'anticipation du climat futur constitue un enjeu scientifique contemporain fondamental afin de limiter le réchauffement climatique grâce à une transition écologique.

EXERCICES D'APPLICATION

●○○ 10 min.

EXERCICE 1 Vendanges et climat global terrestre

Document. Évolution de la date des vendanges entre 1901 et 2019 pour un panel de vignobles français.

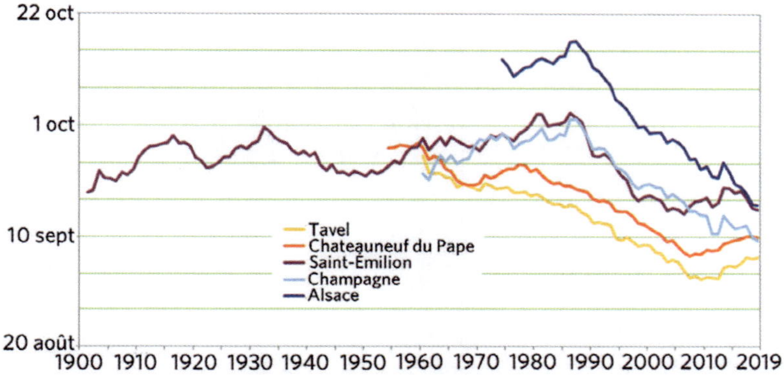

1. Expliquez en quoi le paramètre mesuré constitue un indicateur du climat global.

2. Analysez, à l'aide de vos connaissances, la tendance mise en évidence en précisant son échelle géographique.

●●○ 10 min.

EXERCICE 2 Ozone et ADN

Les rayons UV peuvent avoir un effet délétère sur l'ADN, en provoquant indirectement des mutations. On étudie les liens entre ozone, ADN et rayons UV.

Document. Spectre d'absorption de l'ADN et irradiance spectrale reçue au niveau de la haute atmosphère et de la surface terrestre.

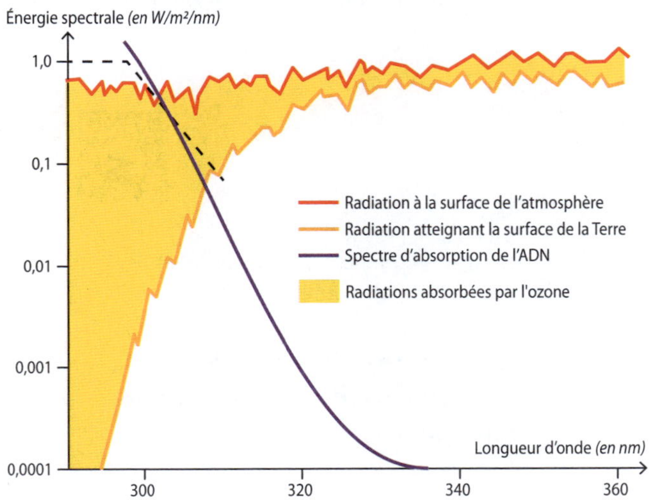

1. Décrivez l'allure du spectre d'absorption de l'ozone.
2. À partir de vos connaissances et de ce document, justifiez l'importance de la couche d'ozone terrestre.

●●○ 20 min.

EXERCICE 3 Delta D Deutérium et reconstitution des variations climatiques passées

Document. Évolution du δD et des concentrations atmosphériques en méthane (CH_4) et en dioxyde de carbone (CO_2) des derniers 400 000 ans, mesurés dans les carottes de glace de Vostok.

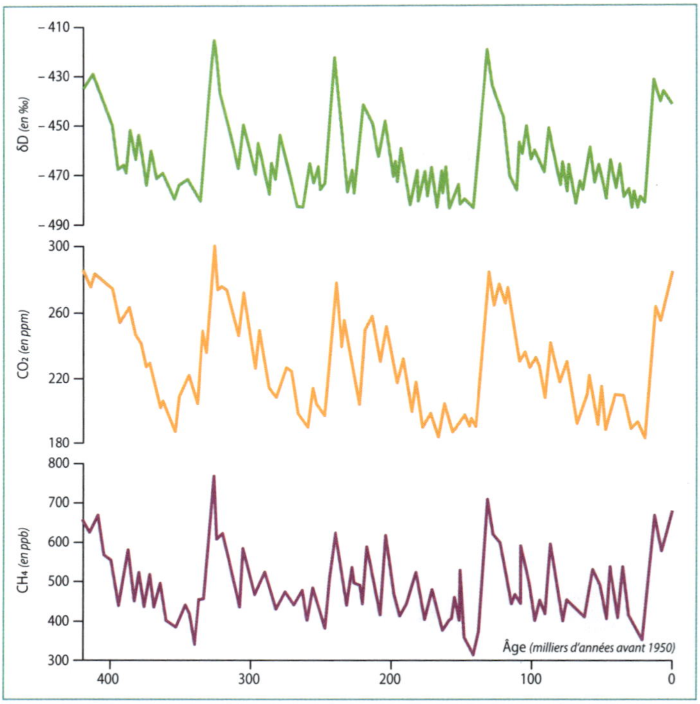

1. À l'aide de vos connaissances, identifiez la cause et le nom des oscillations visibles sur ce document.

2. À l'aide de vos connaissances, expliquez brièvement le principe de l'utilisation de l'outil $\delta^{18}O$.

3. Décrivez l'évolution de la température moyenne de l'atmosphère terrestre sur la période considérée, sachant que le δ D est un outil similaire au $\delta^{18}O$.

4. Comparez les variations des différents paramètres présentés dans ce graphique et précisez le lien de causalité ici impliqué.

+ D'EXERCICES OFFERTS EN LIGNE

lienmini.fr/40836-EXOS

→ **Retrouvez, offerts en ligne, des exercices supplémentaires pour perfectionner votre entraînement.**

●●● 30 min. **EXERCICE** **Cryosphère et hydrosphère, des enveloppes critiques du système climatique**

CORRIGÉS DÉTAILLÉS

QCM D'AUTO-ÉVALUATION

1. b — **2.** a et b — **3.** a, c et d — **4.** a — **5.** a, b et c — **6.** b et c — **7.** a et b.

EXERCICE 1

1. Les vendanges correspondent à la récolte du raisin, qui se fait lorsque le fruit est à maturité. Cette dernière dépend directement de la météo locale, elle-même corrélée au climat global. Un climat global plus chaud accélère la maturation des fruits et favorise des vendanges plus précoces. Ainsi, l'observation de la date des vendanges est un indicateur du climat terrestre.

2. Le graphique montre une tendance à l'avancée de la date des vendanges, plus précoce donc, particulièrement marquée à partir de 1985, et qui témoigne d'un réchauffement climatique. Cette tendance se retrouve dans différentes régions françaises, suggérant que ce réchauffement est au moins d'ampleur nationale. Elle corrobore le réchauffement climatique mondial observé par ailleurs.

EXERCICE 2

1. L'ozone absorbe essentiellement les radiations dans le domaine ultraviolet autour de 300 nm avec une absorption de plus en plus faible jusqu'à 340 nm et quasi inexistante au-delà.

2. La zone d'absorption de l'ozone et le spectre d'absorption de l'ADN sont quasiment superposés, ce qui signifie qu'ils absorbent les mêmes longueurs d'onde.
La couche d'ozone terrestre est une zone de l'atmosphère où la concentration en ozone est importante. Au sein de cette couche, les molécules d'ozone absorbent une grande partie des rayons UV du Soleil, les empêchant ainsi d'atteindre la surface terrestre, où se trouvent les êtres vivants. Les rayons UV peuvent agir comme un agent mutagène qui provoque des altérations de l'ADN.
Un amincissement ou un trou dans la couche d'ozone favorise donc l'arrivée à la surface de ces rayons UV à caractère mutagène et donc dangereux pour la vie terrestre. C'est pourquoi la couche d'ozone joue un rôle fondamental.

EXERCICE 3

1. Les oscillations visibles sur ce document correspondent à l'alternance des périodes glaciaires et interglaciaires. Elles ont pour origine la variation cyclique des paramètres astronomiques décrits par Milankovitch, par exemple l'obliquité de l'orbite terrestre.

2. Le graphique montre les variations de différents paramètres sur les 400 000 dernières années. Sa lecture révèle que les évolutions du δ D et des concentrations atmosphériques en CO_2 et CH_4 sont nettement corrélées.

3. Le $\delta^{18}O$ est un rapport isotopique qui peut être calculé à partir des concentrations en ^{18}O et en ^{16}O, dans l'eau, les glaces ou les sédiments. Comme certains processus physiques (par exemple l'évaporation) induisent un fractionnement isotopique et que l'intensité de ces processus dépend de la température, il est possible de reconstituer les variations climatiques passées grâce à l'analyse du $\delta^{18}O$ d'archives climatiques.

4. Si le δ D est un outil comparable au $\delta^{18}O$, on peut directement déduire des variations visibles sur le document l'évolution de la température sur les dernières 400 000 années : elles ont exactement la même tendance, avec les mêmes oscillations.
Dans la mesure où le CH_4 et le CO_2 sont des gaz à effet de serre, provoquant donc un échauffement de l'atmosphère, on peut établir un lien de causalité entre l'évolution des concentrations de ces gaz et celle de la température terrestre.

PARTIE 4

GÉOLOGIE
TOUT CE QU'IL FAUT SAVOIR POUR RÉUSSIR

Plan de la partie

CHAPITRE 11
La structure et la dynamique du globe terrestre

Plan du chapitre

La surface de la Terre est recouverte d'une diversité de roches. Les activités sismique et volcanique témoignent d'une activité interne et de mouvements à la surface de la Terre. L'étude de la structure profonde du globe se fait de manière indirecte, notamment grâce aux ondes sismiques, ce qui a permis de comprendre la structure interne de la Terre et de mettre en évidence des mouvements en lien avec la tectonique des plaques.

Objectifs et compétences

Ce que j'ai vu au lycée	Ce que je vais apprendre en prépa
• **PREMIÈRE** La surface de la Terre est constituée des croûtes océanique et continentale de composition et de densité différentes. L'étude des ondes sismiques a permis de construire un modèle en couches concentriques de la Terre avec croûte, manteau, noyau. Il existe un gradient géothermique. La dissipation de l'énergie interne se fait par convection dans le manteau. La convection mantellique est associée à une tectonique des plaques en surface. Les roches renferment des éléments radioactifs qui permettent de dater certains phénomènes.	• Croûtes, manteau et noyau sont définis sur la base de leur nature chimique et minéralogique. • La nature minéralogique du manteau varie avec la profondeur. • L'isostasie correspond à l'équilibre archimédien de la lithosphère sur l'asthénosphère. • Cet équilibre dynamique peut être source de mouvements verticaux et d'hétérogénéités dans l'épaisseur des enveloppes terrestres.
• **TERMINALE SPÉ** Les méthodes de datation absolues et relatives permettent de reconstituer l'histoire des croûtes.	• Les datations absolue et relative ont permis d'établir une échelle chronostratigraphique.

AUTO-ÉVALUATION

► *Évaluez-vous en répondant à la série de questions ci-dessous. Plusieurs bonnes réponses sont possibles.*

QCM INTERACTIFS
lienmini.fr/40836-11

1. La croûte continentale est composée principalement :

☐ **a.** de roches magmatiques, comme les basaltes et les gabbros ;
☐ **b.** de roches sédimentaires, comme les granites et les calcaires ;
☐ **c.** de roches magmatiques et métamorphiques, comme les granites et les gneiss ;
☐ **d.** de roches grenues, comme la péridotite.

2. La partie de la Terre qui constitue sa surface et qui est animée de mouvements horizontaux est :

☐ **a.** la croûte ;
☐ **b.** le manteau ;
☐ **c.** la lithosphère ;
☐ **d.** l'asthénosphère.

3. La présence d'une zone d'ombre sismique où les séismes ne sont pas enregistrés a permis de mettre en évidence la limite entre :

☐ **a.** le manteau et le noyau ;
☐ **b.** la croûte et le manteau ;
☐ **c.** la lithosphère et l'asthénosphère ;
☐ **d.** la croûte continentale et la croûte océanique.

4. Le gradient géothermique correspond à :

☐ **a.** la quantité d'énergie libérée à la surface de la Terre (en $W.m^{-2}$) ;
☐ **b.** la variation de température avec la profondeur (en $°C.km^{-1}$) ;
☐ **c.** la vitesse de convection à l'intérieur du manteau (en $mm.an^{-1}$) ;
☐ **d.** la variation de la quantité d'énergie libérée en fonction de la profondeur.

5. Une hausse rapide de la vitesse de propagation des ondes P indique :

☐ **a.** une hausse rapide de température comme, la présence d'une chambre magmatique ;
☐ **b.** une baisse rapide de température, comme dans une zone de subduction ;
☐ **c.** un changement de la nature des roches, comme entre la croûte et le manteau ;
☐ **d.** le passage d'un matériau de l'état solide à un état liquide, comme entre le manteau et le noyau externe.

6. D'après ces courbes isochrones :

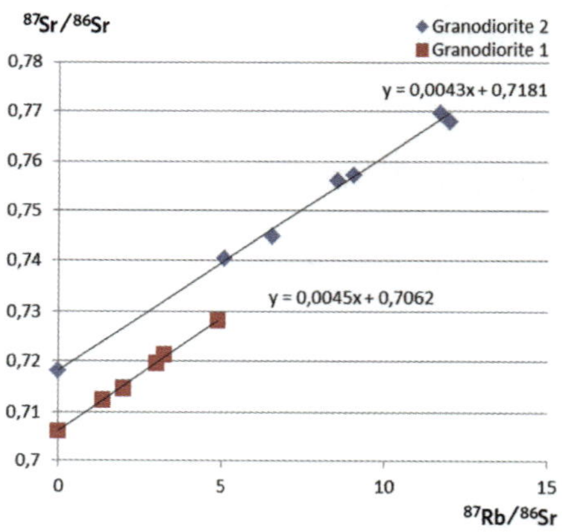

☐ **a.** la granodiorite 1 est plus ancienne que la granodiorite 2 ;
☐ **b.** la granodiorite 1 est plus récente que la granodiorite 2 ;
☐ **c.** les deux granodiorites ont le même âge ;
☐ **d.** on ne peut pas déterminer l'âge de ces granodiorites car le couple utilisé n'est pas adapté aux roches magmatiques.

► *Corrigés p. 218*

SYNTHÈSE DE COURS

1 Les études pétrographiques et géophysiques ont permis de construire un modèle de la structure du globe

Il existe à la surface de la Terre, des océans, d'une profondeur moyenne de 4 800 m et des continents d'une altitude moyenne de 300 m. Cette distribution bimodale est la conséquence de croûtes de composition et de densité différentes.

1.1. Les croûtes océanique et continentale

Des observations directes des fonds marins et des forages, couplées à l'étude de la vitesse de propagation des ondes sismiques, ont permis de montrer que la croûte océanique est relativement homogène avec des roches sédimentaires reposant sur des roches magmatiques, des basaltes (volcaniques) ou des gabbros (plutoniques). Ces roches volcaniques sont parfois absentes et les sédiments reposent alors directement sur de la péridotite, une roche du manteau (ou mantellique).

En surface, la croûte continentale est composée d'une grande diversité de roches (sédimentaires, magmatiques et métamorphiques). Au contraire, les études sismiques montrent, qu'en profondeur, les roches les plus représentatives de la croûte continentale sont les granites, ainsi que des roches métamorphiques dont la composition chimique est similaire à celle des granites.

À retenir

Les **roches sédimentaires** sont formées à partir de sédiments. Les **roches magmatiques** résultent du refroidissement d'un magma. Les **roches métamorphiques** se forment à partie de la transformation de roches préexistantes, suite aux modifications de pression et/ou de température. Les **roches mantelliques** correspondent à la péridotite et se trouvent dans le manteau terrestre.

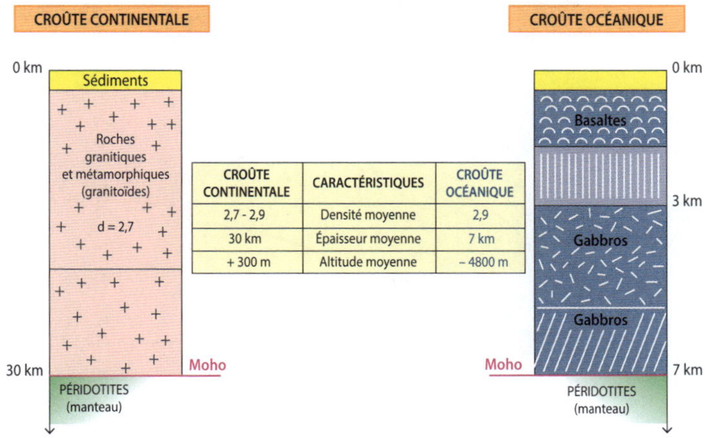

CROÛTE CONTINENTALE	CARACTÉRISTIQUES	CROÛTE OCÉANIQUE
2,7 - 2,9	Densité moyenne	2,9
30 km	Épaisseur moyenne	7 km
+ 300 m	Altitude moyenne	– 4800 m

► **Figure 11.1.** Comparaison des croûtes continentale et océanique.

1.2. Les études sismiques et le modèle PREM

Les séismes correspondent à la libération brutale d'énergie suite à la rupture d'une roche soumise à des contraintes. Les ondes sismiques se propagent, comme toute onde, à une vitesse qui dépend de la composition et de la densité du milieu traversé. Quand une onde sismique rencontre un milieu différent de celui qu'elle traverse, elle se réfracte selon les lois de Snell-Descartes.

La densité augmentant avec la profondeur, les trajectoires des ondes sismiques au sein du globe sont des courbes et non des droites.

Des sismographes installés en de très nombreux points à la surface du globe permettent d'enregistrer les ondes sismiques. Suite à un séisme, il existe une zone d'ombre comprise entre 105° et 142° où les sismographes n'enregistrent pas d'ondes issues directement du foyer sismique. Ceci s'explique par une discontinuité présente à 2 900 km de profondeur, la discontinuité de Gutenberg, qui marque la limite entre le manteau et le noyau.

Des études complémentaires, basées notamment sur la vitesse des ondes sismiques en fonction des matériaux et de leur densité, ont permis d'établir un modèle sismique de la Terre, le modèle PREM (*Preliminary Reference Earth Model*).

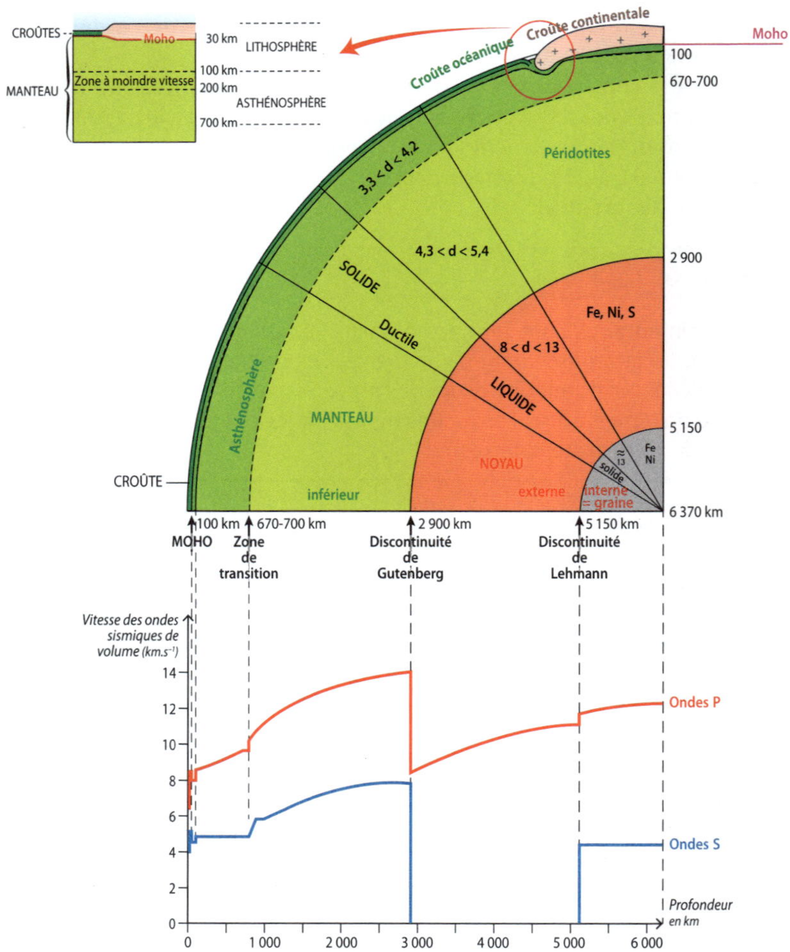

▶ **Figure 11.2.** Le modèle PREM.

Au sein du manteau, une diminution de la vitesse des ondes sismiques entre 100 et 200 km de profondeur a permis de mettre en évidence une zone de découplage entre les manteaux lithosphérique et asthénosphérique séparés par de la péridotite plus ductile, ce qui ralentit la propagation des ondes sismiques. Cette zone est appelée LVZ (*Low Velocity Zone* ou Zone à Faible Vitesse).
L'absence d'enregistrement d'ondes S à partir de 105° montre que la partie externe du noyau est liquide. L'enregistrement de certaines ondes sismiques et le temps mis pour traverser le globe à partir du foyer sismique impliquent l'existence d'une graine solide séparée du noyau externe par la discontinuité de Lehmann à 5 150 km de profondeur.

Objectif prépa

L'étude de la vitesse de propagation des ondes permet non seulement de comprendre la structure fine du globe, mais aussi d'étudier des hétérogénéités à l'intérieur du manteau par tomographie sismique ou encore de comprendre la structure de la croûte continentale et de rechercher des ressources grâce aux méthodes de la sismique réflexion.

1.3. Les études thermiques et la structure du manteau

Les données issues de forages ou de l'exploitation de mines et carrières souterraines montrent que la température augmente avec la profondeur au sein du globe. Le gradient géothermique, exprimé en °C/km, permet d'estimer cette élévation de température. La mise en relation entre les vitesses de propagation des ondes sismiques, l'état physique de la péridotite en fonction de la pression et sa densité, a permis d'établir un profil thermique de la Terre. Ainsi, les brusques changements de vitesse au sein du manteau s'expliquent par des changements d'état de la péridotite.

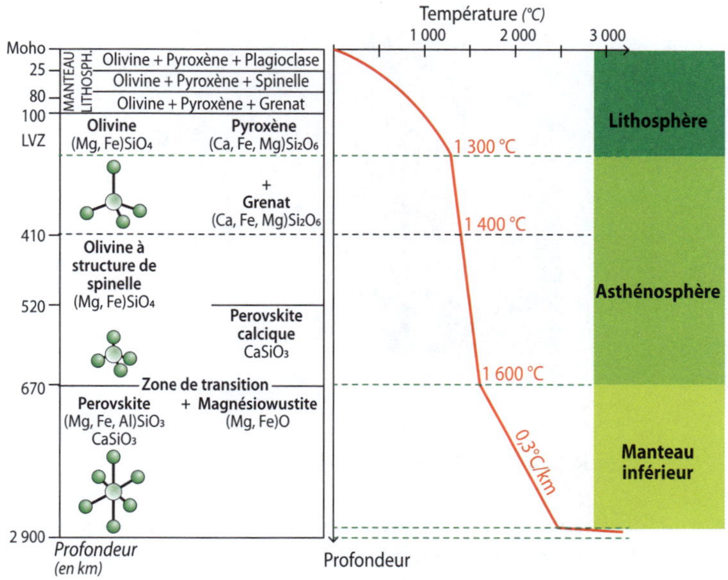

► **Figure 11.3.** Le profil thermique et la composition minéralogique au sein du manteau.

À retenir

Les études thermiques et sismiques de la Terre ont permis de construire un modèle de la Terre en couches concentriques, le modèle PREM, dont les différentes couches correspondent à des changements :
- de composition chimique (croûte, manteau, noyau) ;
- d'état physique (noyau externe liquide et graine solide et noyau interne, ou graine, solide) ;
- de comportement mécanique (lithosphère, asthénosphère).

2 La Terre est animée de multiples mouvements de convection

Certaines roches à la surface de la Terre présentent des déformations comme des plis ou des failles. Ces déformations sont à relier à des mouvements horizontaux de divergence ou de convergence des plaques lithosphériques.

2.1. Les datations relative et absolue et les mouvements de surface

Il est possible de reconstituer l'histoire d'une région, et notamment de dater les mouvements qui l'ont affectée grâce aux principes de la datation relative.

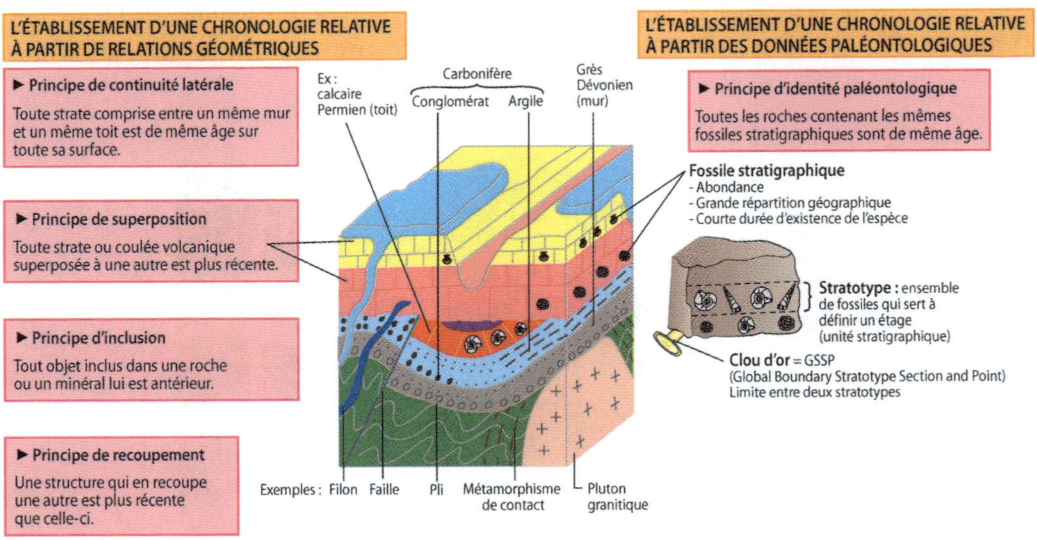

► **Figure 11.4.** Les principes de la datation relative.

Basée sur le principe d'actualisme « tout phénomène géologique passé se déroule comme actuellement », la datation relative est réalisable à partir de 5 principes :

- **le principe de superposition :** toute strate sédimentaire ou coulée volcanique qui recouvre une autre strate ou coulée est plus récente que ce qu'elle recouvre ;

- **le principe de recoupement :** toute structure géologique (pli, faille, pluton granitique, etc.) qui recoupe des roches s'est mis en place après la roche recoupée ;
- **le principe de continuité latérale :** toute roche sédimentaire comprise entre un même mur et un même toit est de même âge sur toute sa surface, quelle que soit la nature des sédiments ;
- **le principe d'inclusion :** tout élément inclus dans un autre s'est mis en place avant ;
- **le principe d'identité paléontologique :** toutes les roches contenant les mêmes fossiles stratigraphiques sont de même âge.

Ces méthodes de datation relative permettent de reconstituer l'histoire d'une région, notamment en domaine continental. Il est par ailleurs possible de dater précisément certaines roches grâce à la radiochronologie. Il existe, dans les roches, des éléments radioactifs qui se désintègrent au cours du temps en éléments radiogéniques. Cette désintégration, régulière et propre à chaque isotope, permet de dater la fermeture du système, c'est-à-dire le refroidissement d'une roche magmatique ou la formation d'un minéral métamorphique. Selon le couple d'isotopes choisi, la méthode permet de remonter directement, par calcul, ou indirectement, par construction d'une droite isochrone, à l'âge de la fermeture du système. Dans tous les cas, la spectrométrie de masse permet de déterminer le rapport en éléments isotopiques.

$$N_t = N_0 . e^{-\lambda t}$$

N_t : quantité d'élément père à l'instant t
N_0 : quantité d'élément père initial
λ : constante de désintégration
t : temps

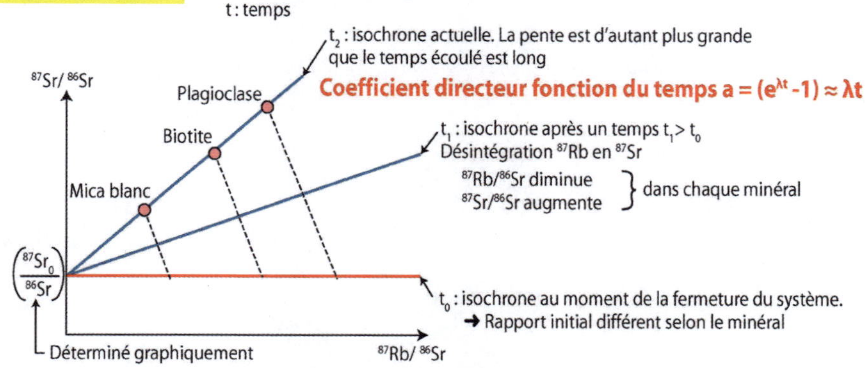

Isochrones dans le cas d'un granite pour trois âges

Couple d'isotope	**Potassium ^{40}K / Argon ^{40}Ar**	**Rubidium ^{87}Rb / Strontium ^{87}Sr**
Fermeture du système	Dernière cristallisation du minéral (refroidissement magma, réaction métamorphique)	
Période	$T = 1{,}25.10^9$ ans	$T = 4{,}88.10^{10}$ ans
Constante de désintégration	$\lambda = 5{,}55.10^{-11}$ an^{-1}	$\lambda = 1{,}42.10^{-11}$ an^{-1}
Conditions initiales	Quantité ^{40}K inconnue Quantité ^{40}Ar nulle	Quantité ^{87}Rb et ^{87}Sr inconnues
Temps écoulé	$t = 1/\lambda . \ln[(^{40}Ar/^{40}K) + 1]$	$t = a/\lambda$
Datation possible	Entre 10 Ma et 4,5 Ga	Entre 100 Ma et 4,5 Ga

► **Figure 11.5.** Les méthodes de la datation absolue.

> **Attention !**
>
> Si le ^{14}C est un isotope très connu pour la datation par radiochronologie, la période de désintégration ne permet que de dater des événements de moins de 50 000 ans.
> De même, un minéral altéré ou une roche sédimentaire constituent des systèmes ouverts, ce qui ne permet pas de réaliser une datation absolue.

Si les roches sédimentaires et les principes de datation relative ont permis de réaliser une échelle stratigraphique, la datation absolue a permis d'étalonner l'échelle stratigraphique et ainsi de construire une échelle chronostratigraphique.

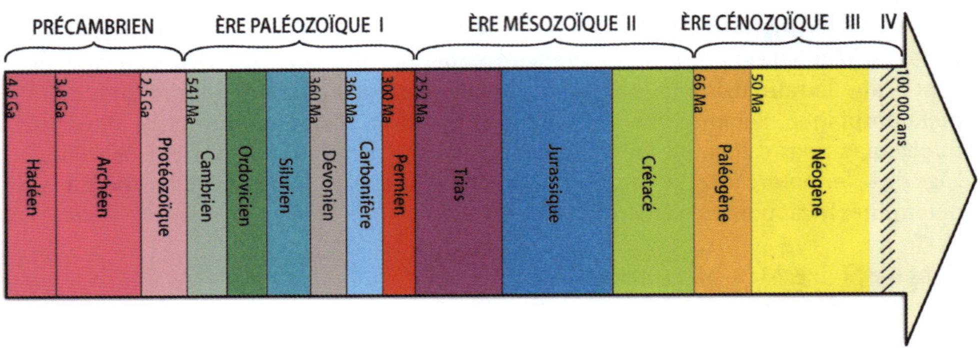

► **Figure 11.6.** Échelle chronostratigraphique simplifiée.

2.2. La tectonique des plaques et la mobilité horizontale

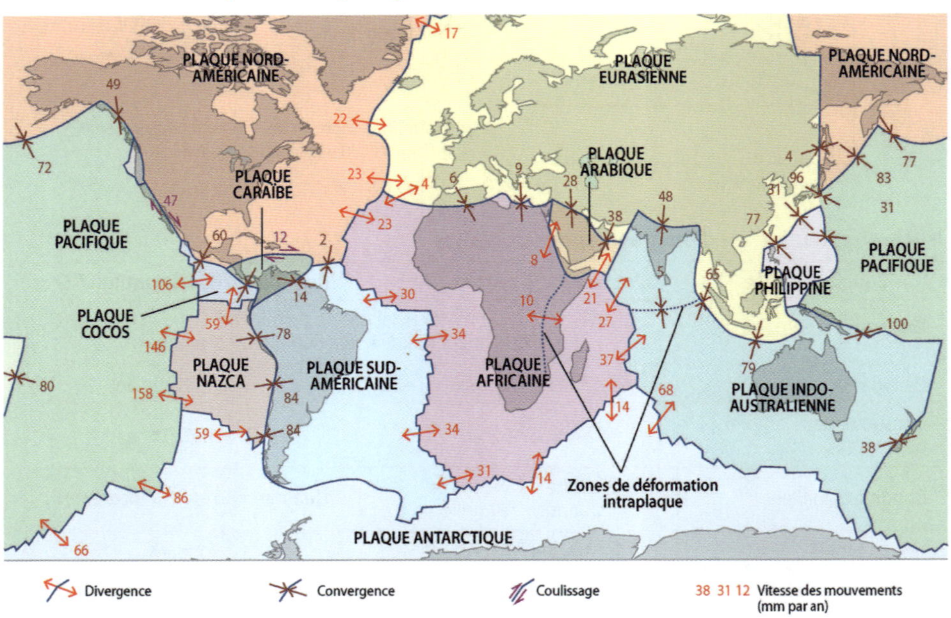

► **Figure 11.7.** Le découpage de la lithosphère en 12 plaques principales mobiles suivant le modèle NUVEL-1.

La répartition des séismes et des activités volcaniques à la surface du globe permet de délimiter des plaques lithosphériques, qui sont des zones peu déformables sauf à leur frontière (dorsales, fosses océaniques, chaînes de montagnes, failles transformantes).
Les données GPS confirment ces mouvements horizontaux de la lithosphère à l'origine du modèle de la tectonique des plaques.
Les roches de la croûte océanique sont âgées au maximum de 200 millions d'années, alors que les roches de la croûte continentale atteignent, pour certaines, plus de 4 milliards d'années. L'âge de la croûte océanique augmente à mesure qu'on s'éloigne de la dorsale jusqu'aux fosses océaniques, ce qui suggère un lieu de création de la lithosphère océanique à l'axe des dorsales et son recyclage au niveau des zones de subduction.

2.3. L'existence de mouvements de convection mantellique

Selon les séismes étudiés, il est possible de mettre en évidence des anomalies de vitesse de propagation des ondes sismiques par rapport aux vitesses attendues d'après le modèle PREM. Comme la composition chimique est la même au sein du manteau (composition de la péridotite), ces différences sont interprétées comme des variations de densité liées à des écarts de température, un matériel plus froid étant plus dense qu'un matériel plus chaud. La tomographie sismique met ainsi en évidence des régions plus froides, donc plus denses et descendantes, partant des zones de subduction et des régions plus chaudes, donc moins denses et ascendantes, sous les points chauds. Il existe donc des mouvements de convection au sein du manteau.

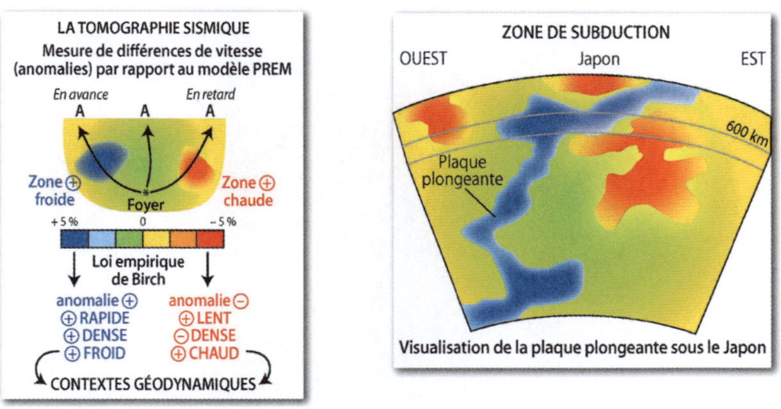

► **Figure 11.8.** La tomographie sismique et la mise en évidence de mouvements de convection dans le manteau.

Objectif prépa

Ces mouvements de convection sont à l'origine de la mobilité horizontale de la lithosphère à la surface du globe et aux séismes associés. Ces mouvements sont sources de changements de pression et de température des roches qui sont à l'origine du magmatisme, du métamorphisme et de la circulation de fluides. Ces phénomènes sont à l'origine de la formation de ressources comme des minerais ou de minéraux précieux comme le diamant. Comprendre la géodynamique permet donc d'identifier les risques et les lieux de potentielles ressources.

Conclusion

Les études thermiques et sismiques ont permis de construire un modèle concentrique de la Terre, le modèle PREM avec croûtes, manteau, noyau externe et graine. La Terre est animée de mouvements de convection dans le manteau et de mouvements de la lithosphère sur l'asthénosphère.
Les méthodes de la datation relative et absolue permettent de dater la formation des roches et des différents phénomènes géologiques qui ont affecté la surface de la Terre.

EXERCICES D'APPLICATION

●○○ 10 min.

EXERCICE 1 La structure de la croûte dans la région des Afars

Les Afars sont une région du nord-ouest de l'Éthiopie, près de la mer Rouge, sujette à de nombreux séismes d'intensités faibles à modérées. Des chercheurs ont étudié la vitesse de propagation des ondes P dans le sous-sol de la région des Afars afin de déterminer la composition et l'épaisseur de la croûte dans cette région.

Document 1. Vitesse des ondes P sous les différents sites étudiés dans la région des Afars. La vitesse des ondes P en-deçà des histogrammes est comprise entre 8 et 8,4 $km.s^{-1}$.

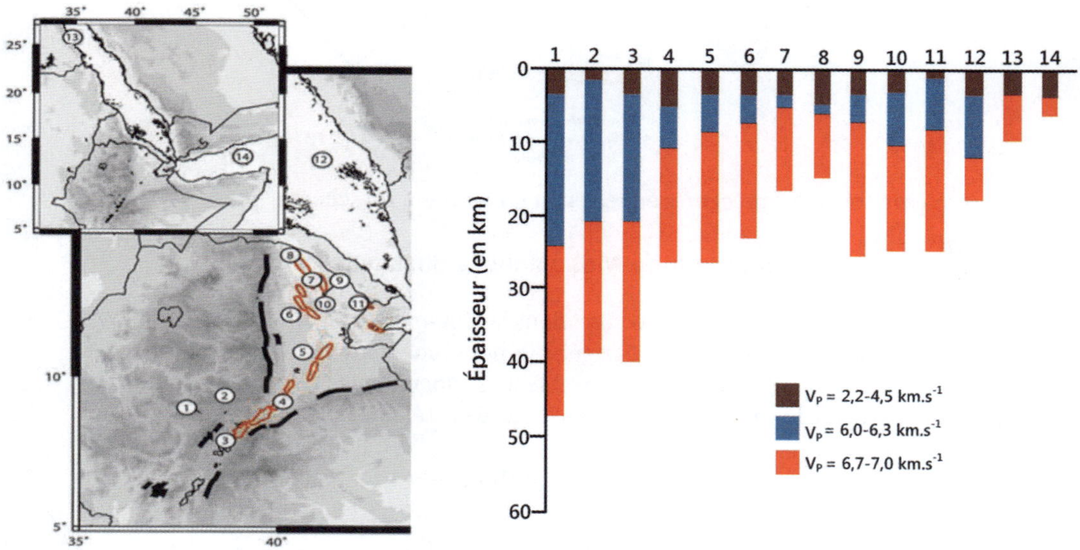

Document 2. Vitesses de propagation des ondes P dans quelques roches.

Catégories de roches	Vitesses des ondes P en $km.s^{-1}$
Sédiments non consolidés	$1,5 < v < 2,5$
Sédiments consolidés	$3,5 < v < 5,5$
Granites	$5,6 < v < 6,3$
Basaltes	$4,0 < v < 5,8$
Gabbros	$6,5 < v < 7,1$
Roches métamorphiques	$6,5 < v < 7,6$
Péridotites	$7,9 < v < 8,4$

À partir des documents et de vos connaissances, déterminer la composition et l'épaisseur de la croûte dans cette région.

●○○ 15 min.

EXERCICE 2 Tomographie sismique dans l'Océan Pacifique

Document. Une tomographie sismique est réalisée selon l'axe nord-sud dans l'océan Pacifique.

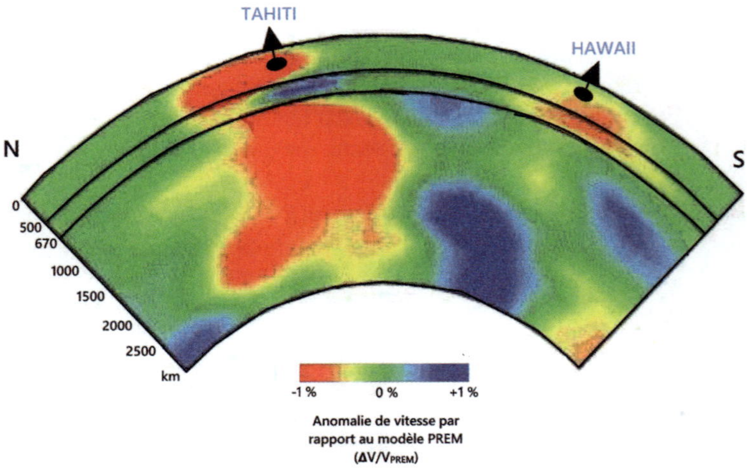

Interprétez les résultats présentés en réalisant notamment un schéma.

●●○ 20 min.

EXERCICE 3 La profondeur du Moho dans le Bassin de Paris

Un séisme, d'une magnitude 5,8, a eu lieu dans la région de Saint-Dié le 22 février 2003. Des stations sismiques ont enregistré ce séisme, notamment les ondes P réfléchies par le Moho. Ces valeurs sont reportées dans le tableau du document 2.
Dans cette partie de la croûte, la vitesse moyenne des ondes P est de 5 $km.s^{-1}$.

Document 1. Extrait de la carte de France au 1/1 000 000 de la partie est du Bassin de Paris.

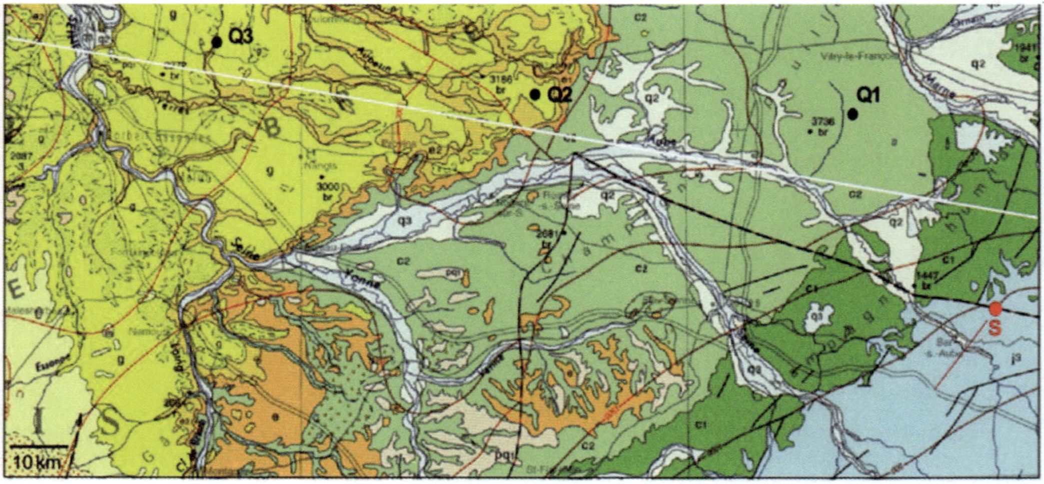

Document 2. Temps mis par les ondes P réfléchies sur le Moho pour atteindre les stations depuis l'épicentre.

Stations	Ondes P (en secondes)
Q1	14,3
Q2	22,1
Q3	32

1. Réalisez un schéma en coupe montrant le trajet de l'onde réfléchie entre le point S (foyer du séisme, qu'on considérera en surface) et la station Q1.

2. Calculez la distance entre les points S et Q1.

3. Calculez la profondeur du Moho entre les points S et Q1.

●●○ 20 min.

EXERCICE 4 La composition du noyau terrestre

L'étude du noyau terrestre est complexe du fait de sa profondeur.
Les études de la sismologue danoise Inge Lehmann a permis de mettre en évidence l'existence d'une graine à l'intérieur du noyau terrestre en 1936. Une des difficultés est de déterminer sa composition.
Les géologues ont établi une relation entre la vitesse des ondes P, des ondes S et la densité. Cette relation passe notamment par le calcul du paramètre sismique Φ tel que :

$$\sqrt{\varphi} = \sqrt{\left[(Vp)^2 - \frac{4}{3}(Vs)^2\right]}$$

Ce paramètre a été déterminé pour le noyau d'après la vitesse des ondes sismiques et vaut entre 7,5 et 9,5 km.s^{-1}. Des chercheurs ont réalisé en laboratoire différents assemblages, compte tenu des éléments présents dans certaines météorites, et ont déterminé le paramètre sismique à travers ses matériaux et la densité possible de ces derniers selon la pression dans une cellule à enclume de diamant.

1. Sachant que la Terre a une densité moyenne de 5,51, calculer la densité moyenne du noyau. Vous négligerez l'épaisseur de la croûte terrestre et prendrez une densité moyenne du manteau de 4,4. Vous prendrez pour rayon de la Terre 6 371 km.

2. À partir du document fourni ci-contre, proposez au moins une composition chimique compatible avec vos résultats.

Document. Paramètre sismique de différents matériaux en fonction de la densité.

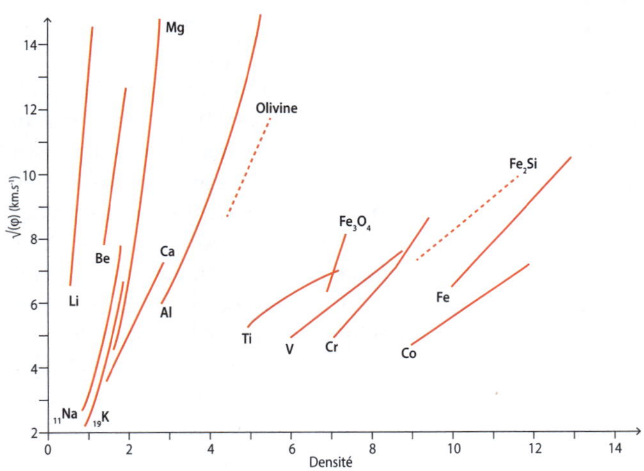

CORRIGÉS DÉTAILLÉS

QCM D'AUTO-ÉVALUATION

1. c — **2.** c — **3.** a— **4.** b — **5.** b et c — **6.** a.

EXERCICE 1

Les zones 1 à 11 étudiées sont composées de trois roches différentes selon la profondeur :

- les premiers kilomètres (partie brune de l'histogramme) sont composés probablement d'après le document 2 de sédiments consolidés, les vitesses des ondes étant comprises entre 2,2 et 4,5 $km.s^{-1}$;
- ces sédiments reposent sur des granites (partie bleue de l'histogramme), dont l'épaisseur varie du sud-ouest vers le nord-est, l'épaisseur étant de plus de 15 km dans les zones 1 à 3, alors qu'elle est inférieure à un kilomètre dans la zone 7-8 ;
- les roches sous-jacentes (partie rouge de l'histogramme) sont soit des gabbros, soit des roches métamorphiques, compte tenu des données du document 2 avec une vitesse des ondes P voisine des 7 $km.s^{-1}$. Comme la région est située en domaine continental et sous des roches granitiques, il s'agit vraisemblablement de roches métamorphiques comme des gneiss.

Toutes ces roches reposent sur de la péridotite puisque les vitesses de propagation des ondes deviennent supérieures à 8 $km.s^{-1}$ sous les roches présentées ci-dessus. Cette roche est caractéristique du manteau, l'histogramme permet donc de déterminer l'épaisseur de la croûte par lecture directe de l'épaisseur des barres de l'histogramme.

Sites	1	2-3	4-5	6	7	8	9-11	12	13	14
Épaisseur de la croûte en km	48	39	26	24	18	15	25	20	12	8

EXERCICE 2

Les anomalies de vitesse correspondent à des vitesses différentes des vitesses dans le modèle PREM. À composition chimique identique, les ondes sismiques se propagent plus vite quand le matériel est plus dense. Or, la densité dépend de la température, donc un matériel plus dense est plus froid que ce qui est prévu par le modèle PREM, d'où la couleur bleue en tomographie sismique. Il s'agit de l'inverse pour les régions en rouge qui sont chaudes, donc moins denses. Or, un matériel plus dense a tendance à s'enfoncer au contraire d'un matériel moins dense que son environnement. Cette tomographie sismique met donc en évidence des mouvements de convection mantellique avec des courants ascendants depuis le noyau jusque sous les volcans de Tahiti et d'Hawaii. De même, une zone centrale dans la coupe correspond à un mouvement descendant de manteau. Cette tomographie met donc en évidence des cellules de convection sur toute l'épaisseur du manteau sous l'Océan Pacifique. Le volcanisme qui est à l'aplomb de certaines remontées mantelliques est du volcanisme de point chaud, due à la fusion partielle de la péridotite « réchauffée » par la péridotite remontée par convection.

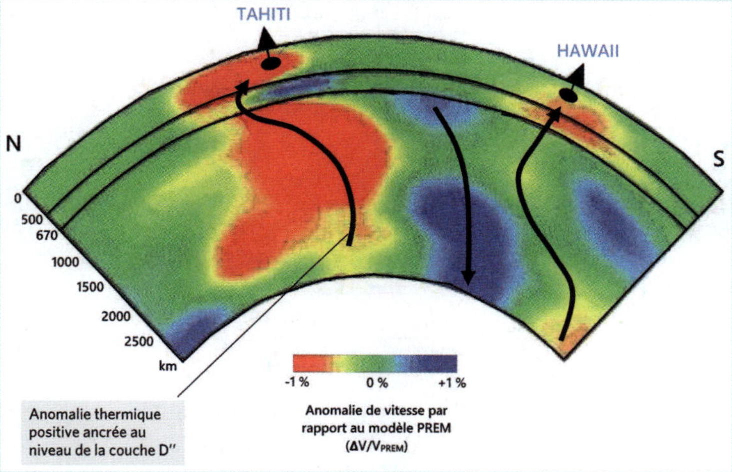

EXERCICE 3

1.

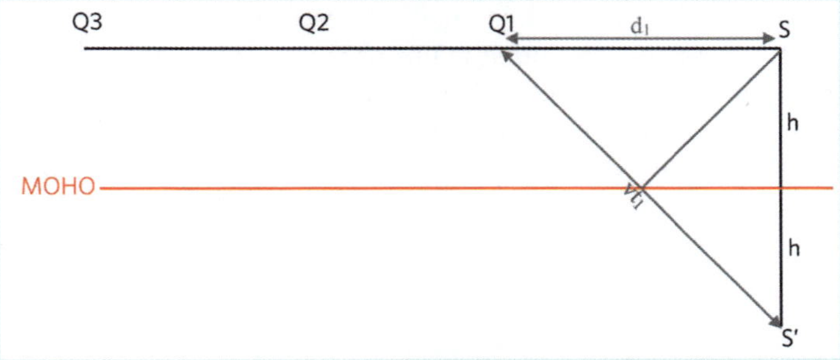

2. La distance en surface se détermine sur le document 1 en mesurant la distance SQ1 avec une règle et en utilisant l'échelle présente en bas à gauche sur le document 1.
d_1= 42,3 km.

3. Notons d_1 la distance entre l'épicentre et la station d'enregistrement Q1, h l'épaisseur de la croûte, v la vitesse des ondes P et t_1 le temps mis par l'onde réfléchie pour parcourir la distance entre S et Q1.
Le triangle Q1SS' est un triangle rectangle. En utilisant le théorème de Pythagore :

$$[SS']^2 + [SQ1]^2 = [S'Q1]^2$$
$$(2h)^2 + d_1{}^2 = (v \times t_1)^2$$
$$h = \frac{\sqrt{(v \times t_1)^2 - d_1{}^2}}{2}$$
$$h = 28{,}8 \text{ km}$$

EXERCICE 4

1. Pour calculer la densité moyenne du noyau, il faut déterminer la part du volume de la Terre occupée par le noyau. En effet, la densité moyenne de la Terre est une moyenne

CORRIGÉS DÉTAILLÉS

pondérée entre la densité du manteau (et le pourcentage du volume qu'il représente) et la densité du noyau.

$$d_{Terre} = d_{manteau} \times \frac{v_{manteau}}{v_{Terre}} + d_{noyau} \times \frac{v_{noyau}}{v_{Terre}}$$

Avec v les volumes et d les densités.

Le noyau étant au centre de la Terre, son rayon R_{noyau} vaut 6371 - 2900 = 3471 km car le manteau fait 2 900 km d'épaisseur, si on néglige l'épaisseur de la croûte.
Ainsi :

$$\frac{v_{noyau}}{v_{Terre}} = \frac{4/3\pi R_{noyau}^3}{4/3\pi R_{Terre}^3} = \frac{(3471)^3}{(6371)^3} = 0{,}162$$

Le noyau représente ainsi 16,2 % du volume terrestre, le manteau en représente donc 83,8 %.
En utilisant la première équation, on en déduit :

$$d_{noyau} = \frac{d_{Terre} - d_{manteau} \times \frac{v_{manteau}}{v_{Terre}}}{\frac{v_{noyau}}{v_{Terre}}} = \frac{5{,}51 - 4{,}5 \times 0{,}162}{0{,}838} = 10{,}7$$

2. Compte tenu de cette densité et des valeurs du paramètre sismique pour le noyau, les expériences présentées suggèrent que le noyau contiendrait probablement du fer, soit pur, soit un alliage Fe_2Si. Ces études doivent cependant être confrontées à d'autres résultats pour conclure sur la composition du noyau.

CHAPITRE 12
La dynamique de la lithosphère

Plan du chapitre

La répartition des activités sismique et volcanique à la surface de la Terre a mis en évidence des plaques lithosphériques mobiles. Les mouvements de ces plaques sont associés à la convection mantellique. Les zones de divergence correspondent aux dorsales océaniques ou aux zones de rifting, tandis que les zones de convergence sont les zones de subduction ou de collision.

Objectifs et compétences

Ce que j'ai vu au lycée	Ce que je vais apprendre en prépa
• PREMIÈRE La divergence à l'axe des dorsales met en place une lithosphère océanique. Celle-ci plonge dans les zones de subduction. La convergence de deux lithosphères de même densité conduit à un épaississement crustal par empilement de matériaux lithosphériques déformés.	• Selon le contexte géodynamique, différentes roches magmatiques se mettent en place au cours du temps (série magmatique). • Les dynamismes éruptifs dépendent des caractéristiques physico-chimiques des magmas et de celles des zones d'émission. • Des analyses géochimiques permettent de reconstituer l'origine du magma et donc des mécanismes à l'origine de sa formation. • La tectonique des plaques est à l'origine de transformations minéralogiques du métamorphisme.
• TERMINALE SPÉ Les continents témoignent de cycles orogéniques successifs. Les marges passives bordant un océan témoignent d'une fragmentation continentale.	

AUTO-ÉVALUATION

► ***Évaluez-vous en répondant à la série de questions ci-dessous. Plusieurs bonnes réponses sont possibles.***

QCM INTERACTIFS
lienmini.fr/40836-12

1. Cette roche correspond à :

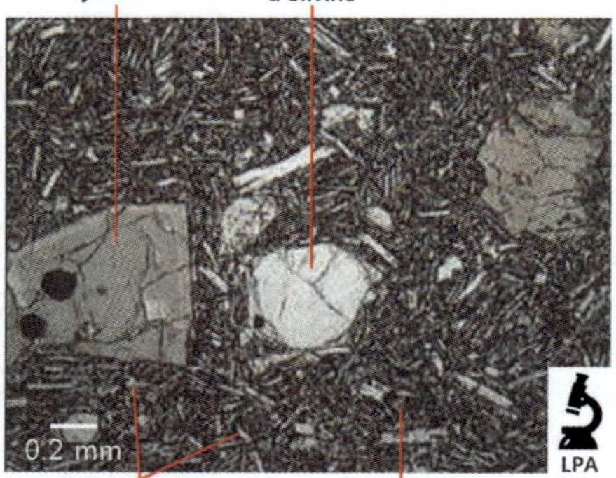

☐ **a.** une péridotite, roche mère de nombreuses roches magmatiques ;
☐ **b.** un basalte, une roche magmatique à texture microlithique ;
☐ **c.** un granite, une roche magmatique à texture grenue formée notamment dans les zones de subduction ;
☐ **d.** un gabbro, une roche magmatique de la croûte océanique.

2. Les marqueurs tectoniques d'une zone de collision sont :
☐ **a.** des plis ;
☐ **b.** des failles normales ;
☐ **c.** des nappes de charriage ;
☐ **d.** du volcanisme explosif.

3. Une marge passive d'un océan est reconnaissable à :
☐ **a.** du volcanisme de type explosif ;
☐ **b.** des mouvements de convergence ;
☐ **c.** la présence de failles normales délimitant des blocs basculés ;
☐ **d.** la présence d'ophiolites.

4. À l'axe d'une dorsale rapide, la formation de croûte océanique résulte de la fusion partielle :
☐ **a.** de péridotite par décompression ;
☐ **b.** de péridotite par hydratation, du fait de la circulation d'eau hydrothermale ;
☐ **c.** de péridotite par échauffement, suite à des remontées mantelliques profondes ;
☐ **d.** de gabbros par échauffement, suite à des remontées mantelliques profondes.

5. Les ophiolites :
☐ **a.** sont des fragments de lithosphère océanique ;
☐ **b.** sont des témoins de convergence ;
☐ **c.** sont les conséquences d'une obduction ;
☐ **d.** sont visibles dans des rifts.

6. Des transformations minéralogiques à l'état solide ont lieu :
☐ **a.** dans les zones de rifting ;
☐ **b.** au voisinage des dorsales ;
☐ **c.** dans la lithosphère subduite ;
☐ **d.** dans les roches volcaniques, au cours d'une éruption explosive.

7. Une lithosphère océanique peut entrer en subduction :
☐ **a.** lorsqu'elle rencontre une lithosphère continentale moins dense ;
☐ **b.** lorsqu'elle affronte une lithosphère océanique de densité comparable ;
☐ **c.** lorsqu'elle rencontre une lithosphère continentale plus dense ;
☐ **d.** lorsque sa densité dépasse celle de l'asthénosphère.

► ***Corrigés p. 236***

SYNTHÈSE DE COURS

1 Les zones de divergence peuvent permettre la formation d'une lithosphère océanique

Les données GPS mettent en évidence deux zones principales de divergence : les rifts continentaux et les dorsales océaniques.

1.1. Du rift continental aux marges passives

Un rift, comme dans la partie est de l'Afrique, est une grande vallée délimitée par des jeux de failles normales. Sur le fond de cette vallée se trouvent des coulées de laves basaltiques ou des édifices volcaniques qui montrent que cette divergence s'accompagne de la fusion partielle de roches mantelliques sous-jacentes. L'effondrement suivant la divergence lithosphérique entraîne une baisse d'altitude qui permet à l'eau d'envahir la vallée du rift, alors le siège d'une sédimentation. Les données de tomographie sismique montrent que les zones de rifting sont des zones d'amincissement lithosphérique.
Si la divergence se poursuit, la mise en place régulière de magma de composition basaltique est à l'origine d'une croûte et d'une lithosphère océaniques. Les bords du rift deviennent alors les marges passives de l'océan, transition entre la lithosphère continentale et océanique.

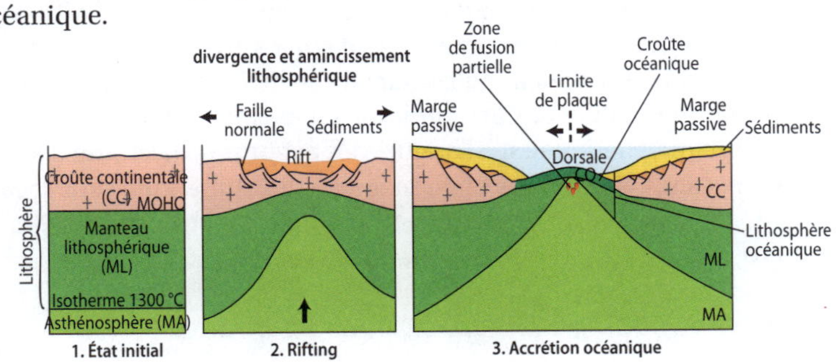

► **Figure 12.1.** Du rift à l'océan.

L'étude par sismique réflexion de marges passives actuelles, comme au large des côtes bretonnes, permet d'identifier des sédiments qui, selon leur agencement, renseignent sur l'âge du rifting et de l'océanisation.

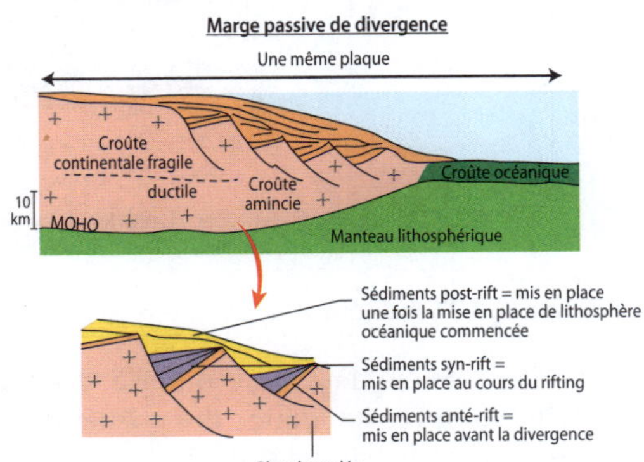

► **Figure 12.2.** La disposition des sédiments de la marge passive et l'histoire de l'ouverture de l'océan.

> **Attention !**
>
> Au niveau d'une marge passive, le changement de nature de la lithosphère n'est pas un changement de plaque lithosphérique ! La lithosphère continentale, qui constitue la marge passive, et la lithosphère océanique associée font partie de la même plaque lithosphérique.

1.2. La formation de la lithosphère océanique

La vitesse d'accrétion océanique n'est pas proportionnelle à la longueur de la dorsale d'un océan mais est corrélée à la proportion de lithosphère océanique qui entre en subduction. Ainsi, la subduction s'avère être le moteur de la divergence à l'axe des dorsales. Il en résulte une décompression du manteau asthénosphérique du fait de l'écartement des lithosphères océaniques à l'origine d'une remontée de manteau avec de très faibles variations de température. Cela déclenche sa fusion partielle entre 10 et 80 km de profondeur. Le magma, qui correspond entre 5 et 20 % des roches présentes, remonte le long de fractures du fait de sa plus faible densité par rapport aux roches voisines jusqu'à une chambre magmatique située entre 3 et 8 km de profondeur.

Dans le cas d'une dorsale rapide (avec une vitesse d'accrétion océanique qui dépasse les 10 cm.an^{-1}, comme dans l'Océan Pacifique), la chambre magmatique se trouve dans la croûte océanique et est alimentée de manière régulière par du magma issue de la fusion partielle du manteau. Suite aux mouvements de divergence, le magma s'extrait en partie de la chambre et refroidit très rapidement, notamment au contact de l'eau de mer, ce qui est à l'origine de basaltes, roches volcaniques à texture microlithique. Le magma, qui refroidit lentement sur les parois de la chambre magmatique est à l'origine des gabbros de la croûte océanique.

Cette association de basaltes, de gabbros et du manteau lithosphérique sous-jacent à moins de 1 300 °C constitue la lithosphère océanique. Dans le cas d'une dorsale lente (avec une accrétion de l'ordre de quelques centimètres par an, comme la dorsale Atlantique), la divergence est à l'origine d'une remontée plus lente et donc d'une baisse de température plus prononcée pour une moindre baisse de pression. La fusion partielle est donc faible et non systématique. Il se forme donc, de manière occasionnelle, des chambres magmatiques qui ne sont alimentées que brièvement, ce qui donne des poches de gabbros dans un manteau lithosphérique, parfois surmontés de basalte et de gabbros. Les dorsales lentes mettent donc du manteau lithosphérique au contact de l'eau de mer.

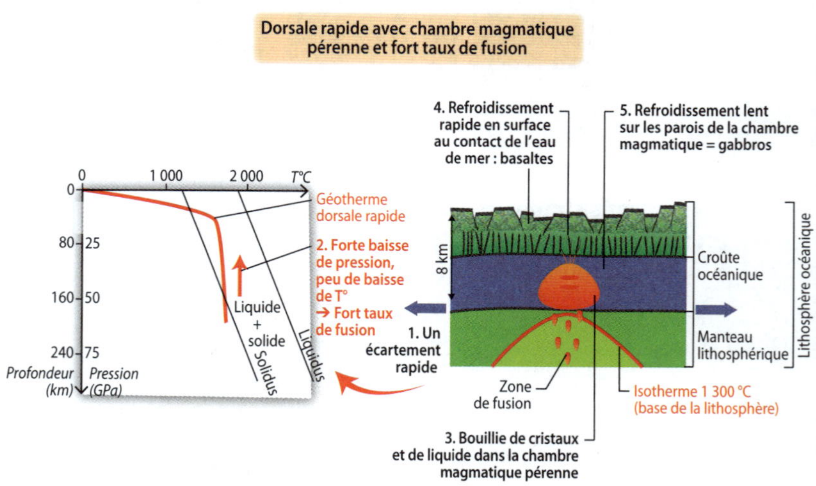

► **Figure 12.3.** Mise en place de lithosphère océanique dans le cas d'une dorsale rapide.

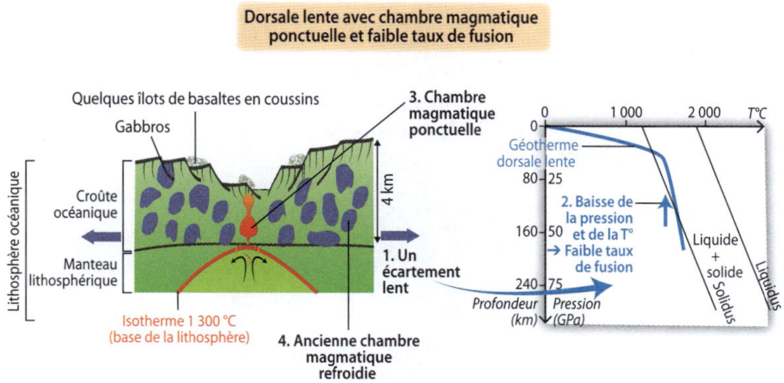

► **Figure 12.4.** La mise en place d'une lithosphère océanique dans le cas d'une dorsale lente.

À retenir

La lithosphère océanique se forme dans les zones de divergence par fusion partielle de manteau asthénosphérique, à la suite de la décompression de ce dernier. Avant un océan, la divergence en domaine continental est à l'origine d'un rifting qui, s'il se poursuit, débouche sur la formation d'une dorsale et d'un océan.

1.3. Le devenir de la lithosphère océanique

La lithosphère océanique nouvellement formée est au contact d'une eau froide qui s'infiltre par les fractures résultant de la divergence. Cette eau refroidit la partie de la lithosphère dans laquelle elle circule et échange des ions avec les minéraux constitutifs des roches. La conséquence est la transformation minéralogique des roches à l'état solide : on parle de métamorphisme hydrothermal. Une partie de l'eau circulante réagit avec les réseaux cristallins et entraîne la formation des minéraux hydroxylés dans le manteau (serpentine) et dans la croûte (hornblende).

La péridotite se transforme en serpentinite, tandis que les gabbros deviennent des métagabbros à hornblende et les basaltes des métabasaltes à hornblende.

La lithosphère se refroidit progressivement au fur et à mesure de son éloignement à la dorsale par dissipation de l'énergie thermique. La lithosphère étant définie à sa base par l'isotherme 1 300 °C, il en résulte un épaississement de la lithosphère par transformation d'une partie du manteau asthénosphérique en manteau lithosphérique, plus dense.

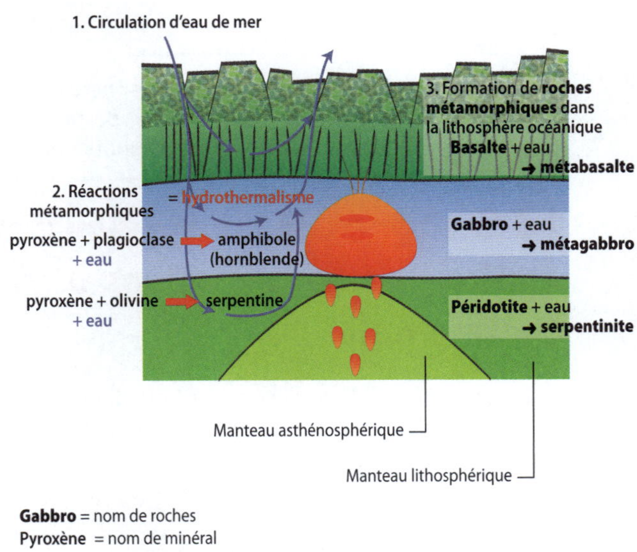

► **Figure 12.5.** Les transformations minérales par hydrothermalisme.

Ainsi, à mesure que la lithosphère océanique s'éloigne de la dorsale, elle se refroidit, s'épaissit et donc devient plus dense. Lorsque la densité de la lithosphère océanique dépasse celle de l'asthénosphère, elle repose en équilibre instable sur le manteau asthénosphérique et peut entrer à tout moment en subduction. La subduction met alors en place une frontière de convergence.

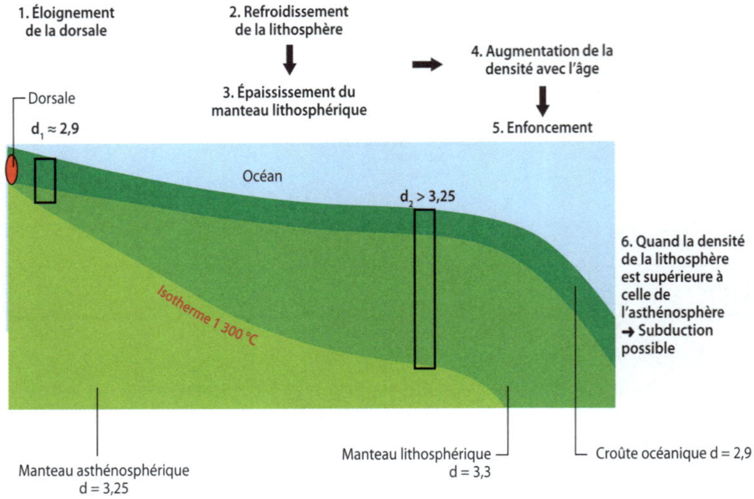

► **Figure 12.6.** Devenir de la lithosphère océanique au cours du temps.

Objectif prépa

Les mouvements verticaux de la lithosphère à l'origine d'un enfoncement de celle-ci s'expliquent par un principe d'isostasie où la lithosphère repose selon un équilibre archimédien sur l'asthénosphère.

À retenir

Au cours de son vieillissement, la lithosphère océanique s'hydrate, se refroidit et donc s'épaissit, ce qui augmente sa densité. À partir d'un certain âge, sa densité devient telle qu'elle peut entrer spontanément en subduction en plongeant dans l'asthénosphère.

2 Les zones de convergence sont le siège de déformations et de formations ou de recyclage de croûte continentale

La plongée de la lithosphère océanique dans l'asthénosphère est à l'origine d'une zone de subduction et d'une zone de convergence.

2.1. Les zones de subduction et le magmatisme associé

Les zones de subduction sont associées à un volcanisme intense de type explosif. Ainsi, dans le cas d'une subduction océan-océan, la zone de subduction est marquée par une fosse océanique devant un arc d'îles volcaniques, comme aux Antilles. Dans le cas d'une

subduction océan-continent, la fosse océanique est voisine d'une chaîne de montagnes bordière nommée cordillère, comme la cordillère des Andes. Dans ce cas, la marge de l'océan possède une forte activité sismique et volcanique et forme une marge active. Une zone de subduction constitue une limite de plaque.
Les roches volcaniques mises en place sont souvent des andésites et des rhyolites qui diffèrent des basaltes, notamment par la présence de minéraux hydroxylés différents, comme les amphiboles ou la biotite. Dans les cordillères, il se forme plus en profondeur des roches plutoniques, comme les granites, qui possèdent également des minéraux hydroxylés comme les micas. La présence de ces minéraux suggère qu'il y a de l'eau dans le magma. En effet, compte tenu du gradient géothermique dans les zones de subduction, la fusion partielle de la péridotite de la plaque chevauchante n'est possible qu'en présence d'eau.

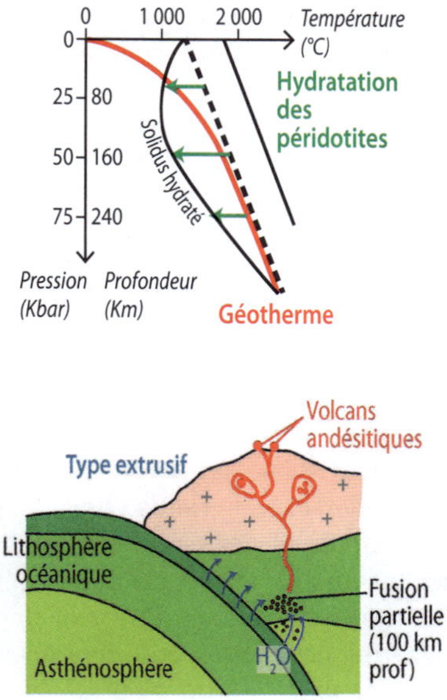

► **Figure 12.7.** L'origine du magmatisme dans les zones de subduction..

2.2. L'origine de l'eau dans les zones de subduction

Au cours de sa plongée, la lithosphère océanique subit des modifications de pressions et de températures à l'origine de transformations minéralogiques. Les minéraux hydroxylés formés par métamorphisme hydrothermal à l'axe des dorsales se transforment en glaucophane ou en jadéite et grenat. Les roches de la lithosphère océanique passent, au cours de la subduction, d'un faciès schistes verts à un faciès schistes bleus, puis à un faciès éclogites. Ces transformations métamorphiques, liées à une augmentation de la pression et à une élévation faible de la température avec l'enfouissement, s'accompagnent de la libération d'eau du réseau cristallin au sein de la lithosphère océanique plongeante. L'eau libérée de la lithosphère océanique plongeante hydrate la péridotite de la plaque chevauchante, ce qui abaisse son point de fusion et explique alors l'existence d'une fusion partielle dans ces contextes géodynamiques.

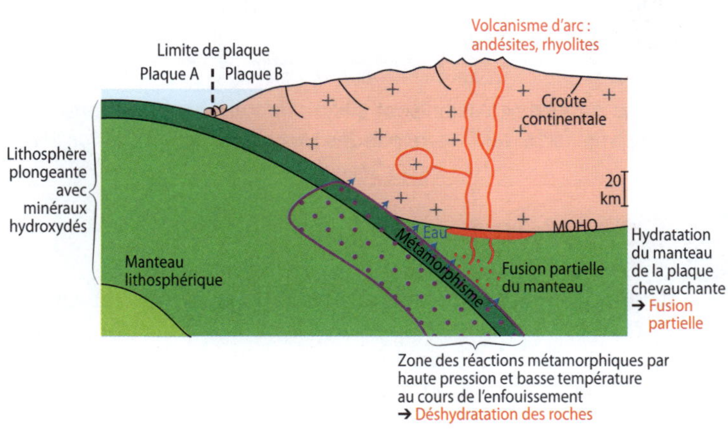

► **Figure 12.8.** L'origine de l'hydratation du manteau dans les zones de subduction.

Attention !

L'eau libérée dans les zones de subduction est donc formée par réaction chimique au sein des minéraux hydroxylés des roches de la lithosphère océanique et non piégée dans un réseau cristallin.

2.3. Les zones de collision sont des lieux d'épaississement crustal

Les zones de convergence peuvent aboutir à la rencontre de deux lithosphères continentales de même densité. Il y a alors collision à l'origine de la formation d'une chaîne de montagnes. Cette collision correspond à un empilement d'écailles crustales qui se chevauchent. Ceci se traduit dans les chaînes de montagnes par la présence de nombreuses failles inverses, de grands chevauchements et de plis. Les profils de sismique réflexion montrent un épaississement de la croûte continentale sous les chaînes de montagnes, formant une racine crustale sous les reliefs. Lorsqu'une subduction a précédé la collision, il est possible de retrouver des fragments de lithosphère océanique au sein de la chaîne de montagnes, connus sous le nom d'ophiolites.

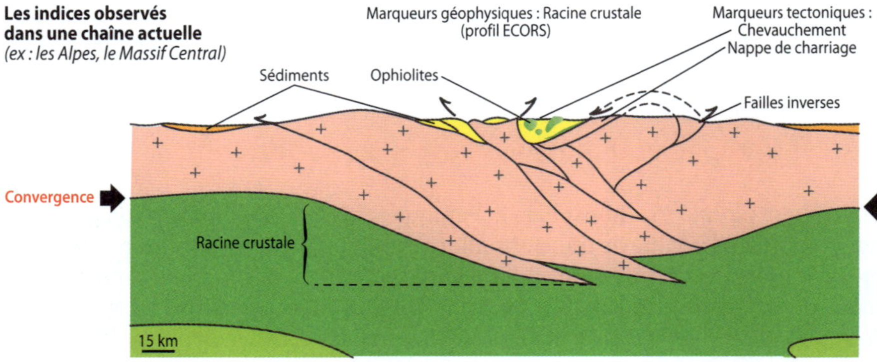

► **Figure 12.9.** Organisation d'une chaîne de montagnes.

Objectif prépa

Les zones de collision sont aussi caractérisées par des roches métamorphiques (gneiss ou micaschistes), voire par des roches partiellement fondues (migmatites).

Conclusion

La lithosphère se déplace sur l'asthénosphère. La lithosphère océanique, à partir d'un certain âge peut entrer spontanément en subduction, ce qui crée des zones de convergence. Les mouvements de divergence à l'axe des dorsales sont à l'origine de la formation de croûte océanique et donc de lithosphère. La croûte continentale est formée dans les zones de subduction. Elle est également recyclée dans les zones de collision, lieu d'un épaississement crustal.
Les zones de subduction sont des branches descendantes des cellules de convection présentes dans le manteau, tandis que les points chauds en constituent des branches ascendantes.

EXERCICES D'APPLICATION

●○○ 05 min.

EXERCICE 1 Les conditions de la fusion partielle de la péridotite

Des expériences en cellules à enclume de diamant ont permis de construire un diagramme de phase de la péridotite, c'est-à-dire de déterminer les conditions de pression et de température pour laquelle celle-ci est à l'état solide, en fusion partielle ou totalement fondue.

Présentez les trois mécanismes qui peuvent provoquer la fusion partielle de la péridotite et proposez un contexte géodynamique pour chacun d'eux.

Document. Diagramme de phase de la péridotite.

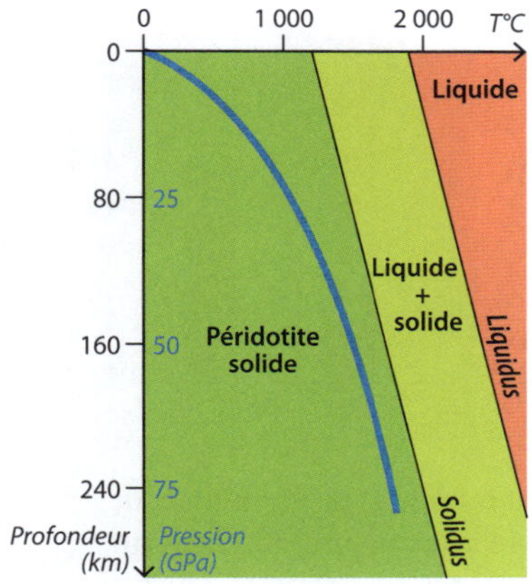

En bleu est représenté le gradient géothermique sous la lithosphère océanique dans les plaines abyssales.

●○○ 20 min.

EXERCICE 2 Le volcanisme d'Islande

L'Islande est une île qui a la particularité de se trouver sur la dorsale Atlantique. La proportion des roches volcaniques présentes en surface a été étudiée dans les régions de Reykjanes au sud-ouest et Askja presque au centre de l'île. Par ailleurs, les études sismiques ont permis de déterminer la profondeur du Moho.

Document 1. Carte de la profondeur du Moho sous l'Islande.

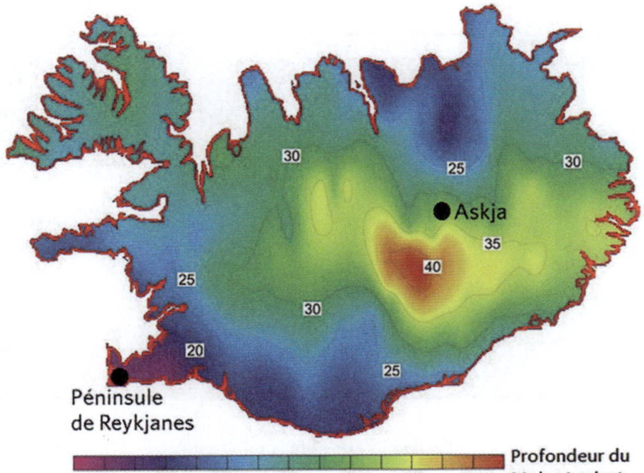

Document 2. Proportion des roches volcaniques présentes à Reykjanes et à Askja.

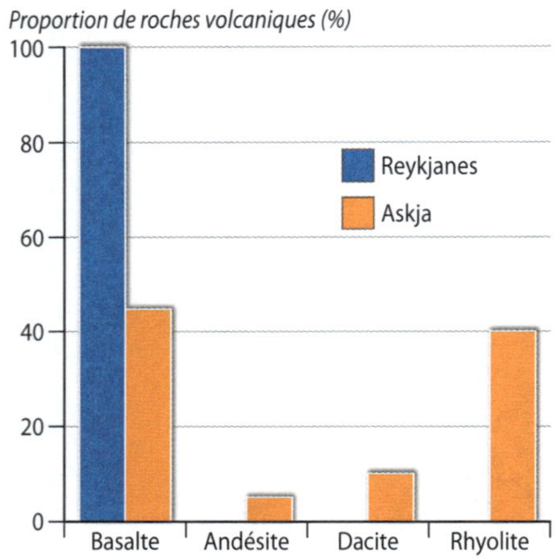

Présentez l'ensemble des arguments qui suggèrent que le volcanisme de l'Islande a une double origine.

Document 3. Profil de tomographie sismique selon un profil ouest-est passant par l'Islande.

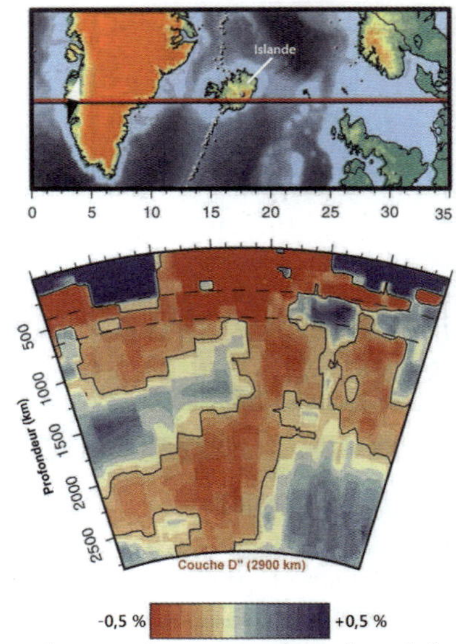

Les valeurs sont en pourcentage de variation de la vitesse des ondes P par rapport au modèle PREM.

●○○ 10 min.

EXERCICE 3 Les roches de la région d'Oman

Dans la partie nord du sultanat d'Oman se trouve une nappe de charriage qui forme un relief. Des roches représentatives de cette région, nommées de A à D, ont été échantillonnées et sont analysées en laboratoire.

Document 1. Diagramme de détermination d'une roche magmatique à partir de sa composition minéralogique.

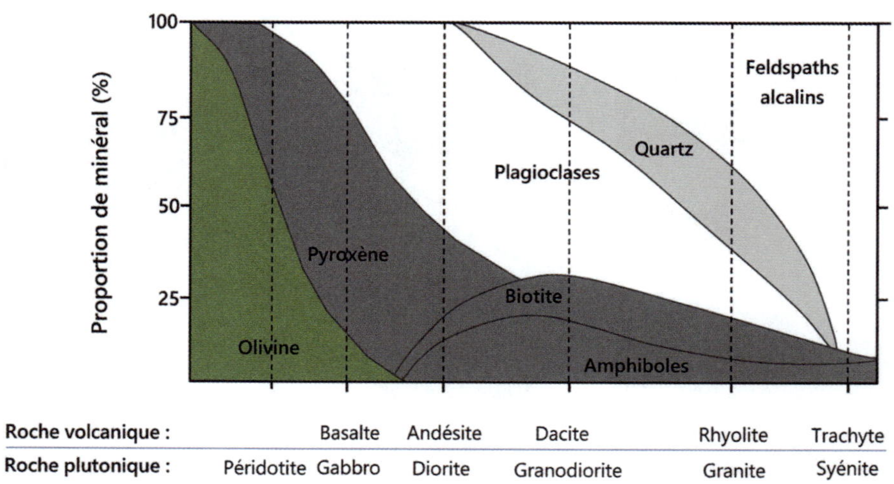

Document 2. Lame mince des 4 roches représentatives de la nappe de charriage d'Oman. cpx = pyroxène ; Fm = foraminifère (fossile d'organisme marin) ; ol = olivine ; pl = plagioclase ; Sp = ciment calcaire.

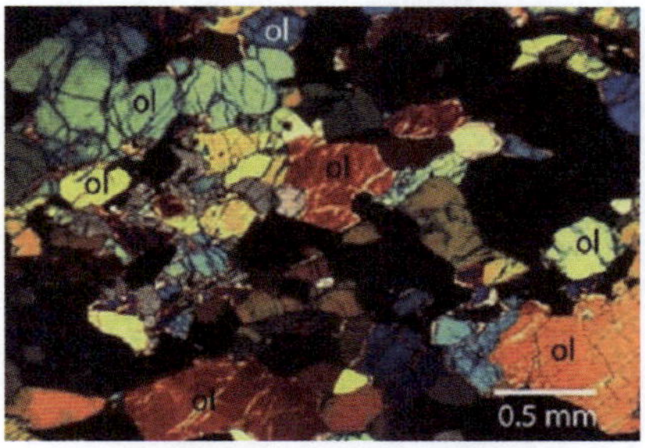

a. Lame mince de la roche A observée en lumière polarisée et analysée.

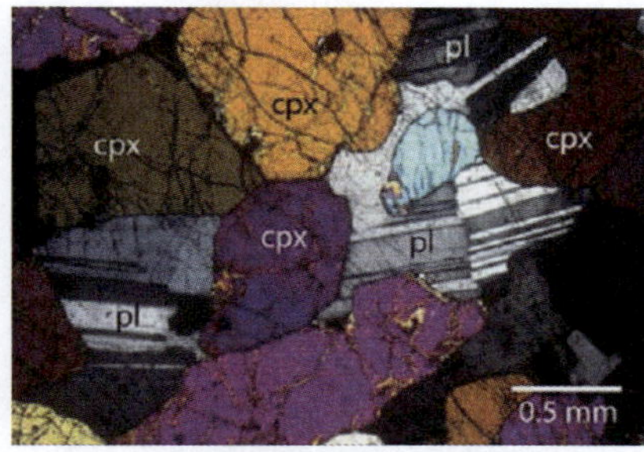

b. Lame mince de la roche B observée en lumière polarisée et analysée.

c. Lame mince de la roche C observée en lumière polarisée et analysée.

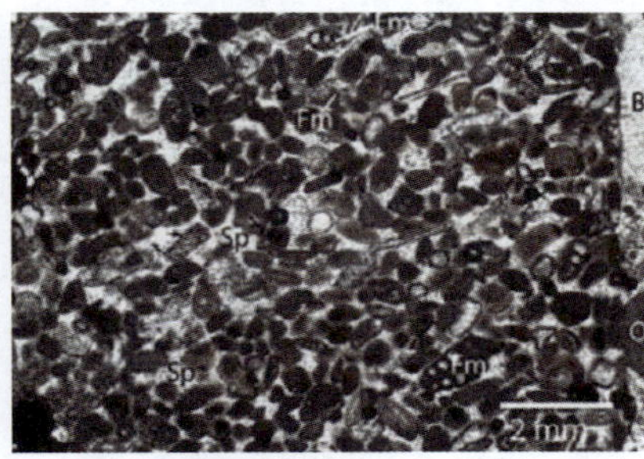

d. Lame mince de la roche D observée en lumière polarisée non analysée.

1. Nommez les roches à partir des documents fournis en justifiant vos réponses.

2. Sachant que, sur le terrain, la roche C est au-dessus de la roche B, qui se trouve elle-même au-dessus de la roche A, proposez un milieu de formation de ces roches et expliquez comment celles-ci peuvent affleurer actuellement dans le sultanat d'Oman.

EXERCICES D'APPLICATION

●●○ 30 min.

EXERCICE 4 La cordillère des Andes

La cordillère des Andes est la deuxième chaîne de montagnes la plus imposante du monde après l'Himalaya. Elle est caractérisée par des activités sismique et volcanique intenses.
Le document 1.a présente une lame mince d'une roche magmatique de la région, le document 1.c est un graphique permettant d'identifier une roche à partir de la proportion des minéraux présents et de la texture de la roche.

Document 1.a. Lame mince de roche observée au microscope optique en lumière polarisée et analysée.

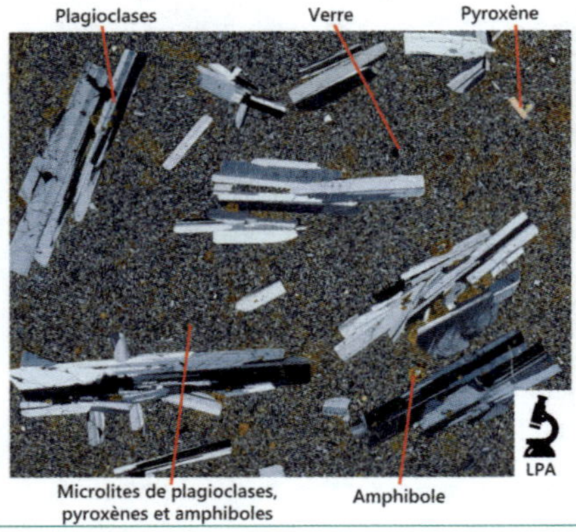

Document 1.b. Abondance des roches volcaniques dans les Andes. B : basalte ; AB : basalte andésitique ; A : andésite ; D : dacite ; R : rhyolite.

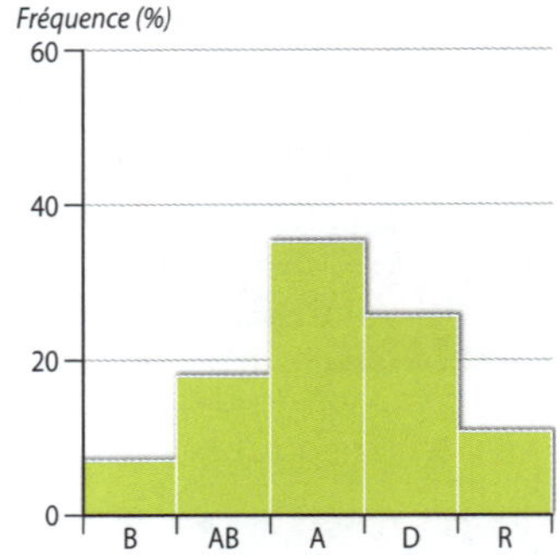

Document 1.c. Diagramme d'identification des roches magmatiques à partir de la proportion des minéraux.

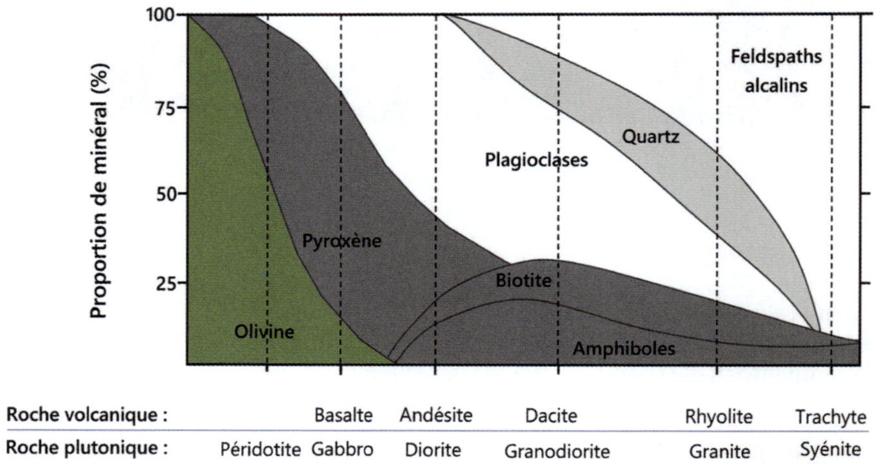

1. Identifiez la roche en justifiant votre réponse.

La répartition des séismes enregistrés dans la région au cours des dernières années est reportée sur une carte (document 2.a). Les foyers des séismes ont été localisés ainsi que la distance à la fosse océanique (document 2.b).

Document 2.a. Répartition des foyers des séismes dans les Andes centrales.

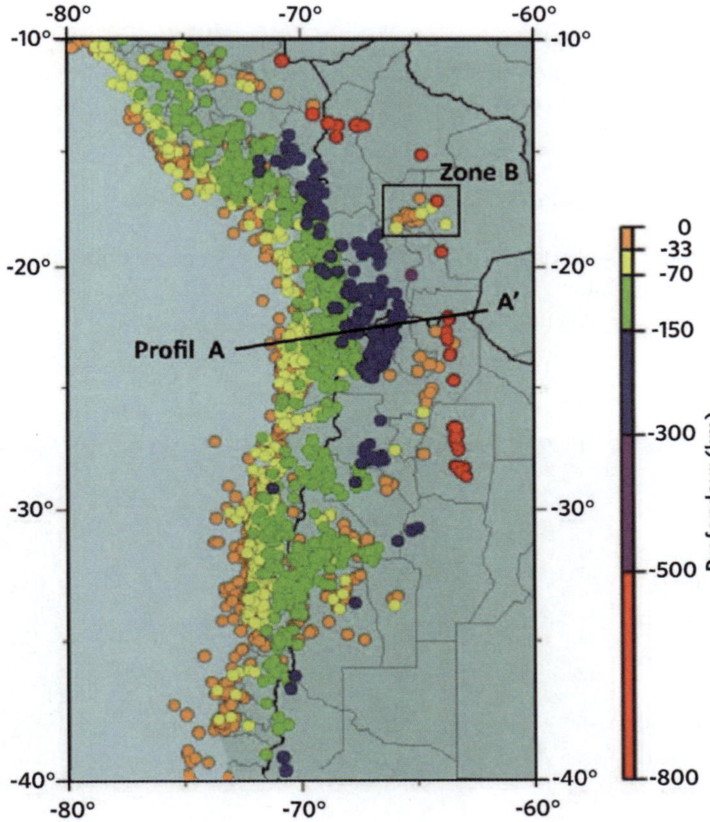

Document 2.b. Localisation des foyers de séismes enregistrés le long du profil A-A'.

Séisme	Distance à la fosse (km)	Profondeur de l'hypocentre (km)
1	50	32
2	72	45
3	91	56
4	110	70
5	140	89
6	210	120
7	280	160
8	320	190
9	380	225
10	475	280

2. Tracez le graphique de la répartition des séismes en fonction de la distance à la fosse le long du profil A-A'.

3. À partir de l'ensemble de vos observations, réalisez un schéma donnant le contexte géodynamique de la région et expliquant l'ensemble de vos observations.

●●● 20 min.

EXERCICE 5 Les Alpes sur la carte géologique de France

Les Alpes forment les plus hauts reliefs français. Les cartes géologiques sont des documents très riches en informations issues des observations faites sur le terrain et regroupées dans un document synthétique.

Document 1.a. Extrait de la carte de France au 1/1 000 000.

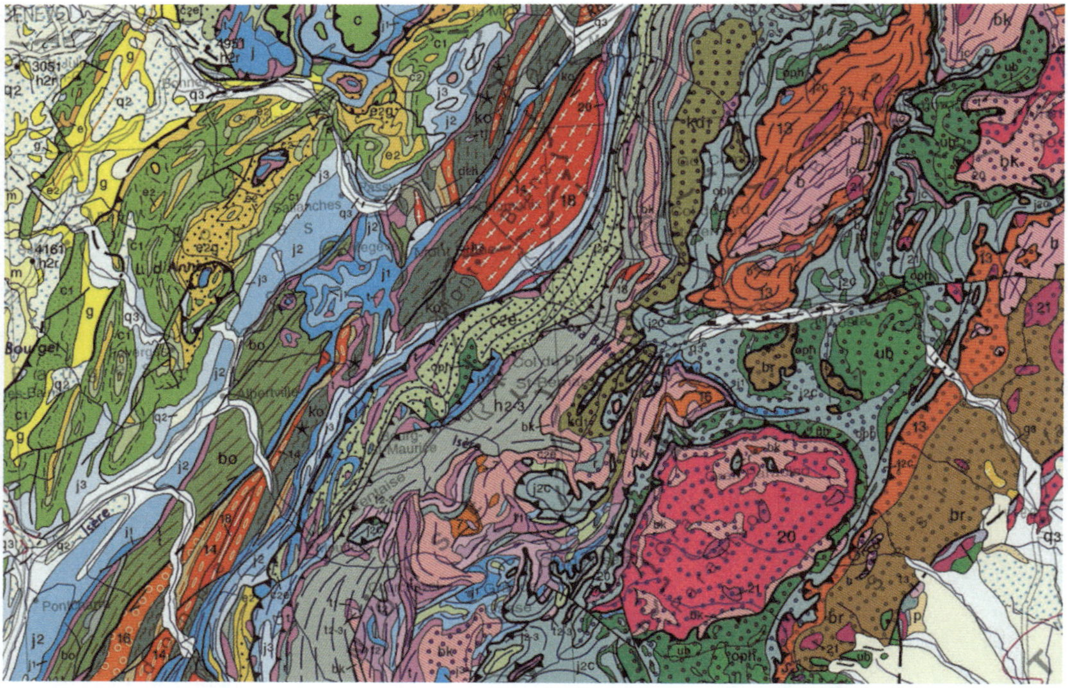

Document 1.b. Extrait de la légende de la carte de France au 1/1 000 000.

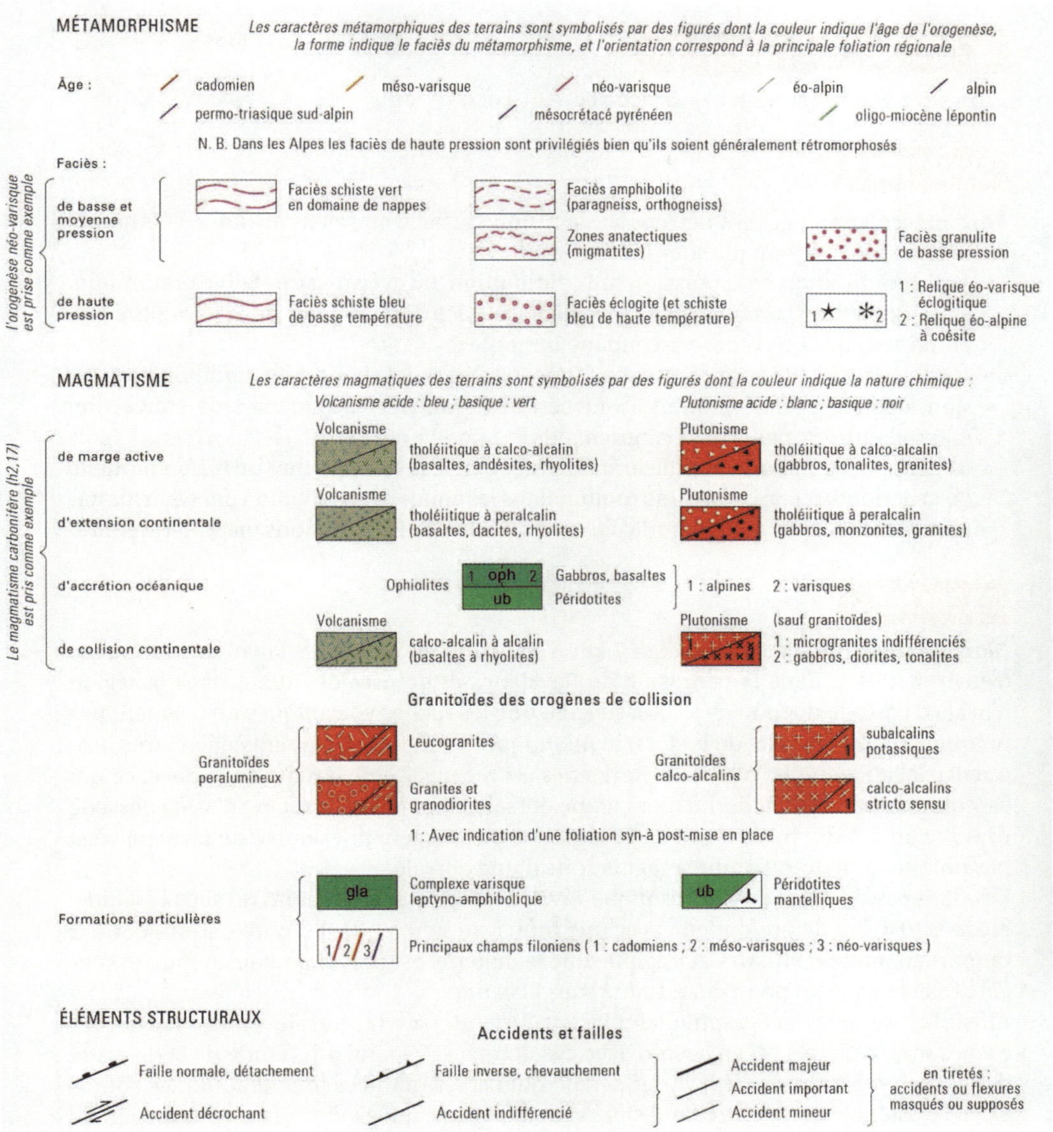

Relevez tous les marqueurs qui indiquent qu'il s'agit d'une zone de convergence.

CORRIGÉS DÉTAILLÉS

QCM D'AUTO-ÉVALUATION

1. b — 2. a et c — 3. c — 4. a — 5. a, b et c— 6. b et c — 7. d.

EXERCICE 1

Trois mécanismes peuvent déclencher la fusion partielle en se basant sur le géotherme de la lithosphère océanique sous les dorsales :

- une diminution de la pression sans diminution, ou avec une très faible diminution, de température, comme cela se produit à l'axe des dorsales avec de la péridotite qui, entraînée dans un courant ascendant, remonte ;
- une élévation de température par apport de matériel chaud sans variation de pression, comme cela se produit au niveau des branches ascendantes de convection mantellique à l'origine des points chauds ;
- un apport d'eau qui modifie le solidus et abaisse la température de fusion partielle de la péridotite, comme cela se produit dans les zones de subduction par déshydratation de la lithosphère océanique plongeante, à la suite de réactions métamorphiques.

EXERCICE 2

Alors qu'une croûte océanique fait 7 km d'épaisseur en moyenne, la croûte est épaisse d'environ 15 km dans la péninsule de Reykjanes et de près de 40 km dans la région d'Askja d'après le document 1. Cela suggère que les roches volcaniques ne résultent pas uniquement de l'activité de la dorsale Atlantique, même en imaginant celle-ci très productive localement. La région de Reykjanes est recouverte de basalte en surface, ce qui est cohérent avec le fonctionnement d'une dorsale. Cependant, la région d'Askja possède presque autant de rhyolite que de basaltes, ce qui suggère une source de lave qui n'est pas uniquement une chambre magmatique d'une dorsale.

Les données de tomographie sismique révèlent une zone qui s'étend de sous l'Islande, jusqu'à 2 900 km de profondeur, avec une propagation ralentie des ondes sismiques par rapport au modèle PREM. Ceci signifie que le matériel est plus chaud qu'attendu et suggère l'existence d'un point chaud situé sous l'Islande.

Ainsi, les données géographiques placent l'Islande sur la dorsale et une partie des roches magmatiques est en accord avec ces données. Cependant, l'étude de la diversité des roches volcaniques, l'épaisseur de la croûte et les données tomographiques confirment l'existence d'un point chaud situé sous la dorsale, qui explique la surproduction de roches magmatiques dans la région et la présence de l'Islande.

EXERCICE 3

1. La roche A possède une texture grenue car la roche est entièrement cristallisée. Elle est constituée principalement d'olivine, ce qui permet de conclure d'après le document 1 que la roche A est une péridotite.

La roche B possède également une texture grenue, mais contient majoritairement des pyroxènes et des plagioclases, en proportions presque équivalentes. D'après le document 1, la roche B est donc un gabbro.

La roche C possède les mêmes minéraux que la roche B mais la texture est microlithique avec de très petits cristaux et du verre, il s'agit donc d'une roche volcanique. D'après le document 1, la roche C est un basalte.
La roche D possède des fossiles présent dans un ciment calcaire, il s'agit donc d'une roche sédimentaire. La roche D est donc un calcaire formé en domaine marin.

2. Dans la région d'Oman, donc en domaine continental, des péridotites surmontées de gabbros et eux-mêmes surmontés de basalte forment une nappe de charriage sur de la croûte continentale. Il s'agit d'une ophiolite, donc d'une portion de lithosphère océanique qui s'est formée à l'axe d'une dorsale et s'étant retrouvée charriée au cours de la subduction, puis d'une collision, en domaine continental.

EXERCICE 4

1. La roche possède une texture microlithique. Les minéraux visibles sont principalement des plagioclases ainsi que des pyroxènes et des amphiboles en proportions équivalentes, mais minoritaires. D'après le document 1.b, cette roche est probablement une andésite.

2. Répartition des séismes en fonction de la distance à la fosse océanique :

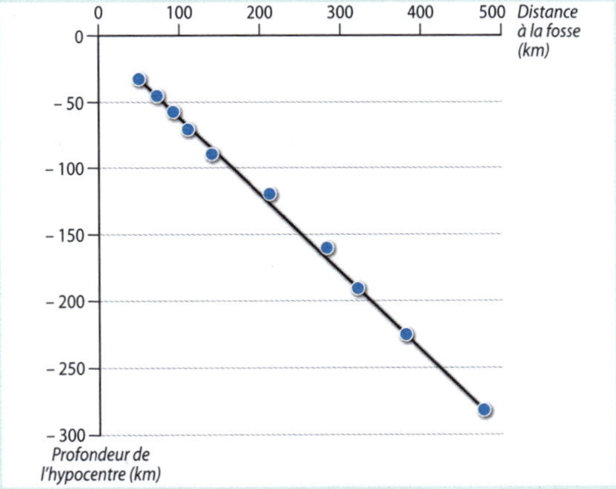

3. L'alignement des séismes selon un plan incliné à mesure que l'on s'éloigne de la fosse océanique indique une lithosphère plongeant sous la cordillère des Andes. Cette zone correspondrait donc à une zone de subduction. Ceci est cohérent avec la production d'andésite à la surface, cette roche contenant des minéraux hydroxylés comme des amphiboles.

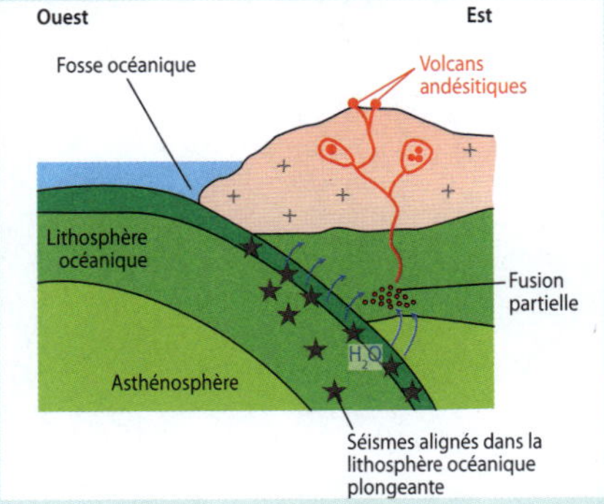

EXERCICE 5

La région des Alpes présentée sur cet extrait de carte possède de nombreuses failles dont la plupart sont indiquées comme étant des failles inverses ou des chevauchements, ce qui témoigne d'un contexte de convergence. Certains de ces chevauchements entourent des roches de la carte, ce qui indique qu'il y a des nappes de charriage (*les pointes des triangles indiquent les terrains chevauchants, les nappes de charriage sont entourées de ce figuré qui pointe vers l'intérieur de la structure chevauchante. Si les figurés sont dans l'autre sens, ce sont les terrains chevauchés qui sont visibles au centre*).

Des figurés bleus indiquent un métamorphisme datant de la formation des Alpes. Les figurés sont des traits continus ou des cercles bleus, les roches sont donc des roches métamorphiques du faciès des schistes bleus ou du faciès des éclogites. Ces roches sont des marqueurs d'une ancienne subduction, donc d'une convergence.

Parmi les roches remarquables sur la carte figurent des roches notées ub ou oph. D'après la légende, ce sont des ophiolites, qui témoignent donc d'une ancienne lithosphère océanique se trouvant actuellement chevauchante sur de la croûte continentale. Ceci signe également une convergence.

L'ensemble de ces arguments permettent de confirmer que les Alpes correspondent à une frontière de plaque convergente.

INDEX

PEFC™ PEFC/30-32-821

Achevé d'imprimer en mars 2021 par Wilco aux Pays-Bas
Dépôt légal : avril 2021
N° éditeur MAGSI20200149